内陆湖泊水环境演变与调控研究

——以程海为例

刘晓波　李伯根　彭文启　陈学凯　董飞　黄爱平　著

·北京·

内　容　提　要

本书以世界上仅有的天然生长螺旋藻的三大湖泊之一的程海为研究对象。全书共分为9章，主要内容包括：绪论、程海概况及流域主要特征研究、程海流域水资源状况与演变趋势研究、程海水环境质量与演变趋势研究、程海水盐动态演化及其生态效应研究、程海流域入湖污染负荷解析及其控制对策研究、程海水环境模拟分析及环境容量研究、程海生态补水及水环境改善效果研究、结论与建议。

本书可供从事水资源保护、湖泊水环境治理、流域水环境模型、水利管理等工作的人员以及开设环境科学、水环境学等相关专业的院校师生参考。

图书在版编目（CIP）数据

内陆湖泊水环境演变与调控研究 ：以程海为例 / 刘晓波等著. -- 北京 ：中国水利水电出版社，2021.10
ISBN 978-7-5226-0126-7

Ⅰ. ①内… Ⅱ. ①刘… Ⅲ. ①内陆湖－水环境－研究 Ⅳ. ①P941.78

中国版本图书馆CIP数据核字(2021)第215839号

书　名	**内陆湖泊水环境演变与调控研究——以程海为例** NEILU HUPO SHUIHUANJING YANBIAN YU TIAOKONG YANJIU——YI CHENG HAI WEI LI
作　者	刘晓波　李伯根　彭文启　陈学凯　董　飞　黄爱平　著
出版发行	中国水利水电出版社 （北京市海淀区玉渊潭南路1号D座　100038） 网址：www. waterpub. com. cn E-mail：sales@waterpub. com. cn 电话：(010) 68367658（营销中心）
经　售	北京科水图书销售中心（零售） 电话：(010) 88383994、63202643、68545874 全国各地新华书店和相关出版物销售网点
排　版	中国水利水电出版社微机排版中心
印　刷	清淞永业（天津）印刷有限公司
规　格	184mm×260mm　16开本　14.25印张　347千字
版　次	2021年10月第1版　2021年10月第1次印刷
定　价	**68.00**元

前言

程海位于中国云南省丽江市永胜县中部，地处青藏高原与云贵高原的衔接部位，属金沙江水系，为滇西第二大淡水湖，是云南省九大高原湖泊之一，也是世界上仅有的天然生长螺旋藻的三大湖泊之一，被誉为“滇西北明珠”。程海是南古丝绸之路的交通要塞、茶马古道的重要驿站，也是连接内陆与西南“桥头堡”的重要通道。程海流域面积为318.3km^2，具有调节气候、维持区域生物多样性等多种功能，不仅是拉动县域经济增长的核心区域，也是云南特色生物产业发展基地（螺旋藻养殖）的基础，更是永胜县乃至丽江市主要的商品鱼供应地，被称为“鱼米之乡”。近年来，受气候变化和人类活动影响，程海水位持续下降，湖泊水量急剧减少。在1970—2016年的47年间，程海水位下降了6.4m，湖泊水量减少了5.1亿m^3，2016年的湖泊矿化度为1157mg/L，已经处于淡水湖向微咸水湖转变的重要拐点，由此引发的各类水生态环境问题，如水生生态群落的改变、湖岸带盐碱化等问题不容忽视。同时，对于程海水生态环境的治理与修复要遵循污染减排与生态增容的系统理念，精准定量减多少污染物、补多少水量、实现什么目标、评估哪些影响。因此，开展程海流域水环境演变特征以及生态补水效果评估研究具有重要的科学与现实意义。

本书以世界上仅有的天然生长螺旋藻的三大湖泊之一——程海为例，围绕其水位持续下降、水质逐步恶化等影响流域可持续发展的一系列问题，以污染减排与生态增容为研究思路，从流域水资源与水环境特征及演变、内陆湖泊水盐动态平衡、流域污染源解析与湖泊水动力水质特性以及生态补水影响评估四个层面进行研究。主要研究内容包括：①系统分析程海水位与出入湖水量特点及历史演变趋势，以及程海水质及富营养化变化特征；②建立适用于资料缺乏区域的内陆湖泊水盐平衡模型，还原程海长历时的水盐动态平衡过程，研究湖泊萎缩-水位下降-盐度升高-生态系统变化之间的响应关系；

③构建程海流域水文与面源污染模型和三维湖泊水动力水质模型，解析入湖污染负荷量、组成结构和来源，刻画湖泊流场特征和污染分布态势，通过计算容量总量倒逼流域污染负荷的削减；④提出程海水位、水质恢复目标，结合流域社会经济发展模式和工程设计要求，开展多情景下的程海生态补水效果评估研究，为程海的保护与修复提供重要的研究基础。

全书由刘晓波、李伯根和彭文启设计并定稿，由刘晓波、李伯根、彭文启、陈学凯、董飞、黄爱平共同执笔。全书共9章，第1章由刘晓波、李伯根、冯顺新、陈学凯撰写，第2章由陈学凯、董飞、冯顺新撰写，第3章由陈学凯、刘晓波、董飞撰写，第4章由黄智华、陈学凯撰写，第5章由陈学凯、刘晓波、冯顺新撰写，第6章由陈学凯、刘晓波、王若男撰写，第7章由董飞、陈学凯、冯顺新、黄爱平撰写，第8章由董飞、黄爱平、陈学凯撰写，第9章由刘晓波、彭文启、陈学凯、董飞、黄爱平撰写。初稿完成后刘晓波、李伯根、彭文启、陈学凯及董飞又进行了若干轮的统稿和修订。杨青瑞、王伟杰、司源、马冰、王威浩、姚嘉伟、雷阳、李今今、廉秋月、杨晓晨等团队成员在资料的收集、整理和后期的校稿工作中付出了辛勤的劳动。

全书的研究工作得到了云南省水利厅、云南省水文水资源局和丽江市相关部门的指导、支持和帮助，在此一并表示感谢！

限于作者水平和时间限制，书中难免存在不足乃至谬误之处，敬请批评指正。

作　者

2021年7月于北京

目录

第1章 绪　　论

1.1 研究背景

水是生态环境的控制性因素，水生态文明是生态文明的重要组成和基础保障。建设水生态文明就是要给子孙后代留下山青、水净、河畅、岸绿的美好家园，健康的河流、湖泊正是这些美好愿景的综合表征。程海既是云南省九大高原湖泊中唯一一个地处金沙江干热河谷区的重要湖泊，也是世界上自然生长螺旋藻的三大淡水湖之一，是永胜人民的母亲湖。但是近年来，由于其典型的内陆封闭型高原深水湖泊的特征，程海长期面临水量入不敷出的严峻形势，水位逐年下降，从1961年的1504.50m下降至2016年末的1496.97m，56年下降了7.53m，湖面面积大幅减小，已成为矿化度和pH值较高的封闭型咸水湖泊，水体营养程度也呈现上升趋势，湖泊的水环境质量和水生态健康正在遭受严重的挑战和损害。

针对程海水位不断下降、湖泊生态系统退化等问题，在系统分析湖泊历史数据基础上，开展湖泊水量、水环境及水生态状况调查与监测，科学诊断湖泊水资源及水生态环境问题，分析其演变特征与关键胁迫因子；以控制湖泊萎缩、恢复程海良好水生态环境为目标，构建湖泊水环境数学模型，研究提出以生态水位与水质为重点的湖泊水生态系统保护控制目标；围绕湖泊水生态系统保护控制目标要求，研究流域水污染控制方案与湖泊环境引水方案，提出程海污染物总量控制方案、外流域补水工程水源比选、工程规模及补水过程设计的相关建议，为程海水生态环境治理及外流域补水工程的规划论证提供科学依据。

本研究是云南省高原湖泊保护的一项重要的基础性研究工作，是推进程海所在区域及流域水生态文明建设的重要内容，是实施最严格水资源管理制度以及贯彻落实习近平总书记关于保障水安全的治水思路在本区域的具体体现。

1.1.1 本研究是加快推进水生态文明建设的示范性工作和集中体现

十九大报告指出，建设生态文明是中华民族永续发展的千年大计，必须树立和践行绿水青山就是金山银山的理念，像对待生命一样对待生态环境，统筹山水林田湖草系统治理，实行最严格的生态环境保护制度，形成绿色发展方式和生活方式，坚定走生产发展、生活富裕、生态良好的文明发展道路。生态文明建设再一次上升到了关乎民族和国家命运的高度。2015年4月25日，《中共中央 国务院 关于加快推进生态文明建设的意见》（中发〔2015〕12号）（简称《意见》）明确指出，要全面促进资源节约循环高效使用，推动利用方式根本改变，要求加强用水需求管理，以水定需，量水而行；同时，要求加大自然生态系统和环境保护力度，切实改善生态环境质量，其中明确要求研究建立江河湖泊生态水量保障机制，加强良好湖泊生态环境保护；另外，在健全生态文明制度体系中也要求严守资源环境生态红线，继续实施“三条红线”管理。习近平在主持召开中央全面深化改革领导小组第十四次会议时强调，要立足我国基本国情和发展新的阶段性特征，以建设美丽中国为目标，以解决生态环境领域突出问题为导向，明确生态文明体制改革必须坚持的指导思想、基本理念、重要原则、总体目标，提出改革任务和举措，为生态文明建设提供体制机制保障。

2013 年，云南省出台的《中共云南省委 云南省人民政府 关于争当全国生态文明建设排头兵的决定》（云发〔2013〕11 号）中明确指出，云南省必须争当全国生态文明建设的排头兵，大力推进“美丽云南”建设，为建设“美丽中国”作出贡献。要求重点加强金沙江干热河谷（川滇干热河谷）的保护与管理，维护和改善以九大高原湖泊等为重点的环境功能区质量，采取预防、保护和治理措施，提高被污染湖泊水环境质量，确保达标湖泊水质稳定。

同时，水利部 2013 年年初印发的《关于加快推进水生态文明建设工作的意见》（水资源〔2013〕1 号）明确提出，水是生命之源、生产之要、生态之基，水生态文明是生态文明的重要组成和基础保障。要以落实最严格水资源管理制度为核心，通过优化水资源配置、加强水资源节约保护、实施水生态综合治理、加强制度建设等措施，大力推进水生态文明建设，完善水生态保护格局，实现水资源可持续利用，提高生态文明水平。2014 年，水利部印发的《关于加强河湖管理工作的指导意见》（水建管〔2014〕76 号）中提出，到 2020 年，基本建成河湖健康保障体系，建立完善河湖管理体制机制，努力实现河湖水域不萎缩、功能不衰减、生态不退化。2015 年，水利部编制的《全国重要河湖健康评估（2015—2020）工作大纲》明确规定，自 2015 年开始，连续实施 5 期湖库健康调查评价，每期开展“一河一湖（库）”的河湖健康调查评价。2016 年开始按年编制《全国重要河湖健康评估报告》，力争到 2020 年每个流域完成 5 条河流（段）及 5 个湖（库）的河湖健康调查评估，评估范围基本覆盖流域内重要河湖水系。

本研究以程海水环境演变与调控为主要工作内容，符合《意见》和上述各项文件中提出的要求，是落实各项要求的集中工作体现，也是践行生态文明建设的具体举措。对保护水资源、促进湖泊水资源节约与高效利用，加大湖泊水生态系统保护具有明显意义，是推进生态文明建设的一项示范性工作，也是加快水生态文明建设工作的一个集中体现。

1.1.2 本研究是实行最严格水资源管理制度和“水十条”的重要工作

防治江河湖库富营养化、维护河湖健康生态以及定期组织开展全国重要河湖健康评估是《国务院关于实行最严格水资源管理制度的意见》（国发〔2012〕3 号）明确要求的重要工作，是实现《中共中央 国务院 关于加快水利改革发展的决定》（中发〔2011〕1 号）提出的到 2020 年基本建成水资源保护与河湖健康保障体系的一项基础性工作，是推进水生态文明建设的重要任务。《国务院关于实行最严格水资源管理制度的意见》（国发〔2012〕3 号）明确要求定期组织开展全国重要河湖健康评估。2014 年 3 月 22 日，《人民日报》发表时任水利部部长陈雷署名文章《加强河湖管理　建设水生态文明》，指出要提升河湖管理保护能力，推进科学治水依法管水，强调要加强应对气候变化、流域生态需水、河湖健康评估等重大问题研究。

2015年4月2日，《国务院关于印发水污染防治行动计划的通知》（国发〔2015〕17号），旨在加大水污染防治力度、保障国家水安全的“水十条”落地。《水污染防治行动计划》中重点提出了“着力节约保护水资源”的要求，强调了实施最严格水资源管理制度；提出要加强江河湖库水量调度管理，维持河湖基本生态用水需求；加强良好水体保护，加强河湖水生态保护。

为有效实行最严格水资源管理制度，确保云南省水资源开发利用和节约保护主要目标的实现，结合云南实际，云南省人民政府出台了《云南省人民政府关于实行最严格水资源管理制度的意见》（云政发〔2012〕126号）和《云南省人民政府办公厅关于印发〈云南省实行最严格水资源管理制度考核办法〉的通知》（云政办函〔2013〕132号），以及《关于印发云南省实施最严格水资源管理制度考核工作实施方案的通知》（云水资源〔2014〕47号）（简称“考核工作实施方案”），制定了云南省具体考核办法、考核指标和目标。其中，明确提出“兴水强滇战略必须着力解决工程性缺水，必须着力强化水资源节约保护”，加强重要高原湖泊的保护，推进生态脆弱河湖水生态系统保护与修复，开展示范性项目；积极推进九大高原湖泊保护治理，研究建立河湖生态评价指标体系，定期开展全省重要河湖健康评估。

本研究对加强高原湖泊水资源保护，推进水生态系统保护与修复，促进九大高原湖泊保护治理具有重要意义；是云南省实行最严格水资源管理制度，加强重要高原湖泊保护工作的重要组成部分；对落实最严格水资源管理制度、优化水资源配置、严格水资源保护、推进水生态系统保护与修复具有明显意义。

1.1.3 本研究是落实习近平总书记讲话、实现云南水利改革的重要举措

2014年3月，习近平总书记关于保障水安全重要讲话提出了“节水优先、空间均衡、系统治理、两手发力”的治水思路，赋予了新时期治水的新内涵、新要求、新任务。2015年2月10日，习近平总书记在主持召开中央财经领导小组第九次会议时进一步指出，要统筹做好水灾害防治、水资源节约、水生态保护修复、水环境治理。时任水利部部长陈雷在《水利部党组学习贯彻习近平总书记关于保障水安全重要讲话精神》中指出，要坚持以水定需、量水而行、因水制宜，坚持以水定城、以水定地、以水定人、以水定产，全面落实最严格水资源管理制度，不断强化用水需求和用水过程治理，推动建立国家水资源督察制度，使水资源、水生态、水环境承载能力切实成为经济社会发展的刚性约束。

2015年1月，习近平总书记在考察云南的重要讲话中要求云南努力成为我国生态文明建设排头兵，也曾提到“云南水利工作任务重啊”，之后省委书记、省长等领导在听取了水利工作汇报后也对省水利工作作出重要指示，明确要求大力加强水资开发利用节约保护，主动服务和融入“一带一路”和长江经济带国家战略。时任云南省水利厅厅长陈坚在2015年2月的全省水利工作会议上指出，要按习近平总书记重要讲话要求，有效落实最严格水资源管理制度，全面加强水生态文明建设；实施河湖生态空间用途管制，加强河湖健康评估。要求在2015年水利工作中突出抓好高原湖泊、饮用水水源地和重要河段达标建设等工作。

开展内陆湖泊水环境演变与调控研究，明晰我国河湖水生态问题与退化成因，才能顺应自然规律、经济规律和社会发展规律，加快实现从供水管理向需水管理转变、从粗放用

水方式向集约用水方式转变、从过度开发水资源向主动保护水资源转变、从单一治理向系统治理转变。

1.1.4 本研究是维持程海流域经济社会可持续发展的迫切需要

程海地处高原干热河谷地带，属内陆封闭型深水高原湖泊，光热资源丰富，水资源量欠缺，加之受流域生态系统退化严重、流域经济社会活动用水增加和环湖螺旋藻产业快速发展取用水、排水等因素影响，近年来程海水位下降趋势明显加快，湖泊水环境质量亦严重威胁湖周螺旋藻产业用水的水质安全、产品质量与产量。为保护程海特有的螺旋藻资源，逐步恢复湖区原有的良好水生态系统，保障程海流域生态环境和区域经济社会的可持续发展，亟待开展程海外流域补水措施的论证与研究工作，以逐步恢复湖泊水位、改善湖区水环境质量，并使湖泊水生态系统处于良性循环状况和较好的健康水平，以保障程海螺旋藻资源优势能得到最大程度的利用和发挥。

因此，本研究拟开展程海水环境演变与调控研究，识别水生态问题及退化成因，提出程海水资源的管理目标、保护对策乃至工程措施，从而在保护程海的同时实现对区域社会经济的支持，实现以水定需、量水而行、因水制宜。

总体上，本研究既是云南省生态文明建设的具体实践，也是实行最严格水资源管理制度的重要工作和保障措施；研究成果对提升云南省水生态文明建设的认识和水平、推进最严格水资源管理制度的实行具有重要意义，也将切实有效地提出程海的保护方案和可持续发展对策，有助于促进水资源优化配置，有利于水功能区的管理和水生态保护，促进水资源的可持续利用，支撑经济社会的可持续发展，实现开发热区、保护程海、持续利用的重要目标。

1.2 国内外研究进展

1.2.1 资料缺乏区域的流域面源污染模拟研究

水环境污染问题通常分为点源污染和面源污染。相对于点源污染来说，面源污染具有很强的随机性，很难进行监测和量化。由于来自流域的营养物质和沉积物含量不断增加，其污染的危害性逐渐凸显出来，近十年来，面源污染尤其是农业面源污染已成为对水环境和人类健康的重大威胁之一。在此背景下，面源污染的模拟、评估以及管理已成为重要的研究问题之一。在北美洲，农业面源污染是影响地表水水质状况的重要因素之一。2013年，美国国家环境保护局调查结果显示，面源污染是大约67%的湖泊、水库、池塘以及53%的河流水体水质不合格的主要原因；在欧洲北海地区，64%的氮负荷、46%的磷输入负荷是由农业面源污染引起的；另据美国、日本等国家的研究结果显示，即使点源污染全部受到控制达到零排放，江河的水质达标率也仅为65%，湖泊的水质达标率为42%，海域的水质达标率为78%。可见湖泊、水库、河流的水体富营养化主要来源于面源污染。此外，在国内一些以农业生产为主的流域，如太湖、巢湖、滇池等区域的TN、TP浓度与20世纪80年代初相比明显升高，有些区域甚至高出十几倍。早在2004年中央人口资源环境工作座谈会上，中央就明确强调了要“整治农村环境，切实解决农村和农业面源污染问题”。在《“十三五”生态环境保护规划》中明确指出，要加快农村农业环境综合治理，打好农业面源污染治理攻坚战。因此，识别和量化面源污染特征是合理保护流域的科学基础，这不仅符合当前的学术研究热点，而且在实际应用中具有重要的理论指导意义。

面源污染是指污染物从非特定的地点，在降水（或融雪）冲刷作用下，通过径流过程汇入受纳水体（包括河流、湖泊、水库和海湾等）并引起水体的富营养化或其他形式的污染。当前，对面源污染负荷量进行估算的模型有很多，主要分为物理机制模型和经验模型。物理机制模型应用较多的有农田径流管理模型 ARMM、用于估算农田地表径流和耕作层以下土壤水污染的集总参数物理模型 CREAMS、用于预报农业流域非点源污染物负荷的分散流域模型 AGNPS、用于模拟流域水文和水质的综合模型 HSPF、在以农业和森林为主的流域内具有连续模拟能力的面源污染模拟模型 SWAT。虽然，这些物理模型能提供较为准确的结果，但前提是需要获取足够的资料来进行参数率定，模型本身的复杂性和对数据资料的高要求，决定了在某些地区，尤其是研究范围相对较小且资料不易获取的区域，不便于应用。

相反，与复杂的物理机制模型相比，经验模型具有数据需求较少和结构精简的优点。英国学者 Johns 等（1996）提出的输出系数模型，输入参数容易获取，且与实际监测结果有很好的吻合度，尤其是在资料缺乏地区进行面源污染负荷估算中表现出较大的优势。Mattikalli 等（1996）考虑化肥施用量和土地利用因素，建立不同情景，采用 Johns 输出系数模型对英国 Glen 河流在近 60 年的 N、P 负荷进行了估算。Ierodiaconou 等（2005）采用该输出系数模型，在基于对不同年代土地利用变化分析的基础上，对澳大利亚 Glenelg - Hopkins 地区的 TN、TP 负荷进行了研究。但是，输出系数模型在实际应用中也表现出一定的局限性，比如未考虑影响面源污染最重要的两个因素：降水和坡度，以及输出系数的年际变化特征。许多学者针对此不足，对输出系数模型进行了改进。Johnes 等（1997）考虑了不同污染源与水体之间的距离对输出系数的影响，建立了不同范围的输出系数参考表。Worrall 等（1999）考虑了土地利用变化和降水作用的影响，探讨了有机氮的衰减过程，并给出了输出系数的区间参考范围。Shen 等（2013）在 Johnes 输出系数模型基础上加入了土壤损失因素，分析了污染物在迁移过程中的损失。Ding 等（2010）对 Johnes 输出系数模型进行了改进，结合水质、水文数据确定不同面源污染类型的输出系数，用来表征长江上游地区氮磷的时空分布特征。

程海是云南省第四大高原淡水湖泊，是著名的螺旋藻养殖基地之一，在云南省经济社会发展中起着重要作用。近年来，由于受人类活动干扰和区域特点，程海环境污染问题日益严重，水环境质量持续下降，尤其是水体富营养化问题，对程海可持续利用构成了严重威胁。鉴于程海位于高海拔地区，地形起伏较大，且针对程海流域的研究较少，数据资料较为缺乏的现状，本书选取了能够表征降水、坡度影响的改进输出系数模型对程海流域非点源溶解态氮磷污染负荷进行估算，寻找影响流域溶解态污染负荷的主要污染源和最为有效的污染防控措施，以期能够为管理决策者在程海流域非点源污染源防治方案制订方面提供有用的信息和理论支持。

1.2.2 湖泊水生态环境模拟研究

一般的水质模型是在水动力学求解的基础上对保守污染物或有机污染物的输移扩散过程进行模拟，而水生态环境模型则以水质指标与生命物质的生化反应过程为基础，涵盖内容更广，模型形式更加复杂，这也使得生态动力学模型成为水环境模型中最复杂的一种。水生态环境模型考虑了整个生态系统的循环，描述了湖泊中各种水质指标的内部转换过程，反映了各种指标的时空变化过程。

湖泊水生态环境模型的研究首先从箱式生态模型开始，不求解水动力学方程，即不考虑水流对物质的输移作用的生态动力学模型。1976 年 JØrgensen 针对丹麦 GlumsØ 浅水湖所建立的生态模型为此后的一系列模型研究奠定了生态结构基础，模型由 17 个状态变量组成复杂的循环，直接给定藻类生长阶段函数，并充分考虑了底泥与水体间营养物质的交换过程。随后一系列相关研究不断涌现，Scavia 等（1976）建立了考虑水体分层效益的 CLEANER 模型；Nyholm（1986）建立的浅水湖泊 LAVSOE 生态模型对营养盐-藻类生长关系函数加以改进；LakeWeb 模型考虑的生态过程较为全面，包含浮游植物、浮游细菌、大型水生植物、底栖藻类、底栖动物、浮游动物以及鱼类等变量；为方便参数的选取，美国环保署（EPA）的 AQUATOX 模型包含了一个参数选取数据库，但一般认为此数据库宜用于北美部分湖泊。这类箱式生态模型在我国也得到研究与应用。

在此基础上，研究人员开发出基于水动力学模型的生态动力学模型。Di Toro 等（2008）开发的 WASP（Water quality Analysis Simulation Program）箱模型，是一个能模拟各类地表水（河流、湖泊、河口和海洋）中污染物的输移扩散的综合模型，被称为万能水质模型。Pilar 等（2010）利用 WASP5 对水库中浮游植物和营养盐、有机物、DO 等环境因子的相互影响进行了模拟；Jin 等（2002）利用 WASP5 计算了 Okeechobee 湖的富营养化情况，比较了不同工程措施对污染物削减的影响；Wool（2003）和 Zou（2006）等利用水动力模型 EFDC 和水质模型 WASP5 计算了 Neuse 河口和 Wissahickon 河的营养盐与叶绿素 a 浓度分布情况，并根据模型计算值来支持污染物的每日最大负荷量（Total Maximum Daily Load，TMDL）的决策。Hamilton（2007）、Geoffrey 等（1993）针对分层水体发展了 DYRESM 水质模型，将水体简化为垂向一维模型，很好地模拟了水体的热分层、消层、进出流以及水体和大气的热交换等物理过程，并在此基础上，模拟了水体的生态循环过程。Cerco 等（1995）通过对美国 Chesapeake 海湾的长时间序列的水质数据进行分析，建立了一个三维非恒定富营养化模型 CE - QUAL - ICM，该模型总共包括 22 个主要变量，考虑了温度、光照、营养盐等条件对藻类繁殖的影响，随后，Cerco 和 Meyers（2013）又对该模型做了进一步改进，并与流域产汇流模型、水动力模型耦合起来，分析了对海湾上游支流营养盐流入和水土流失实施控制措施后对 Chesapeake 海湾富营养化程度的影响。

国内的研究人员也开展了较多的工作，近年来，关于控制藻类水华和富营养化的应用颇多。例如，何国建等（2011）对于官厅水库短期藻类动力学效应研究表明，生态湿地建设、生物工程和水体交换三种方案均可有效降低藻类的生长极值，但生态湿地建设并未影响藻类生长趋势，建议通过投放鱼类竞争捕食和提高水体交换能力进一步控制藻类生长。邹锐等（2012）定量分析了垂向不同水动力扰动情形下蓝藻的生长机制，为设定藻类生长关键参数和沉降速率提供有益参考；北京稻香湖案例通过模拟藻类水华，讨论了藻类过程的多种影响因素，并建议将叶绿素 a 值达到 30μg/L 作为控制藻类水华的指标限值。藻类水华的背后，是营养物质在水体中的长期累积。当前，对于湖库环境下的水质目标管理和水质模拟，在治理方法、模拟精度（时间、空间）和模型整体性上的研究水平也越来越高。董飞等（2014）在系统调研大量水环境容量研究文献基础上，详细梳理水环境容量从概念引入到研究至今的过程，归纳出我国地表水水环境容量研究过程中产生的五大类计算方法：公式法、模型试错法、系统最优化法（线性规划法和随机规划法）、概率稀释模型法和未确知数学法，为基于水环境模型的湖库容量总量计算奠定了基础。贾海峰等（2012，2014）对于辽宁柴河水库流域采用了一个零维简单预测模型协助 EFDC 考察和估计氨氮和总磷的负荷，从而优化和分配水库流域周边区域的允许排污负荷，并提出双向算法对纳污能力进行计算，正向算法通过建立确定的模型，进行水质情景模拟，分析纳污能力；反向算法则透过水质目标，估算纳污能力和负荷分配方法，加快了情景模拟和优化求解的速度。王建平等（2005）利用 EFDC 和 WASP 模拟了密云水库由于水位不断下降而引起的水质变化问题，并得出控制 TP 负荷可有效降低叶绿素 a 浓度的预测结果。刘晓波、韩祯、王若男等（2018，2019，2020）基于 EFDC 水动力学模型模拟的水动力学要素，结合生态高斯模型，系统分析了鄱阳湖湿地植被分布面积对淹没水深、淹没时长和退水时间的响应关系，量化了湿地植被对关键水文要素的生态需求，明确了优势湿地植被的生态阈值。

纵观国内外已有的一系列湖泊水生态环境模型，可以看出，虽然湖泊水生态环境模型的建立和应用都具有较大的难度，但是也取得了丰富的研究和应用成果；而且不难发现，不同的生态动力学模型之间的主要区别在于模型维数、模拟指标的不同以及为模型设计了不同的生化反应项。本书以程海为研究对象，基于 EFDC 模型模拟预测不同情景下的湖泊水量-水质-水生物的变化规律，从而为生态补水的优化调控提供科学依据。

1.2.3 内陆湖泊水盐平衡及其对生态系统影响研究

从 20 世纪 70 年代以来，与内陆湖泊相关的，如水位下降（Gross，2017）、水量减少（Messager 等，2016），湖泊咸化（Benduhn 和 Renard，2004；Jaramillo 等，2018）、生态系统失衡（Staehr 等，2012）、气候变化的影响（气温升高、蒸发增加和降水改变）以及不合理的人类取水（Destouni 等，2010；Wurtsbaugh 等，2017），逐渐引起了人们对内陆湖泊所面临的水生态环境问题的关注。以色列和约旦之间的死海（Gavrieli 和 Oren，2004；Lensky 等，2005），美国的大盐湖（Mohammed 和 Tarboton，2011；Shope Angeroth，2015）、索尔顿海（Parajuli 和 Zender，2018），哈萨克斯坦和乌兹别克斯坦之间的咸海（Benduhn 和 Renard，2004）和我国的青海湖（Li 等，2007）都面临着因湖泊萎缩和盐度增加而发生的水生态环境系统的改变。

水资源对于湖泊生态系统的维护和发展至关重要。特别是高原内陆湖泊受人类活动影响最小，被视为全球气候变化的敏感对象（Vinebrooke 和 Leavitt，2005）。此外，内陆湖泊是许多地区，尤其是干旱和半干旱地区的重要水资源（Bai 等，2012），这些区域的水资源变化显著影响当地气候（Angel 和 Kunkel，2010）。但是，随着水位的下降和内陆淡水湖向咸水湖的转变，将会产生许多不利影响，包括：①水质恶化和供水减少（Li 等，2007）；②海滩地区的沙漠化和暴露的沉积物的风蚀，这是危害人类健康（Griffin 和 Kellogg，2004）和影响农业生产（Micklin，2007）的可吸入粉尘的来源；③湖泊周围和湖泊生态功能退化，包括各类动植被的分布（Gordon 等，2008；Jaramillo 等，2018）。浮游植物的种群变化在盐度范围从1000mg/L到2000mg/L将发生显著变化（Hart等，1991）。此外，水体生物的丰度随着盐度的增加而减少（Hammer，1986）。因此，应重点研究内陆湖泊水资源和盐度的变化特征及其驱动因素。

近年来，全球气候变化及其与内陆湖泊相关的水文过程得到了广泛关注（Reshmidevi等，2017）。随着气温的升高，气候变化正在加速全球内陆湖水文循环（Huntington，2006；Oki和Kanae，2006；Mccabe和Wolock，2011）。因此，区域气候变化主导了内陆湖泊尤其是高原内陆湖泊的水盐平衡趋势。此外，从水资源保护和生态环境可持续发展的角度来看，气候变化情景下的水盐平衡研究是目前数据稀缺地区一个重要但难以解决的问题。然而，内陆湖泊干涸并不是一个新现象（Wurtsbaugh等，2017）。为了获得未来的气候变化，Yao（2009）、Yu和Shen（2010）以及Austin等（2010）使用GCMs大气环流模型生成不同的未来气候情景，并探讨气候变化对湖泊水平衡的影响。Hood（2006）、Kebede（2006）、Setegn等（2011）使用水文气象监测数据建立湖水平衡模型，研究湖泊水位的变化及其对气象要素和人类活动波动的敏感性。Swenson和Wahr（2009）、Li（2010）和Lee等（2014）根据卫星数据，定量评估了气候变化（气温和降水）和人类管理（土地利用/覆盖变化和水利工程）对湖泊水量平衡的相对影响。为了增强对水盐平衡变化过程的理解，Legesse等（2004）使用流域尺度水文模型（PRMS）研究了综合动态水盐平衡模型，其结果表明水位和湖泊盐度对气候或土地利用的微小变化具有显著的敏感性。Gusev和Nasonova（2013）将土壤水-大气-植物（SWAP）模型耦合到水平衡模型中，分析了Northern Dvina River流域水量的变化。Mbanguka等（2016）提出了一个综合的水平衡模型，该模型考虑了湖水-地下水的相互作用，并将其应用于东非坦桑尼亚北部的半封闭淡水Lake Babati系统。近年来，一些研究的重点已经转移到淡水湖向咸水湖过渡带来的一系列生态环境影响问题上（Riboulot等，2018）。可以看出，上述研究取得了丰硕的成果，然而，由于所需模型输入的复杂性和气候变化情景的不确定性，缺乏监测数据可能会阻碍某些地区的研究，水文模型的模拟精度和应用范围往往会受到限制。此外，对高原内陆湖水盐平衡趋势演变的研究也十分匮乏。因此，通过严谨的数学推理，在对水量平衡组成部分有清晰认识的基础上，对湖泊盐度平衡的物理过程进行总结归纳，将有助于分析内陆湖泊水量和湖泊盐度的演化过程。

1.3 研究目标、内容与技术路线

1.3.1 研究目标

本书针对程海水位不断下降、湖泊生态系统退化等问题，在系统分析湖泊历史数据基础上，开展湖泊水量、水环境及水生态状况调查与监测，科学诊断湖泊水资源及水生态环境问题，分析其演变特征与关键胁迫因子；以控制湖泊萎缩、恢复程海良好水生态环境为目标，构建湖泊水环境数学模型，研究提出以生态水位与水质为重点的湖泊水生态系统保护控制目标；围绕湖泊水生态系统保护控制目标要求，研究流域水污染控制方案与湖泊环境引水方案，提出外流域补水工程水源比选、工程规模及补水过程设计的相关建议，为程海外流域补水工程的规划论证提供科学依据。

1.3.2 研究内容

围绕研究目标，本书的主要研究内容包括以下几个方面。

1. 程海生态环境状况调查、监测与评价

系统收集近年来程海区入出湖水量（降水、蒸发、地下水补给入湖、环湖湖周入湖及湖周取水等）及水质、湖区水位、湖周污染源、湖泊水生态系统状况等资料，并结合研究现场调查与原型观测，系统分析程海流域水资源状况，识别程海水位变化规律及其关键环境影响因子，诊断近年来湖区水质、水生态系统状况变化。主要研究内容如下：

（1）程海关键环境指标特征分析。通过历史资料收集、文献调查、螺旋藻养殖企业调查、专家咨询等方式，分析程海关键环境指标的变化特征。

（2）程海水下地形测量与水位-湖容关系研究。分析湖周及水下地形，制作程海数字流域地形图，建立程海水位-水面面积-湖容关系曲线。

（3）程海流域水系调查及水文水环境监测。对程海水系进行系统调查，阐明其名称、河口位置、河道基本形态、小流域范围、面积及流域陆面状况，以及主要入湖河流基本的水文水质特征。

（4）程海水环境与水生态监测。基于程海水生态环境历史研究成果、现有的常规水质与水生态监测方案，并结合本书的研究需求，以程海为重点并涵盖周边的主要入湖河流，设计程海水质与水生态监测方案，开展现场监测，以获取本研究所需的基础资料。

（5）程海流域水资源状况调查评价与湖泊水量平衡分析。调查程海流域气象资料、历史地表水水文资料、流域水资源开发利用情况和湖泊水资源利用情况资料等，对影响湖泊水位变化的流域水资源量变化进行整理，分析程海水资源量的主要来源及其组成；同时基于湖泊水量平衡原理，提出对湖周河川径流、湖周散流及地下水径流入湖、湖周取水耗水的概化方案，并利用历史实测资料进行校验，开展近年来程海水位变化还原分析，揭示近年来程海水资源量及湖泊水位演变的成因。

（6）程海流域污染源调查与水环境质量评价。通过文献调研、现场调查与采样收集、原型观测等方式，调查程海入湖污染物的主要来源，估算入湖负荷量大小，评价湖区水环境质量状况，同时分析评价入湖污染物对湖泊水质变化的影响。

2. 程海水资源保护目标研究

为保证程海流域水资源平衡以及程海特有的螺旋藻资源的永续合理利用，结合程海历史水位变化过程、湖泊水位管理目标需求、本区域的水资源需求、防洪需要和程海承受外流域补水的能力，研究确定程海区生态水位的合理区间，以服务于外流域补水工程的规模与环境补水过程的论证。主要研究内容如下：

（1）程海区水位恢复与保护目标研究。湖面高强度的水量蒸发损失是程海水资源量耗损的关键环境因素，水面蒸发引起的水资源量损失又与湖泊水面积关系密切，维持合理的水面面积（即湖泊水位）是保持程海流域水资源平衡的重要因素；同时蒸发和降雨之间的巨大差距是直接导致程海水位持续下降、湖区水质浓度持续变差的重要因素，并已对湖区螺旋藻的生长环境产生了显著的胁迫。另外，程海水位还受人类活动的影响与控制。为此，应对程海湖水文特性、管理特征水位、生态水文过程、流域防洪的需求和螺旋藻健康生长的水位需求等问题进行科学研究，提出满足程海水资源保护、螺旋藻产业健康发展、防洪需求和热区经济社会可持续发展的水位保护目标。

（2）程海水质保护目标研究。日益萎缩的湖泊水面积、蓄水量和受到污染的湖水已日益成为程海流域经济社会与螺旋藻产业健康发展的制约因素，遏制湖泊水位快速下降、修复湖区水生态环境质量已成为当前最紧迫的任务。为此，参考螺旋藻产业大规模开发前的湖泊水质状况、螺旋藻产业化发展的敏感水质指标浓度需求和水功能区水质保护目标要求，合理确定程海的水质保护目标和敏感水质指标的适宜浓度范围。

3. 程海水环境时空分布特征与演变规律研究

构建适合程海地貌单元、水深特征和自然环境特点的三维水动力与水质数学模型，开展程海水动力特征、水环境时空演变特征研究。

（1）程海三维水动力与水质数学模型研究。程海为中型深水湖泊，其与水生态关联的水质指标在平面和水深方向上均可能存在一定的差异，为此应建立程海的水动力与水质相耦合的三维数学模型，并使用已获得的气象、水文及水质资料对数学模型进行参数率定与模型验证，从而为程海区水环境演变过程模拟及相关规律研究提供可靠的技术手段。

（2）程海水动力特征研究。一般而言，风是大中型湖泊湖流运动的主要驱动力，并受地球自转柯氏力作用和湖周地势地貌共同影响而形成环流，同时湖流还易受入湖径流的驱动影响，并可能在入出湖口局部区域形成吞吐流，从而形成以风生湖流为主、吞吐流为辅的混合湖流形态，并以此为载体驱动环湖入湖污染物在湖泊内输移扩散，进而对湖泊水环境与水生态的时空分布特征产生重要的影响。以研发的程海水动力与水质数学模型为技术手段，开展程海水动力条件、湖流特征研究，是保证程海水生态环境模拟可靠的重要前提和基础。

（3）程海水环境时空演变特征研究。以近年来程海流域水量、水质资料和概化的入湖水量水质边界条件为背景，以研发的程海水动力与水质数学模型为技术手段，研究程海水质空间分布特征，科学识别近年来程海水环境质量持续变化的关键环境因子和敏感制约因素，预测程海区水质可能的演变趋势，为程海水环境演变与调控研究提供依据。

4. 程海水量与水质保护对策研究

（1）程海流域水资源总量需求研究。以程海流域为背景，系统分析程海流域的水资源来源组成、湖区水位变化过程及其不同来源的水量贡献大小，并以研究确定的湖泊生态水位为修复目标，同时考虑程海流域热区经济社会发展和人类活动的水资源量需求，核算程海流域及程海的水资源总量需求，为程海水量安全保障对策研究提供技术支撑。

（2）程海水量安全保障对策研究。以程海的水资源总量需求为依托，同时兼顾程海流域经济社会可持续发展的水资源总量需求，以及程海流域周边可资利用的水资源情况，提出程海水量安全保障对策方案。

（3）程海水质安全保障对策研究。分析湖区水位变化和环湖周边入湖污染负荷对湖区水质演变的影响，核算程海水环境容量，并以污染物总量控制要求为依据，综合提出程海流域入湖污染物总量控制与湖区水质安全保障对策方案，以保障湖区水生态环境安全。

5. 程海环境引水方案研究

优质的水资源条件是程海湖健康的决定性因素。在本流域水资源不足的情况下，对从程海周边引水改善程海水资源条件的方案开展研究。主要研究内容包括：

（1）程海环境补水水源方案比选。调查分析程海流域周边水源点，论证水源区选择的合理性和可行性，同时为外流域补水进入程海后的水质模拟与影响预测提供科学依据。

（2）程海环境补水规模与补水过程研究。以现状程海流域及水源点水资源和水环境质量为背景条件，通过多情景方案设计，模拟预测不同工程补水规模与补水过程条件下程海区水位、水环境质量及关键控制指标浓度变化，依据程海流域水资源、水环境、水生态保护目标，分析确定满足保护目标要求的外流域补水工程规模及其补水过程，并研究确定程海环境补水方案，为程海外流域生态补水工程的科学规划与工程设计提供科学的技术支撑。

1.3.3 技术路线

本书的研究技术路线如图 1.1 所示。

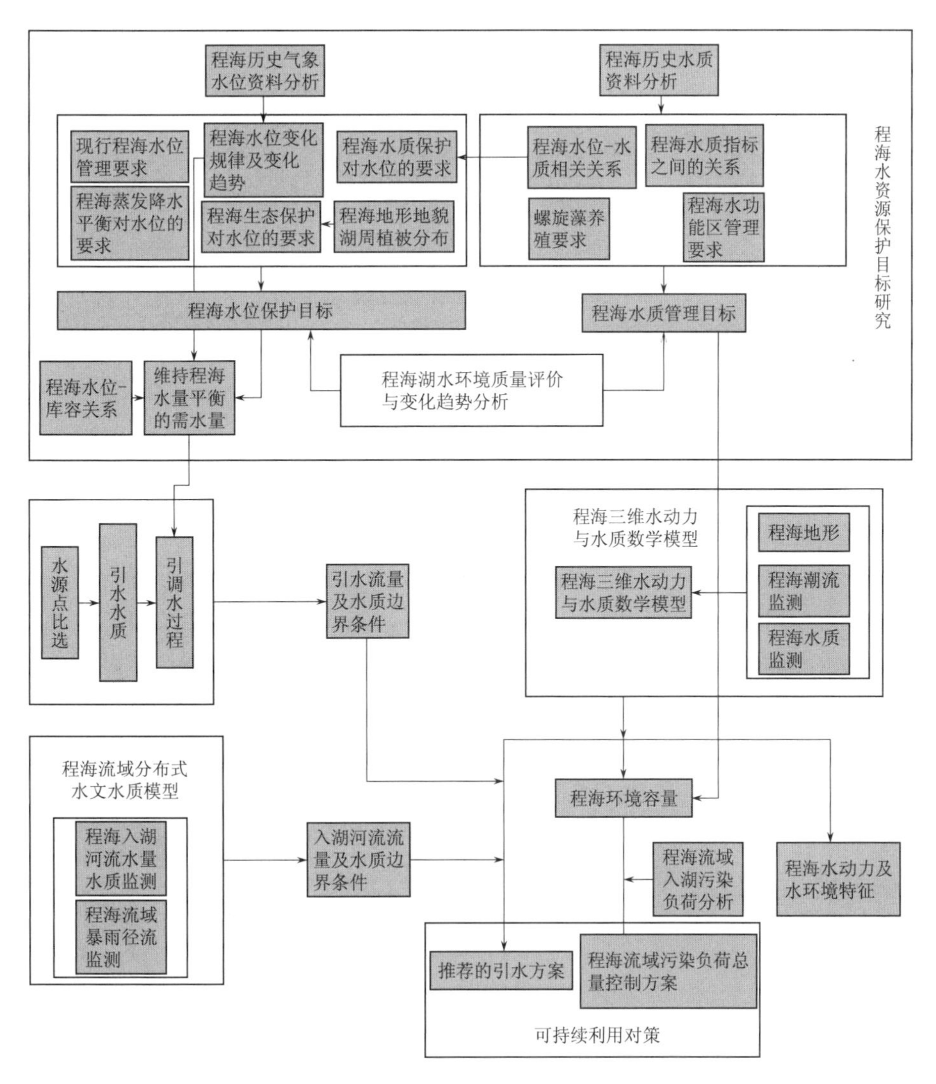

图 1.1 技术路线

第2章　程海概况及流域主要特征研究

程海在明代以前，是一个与江河相通自由出流的湖泊。明代以后，湖水位逐渐下降，清康熙元年（1662年）至清乾隆二十七年（1762年）曾先后五次疏浚河道引灌农田，致使湖水不复自流，变成一个内陆封闭型高原深水湖泊。如今的程海不仅没有出流，也没有长年性的地面水源补给，湖水主要汇雨季湖周众溪而成。本书采用现场调查、资料分析、遥感解译等手段对程海流域开展流域自然环境基本特征的调查与评价。

2.1　流域自然地理特征概况

2.1.1　地理位置

程海地处青藏高原与云贵高原的衔接部位，云南省丽江市永胜县中部，世界自然遗产“三江并流”金沙江中段，地理位置为东经100°38′～100°41′、北纬26°27′～26°38′，距丽江市古城约102km，距永胜县约45km（图2.1），属于金沙江水系。

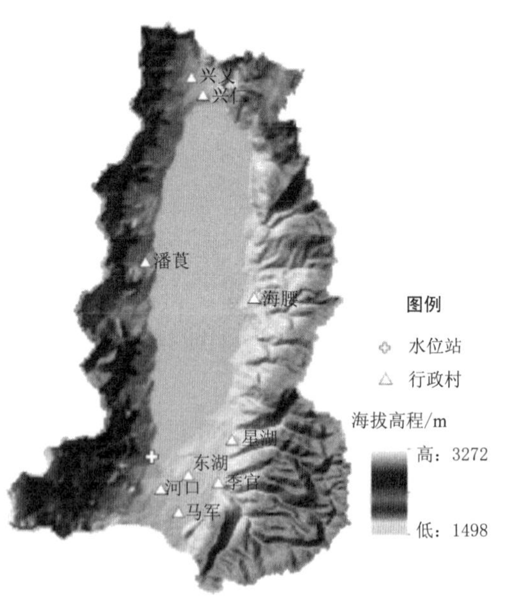

图2.1　程海地理位置

2.1.2　地形地貌

程海为断层陷落深水湖泊，处于横断山脉的东缘和云南“山”字形构造（云南弧）的两翼，地跨横断山脉和滇西高原两个地貌单元，区域性程海深大断裂带纵贯其间，断裂构造条件十分复杂，湖泊周围有高峻山岭和古老的火山岩系（玄武岩）喷发，同时沿程海深大断裂带又形成许多低洼的内陆断陷堆积盆地，各盆地边缘有古生界泥盆系、石灰系、三叠系和中生界三叠系、侏罗系及新生界第四系地层出露。程海盆地的主要形成地貌类型如下：

（1）构造山地。山势陡峭，大气降水潜入地下通过泉水形式形成径流。如程海湖东部的大尖山，西部的街营脑山、扎营脑山和拜佛台山等，成为水文地质单元的天然分水岭。

（2）剥蚀中山。山体主要由古老的碳酸盐岩构成，山势比较平缓，无明显山峰，为碳酸盐岩岩溶及裂隙水强烈活动带。

(3) 冲积、洪积倾斜平原。大部分分布在程海南端的山前下部，由第四系黏土夹砂砾石和砂砾石与黏土互层组成，地形平缓。其地势及地下组成物质有利于地下径流排泄，承压水含水层埋藏较深，蒸发浓缩过程弱。

(4) 冲积、湖积低洼平原。地势相对较低，地表组成物质细，水位埋深浅（1～3m），水分条件差，水量贫乏，地下水径流滞缓，排泄不畅，蒸发强烈，盐渍化土壤普遍。

总之，程海东、西、北三面环山，仅南面地势较为平坦。东面为碎屑岩组成的高山地形，最高海拔 2603.7m，坡度较缓；西面为玄武岩组成的连绵不断的陡峭高山，最高海拔 2647.3m，坡陡谷深；北面为碳酸盐岩组成的中山地形，最高海拔 2437.2m；南面坡谷地发育，是主要的农业耕作区。

2.1.3 地质条件

程海处在活动性的程海深大断裂带上，横断山脉的东缘和云南“山”字形构造（云南弧）的两翼，属于高原石灰岩、砂岩地区的构造湖。程海的长轴与断裂带走向一致，湖盆基地地质构造复杂，主要受近南北向和北东向的构造控制。由 4 组碳酸盐岩内派生的低序次断层组成，其中有 3 组压性逆断层和 1 条张性正断层，即永安东压性断裂、永安压性断裂、永安西张性断裂和鸣冠山压性断裂。另外，在程海水域底部还有 21 条不同方向的小断层夹入其间。按成湖的主导因素划分，程海为断陷侵蚀湖，湖盆受程海断裂构造控制，后期又受到河流长期侵蚀作用，湖盆由断裂作用和河流侵蚀作用而成。

程海西侧地表出露的地层主要为二叠系上统海底火山喷发的玄武岩组（P_2b），岩性多为黄绿色、灰绿色至深灰色致密状、杏仁状玄武岩；在各支流与湖盆交汇地带，分布第四系洪积层，呈大小不等的洪积扇；北部东侧出露的地层泥盆系中统（D_2）、石灰系中统（C_2）、石灰系上统（C_3）及二叠系下统（P_1）灰岩、白云质灰岩、鲕状灰岩；东侧出露的地层主要为侏罗系下统冯家河组（J_1f）、中统张家河组（J_2z）页岩、泥岩、砂质泥岩、长石英砂岩；北部出露泥盆系中统白云质灰岩、石炭系中统块状灰岩和二叠系下统块状灰岩夹生物灰岩；沿湖周围分布有第四系洪积、冲积和湖积层，南端分布面积最大。主要物理地质现象为滑坡、泥石流，特别是泥石流导致湖面逐年缩小。

程海形狭长，呈南北向，北深南浅，湖床细砂质，湖盆第四系沉积物分布不均匀，湖北沉积薄，湖南沉积厚度较大，钻孔揭示湖盆东南侧最大沉积厚度为 984m，地震测深反应湖内最大沉积厚度为 1800m。底部最低高程在黄海海平面以下约 295m，说明程海盆断陷极深。程海北部湖底为石灰岩溶蚀漏斗地貌，湖的南北之间有一水下石梁。

2.2 流域下垫面特征概况

2.2.1 土壤植被

程海流域内的成土母质主要为玄武岩，在近分水岭地带，分布有少量草甸土，其余土壤均为玄武红壤、棕壤、红棕壤、红褐土和水稻土等。湖周土壤为石灰岩、白云岩风化残坡积层（红壤）、玄武岩风化残坡积土（灰壤）、沙泥岩风化残坡积土（燥红土）、水稻土、冲洪积土和盐碱土组成。残坡积土广布于山地地区，河沟两岸为冲洪积土，盐碱土主要分布于湖边低洼地带。湖滨带土层平均厚度小于40cm，土壤中的石砾含量高达37.7%（东西部土壤的石砾含量在79.31%以上），且大多为塌陷松散堆积而成的石砾。

根据云南植被区划，程海流域位于亚热带北部常绿阔叶林地带，但是陆生植被破坏严重。根据有关统计资料，林地面积为23565亩（其中用材林1890亩、防护林21570亩、经济林105亩），灌木林地66150亩。现存天然植被主要为灌草丛，仅有小面积云南松、华山松及桉树幼林。而且分布不均，大部分林地分布于人为干扰较少的山体顶部，近山、面山基本为山地、荒地、草丛灌木丛，植被多样性较低，森林生态发生了常绿阔叶林—针叶林—灌丛—草坡演变的逆向演替。调节气候、涵养水源、保护水土、减轻水土流失等生态功能十分薄弱，流域内旱季缺水，雨季洪涝灾害，每年冲下的泥沙形成若干个洪积扇，冲毁农田，淤积河道，侵占湖面。

2.2.2 土地利用

本书采用卫星影像解译和实地核查结合的方法，按《第二次全国土地调查土地分类标准》分析，程海流域总面积为318.3km²，其中湖泊面积占流域面积的23.92%，流域内土地利用类型较多，以林地面积相对最大，占总面积的24.36%，其次是草地和灌木林地，分别占总面积的14.93%、11.34%，再加上其他林地，以上四种土地利用类型占总面积的54.43%；旱地、水田以及园地的面积分别占总面积的8.90%、6.29%以及0.69%，合计15.88%；建筑用地占总面积的2.23%；此外，流域范围内还存在着3.53%的裸地和荒地。

2.2.3 水土流失

程海流域植被稀少，地形坡陡，岩层破碎，降雨集中，单点暴雨频发，致使程海流域成为云南省九大高原湖泊中水土流失最严重地区之一。根据永胜县水土流失现状图量算结果统计，土壤侵蚀面积为150.1km²，达流域陆地面积的61.59%，高于全省的平均侵蚀率（36.9%）约25个百分点。程海流域土壤侵蚀状况见表2.1。

表2.1 程海流域土壤侵蚀状况

项目	流域陆地	微度侵蚀	轻度以上侵蚀					
			合计	轻度	中度	强度	极强	剧烈
面积/km²	243.7	93.6	150.1	67.3	42.8	17.2	13.2	9.6
占比/%	100	38.41	61.59	27.62	17.56	7.06	5.42	3.93
侵蚀模数/[t/(km²·a)]				2200	4700	7700	12000	15000

程海流域地形变化大，周围山峰陡峭，垂直高差在1500m左右。湖泊四周入湖河流较少，但山体具有明显的冲沟。根据侵蚀模数计算，程海流域土壤侵蚀量为52.76万t/a。

据永胜县水务局提供的相关资料，水土流失空间分布为微度侵蚀和轻度侵蚀区分布于湖体南北两端，以细沟侵蚀为主，伴有面蚀，沟壑密度为20km/km^2；强度侵蚀区出现于程海东北面马鬃梁子至鸡冠山一带，以重力侵蚀为主，伴有冲沟侵蚀，特别是湖面东岸，冲沟极其发育。剧烈和极强侵蚀主要发生在湖东侧、刘家大河到团山大河的山体中下部。

2.3 流域气象水文特征概况

2.3.1 气候特征

程海处于金沙江河谷地带，属低纬山地季风气候，冬春干旱、夏秋多雨，气候垂直变化明显。湖区主要盛行南风，年平均气温为19.1℃，最冷月平均气温为8～11℃。冬半年（11月至次年5月中旬）在热带大陆性气团控制下，北方冷气团不易入侵，难以形成降水过程，因而天气晴朗，空气干燥，日照充足，云、雨量少，形成干季。夏半年（5月中旬至10月）受来自热带海洋东南季风影响，水汽充足，云、雨量多，形成雨季。程海区深处内陆，地形闭塞，东南暖湿气流至此已是强弩之末，故湖区光照充足，日照时数为2500～2750h/a，多年平均日照时数为2436h/a，日照百分率达60%，年太阳辐射总量569300J/(cm^2·a)，月太阳辐射总量最大值出现在春季。

据河口街水位站多年的资料统计，流域年平均年降水量为725.6mm，降水多集中在6—10月，占降水总量的85%；暴雨多集中在6—9月，以雨量小、历时短、梯度大的单点暴雨为主，多为单日非连续性暴雨。流域多年平均蒸发量为2269.4mm，蒸发量约是降水量的3.13倍。按照联合国教科文组织干旱指数（降水量/蒸发量，0.2超干旱带；0.2～0.3干旱带；0.3～0.5半干旱带；0.5～0.75半湿润带）的划分标准，程海降水量/蒸发量为0.32，程海流域气候类型为半干旱带。

2.3.2 河流水系

程海大约形成于新生代第三纪中期（距今1200万年以前），是喜马拉雅期造山运动形成断裂地堑，中陷低凹之处聚水成湖，原来曾经是一个外流湖，湖水通过程河（又名期纳河）向南30余km流入金沙江，属金沙江水系。据《永胜县志》记载，当时水深72m，但在1690年前后，程海水位突然快速下降，形成了现在的内陆湖。根据有关文献，1762—1961年程海建立水位观测站期间，程海水位下降36.21m，年均水位降0.182m；水面面积减少了17.51km^2，蓄水量减少了33.1亿m^3。程海自1996年建立水位观测站，至1988年，水位下降4.67m，海水面面积减少了4.7km^2，蓄水量减少3.62亿m^3。目前，程海没有出口河流和常年性河流，湖水主要汇集雨季湖周众溪而成。湖区无水文站，仅有一个水位观测站、一个雨量观测点和一个蒸发站点；临近流域有永胜气象站以及马场坪、莨峨等五个雨量站资料。

程海流域总面积为318.3km^2，湖南北长19.15km，东西最大宽度5.2km，平均宽度为4.3km，湖岸线长为45.1km。当前，在水位1500.00m时，蓄水量为17.77亿m^3。程海平均水深为25.7m，最大水深为35.1m。程海床倾斜度大，浅水区域较少，80%的水面水深达 20m。依据《云南省程海管理条例》，法定控制水位为 1499.20～1501.00m，水位变幅 1.8m，程海的水域及最高水位线外水平距离 30m 内的岸滩为程海的一级保护范围。冬瓜岭至营盘山、大梨园至小尖山的程海集水区为二级保护范围。

程海主要入湖河流有 32 条（图 2.2），东部有季官河、王官河、团山河、秦家铺河、半海子、清德河、刘家大河、贺家河、大水口河、庙脚底河、瓦窑河、大朗河、青草湾河 13 条，南部有马军河、关地河 2 条，西部有大庆园河、小阳保河、干沟箐河、李家大箐河、沙堡河、门前河、北大河、南大河、干水口河、金兰河、峭渣拉河、白沙嘴河、龙王庙河等 13 条，北部有东大河、西大河、徐家箐河、老龙箐河等 4 条。由于流域内植被较差，多为季节性河流，雨季河流内才有水，枯季基本为河干。经现场调查，程海流域主要河流情况见表 2.2。

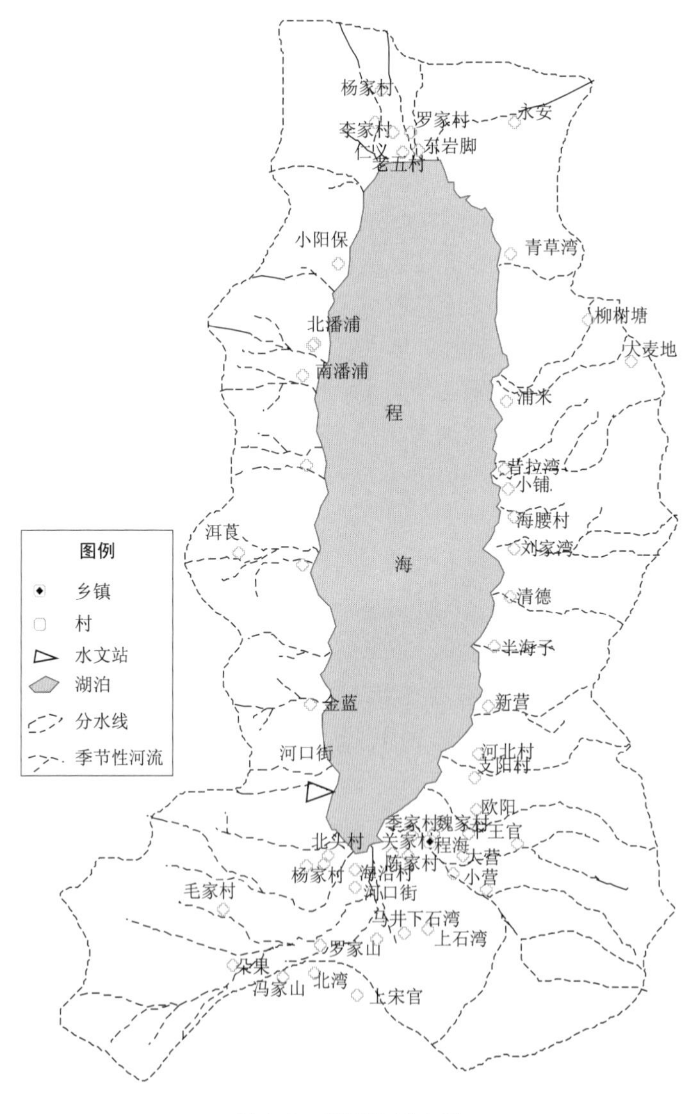

图 2.2 程海流域水系

表 2.2 程海流域主要河流情况

序号	方位	河名	流域面积/km²	河长/km	序号	方位	河名	流域面积/km²	河长/km
1	东部	季官河	36.80	9.83	17	北部	老龙箐河	9.68	4.42
2		王官河	8.78	7.74	18	西部	大庆园河	2.21	2.81
3		团山大河	7.22	5.86	19		小阳保河	2.44	2.433
4		秦家铺河	3.87	3.58	20		干沟箐河	3.85	3.59
5		半海子	4.19	4.06	21		李家大箐河	2.94	2.84
6		清德河	3.44	4.01	22		沙堡河	2.05	2.54
7		刘家大河	9.27	6.04	23		门前河	2.20	2.93
8		贺家河	1.88	2.66	24		北大河	5.87	3.96
9		大水口河	8.12	6.22	25		南大河	2.85	2.46
10		庙脚底河	2.01	3.50	26		干水口河	1.70	2.57
11		瓦窑河	4.91	4.58	27		金兰河	4.20	2.88
12		大朗河	3.75	4.37	28		峭渣拉河	1.34	3.51
13		青草湾大河	2.72	3.15	29		白沙嘴河	1.56	2.85
14	北部	东大河	8.25	5.41	30		龙王庙河	4.07	4.65
15		西大河	2.00	2.85	31	南部	关地河	11.30	7.588
16		徐家箐河	2.16	3.64	32		马军河	33.90	10.8

2.4 社会经济及螺旋藻产业概况

2.4.1 行政区划

程海流域为永胜县程海镇所辖，行政区划涉及该镇潘莨、季官、河口、东湖、星湖、海腰、马军、兴仁、兴义 9 个行政村，1 个集镇，47 个自然村。程海流域行政区划和人口分布见表 2.3。

表 2.3 程海流域行政区划和人口分布

村委会名称	自然村	村落类型	类型	人口	
				户	人
潘莨	洱莨村	坝区	西岸	321	1460
	托潭村	坝区	西岸	95	1444
	南潘浦村	坝区	西岸	148	690
	北潘浦村	坝区	西岸	102	437
	小计			666	4031
季官	上石湾村	坝区	南岸	117	495
	小营村	坝区	南岸	172	806
	大营南村	坝区	南岸	168	764
	大营东村	坝区	南岸	152	680
	大营西村	坝区	南岸	170	786
	小篾居村	山区	南岸	16	72
	小计			795	3603

续表

村委会名称	自然村	村落类型	类型	人口	
				户	人
河口	玩鹰庄村	半山区	南岸	60	248
	街南村	坝区	南岸	227	962
	街北村	半山区	南岸	275	1103
	海沿村	半山区	南岸	291	1243
	新华村	半山区	南岸	312	1341
	金兰村	坝区	西岸	193	894
	小　计			1358	5791
东湖	季家村	坝区	南岸	243	1116
	关家村	坝区	南岸	275	1129
	陈家村	坝区	南岸	167	582
	小　计			685	2827
星湖	河南村	坝区	南岸	241	817
	河北村	坝区	南岸	214	935
	欧阳村	坝区	南岸	96	399
	王官村	坝区	南岸	86	398
	芮家村	坝区	南岸	380	1581
	大篾子村	坝区	南岸	32	119
	小　计			1049	4249
海腰	浦米村	半山区	东岸	186	867
	昔拉湾村	半山区	东岸	52	252
	小铺村	半山区	东岸	43	190
	冲子村	半山区	东岸	32	119
	海北村	半山区	东岸	112	463
	海南村	半山区	东岸	108	458
	刘家湾村	半山区	东岸	124	570
	清德村	半山区	东岸	100	470
	半海村	半山区	东岸	135	650
	秦家铺村	半山区	东岸	76	380
	小　计			968	4419
马军	罗家山村	半山区	南岸	44	178
	马军村	坝区	南岸	227	861
	石湾北村	坝区	南岸	183	650
	石湾南村	坝区	南岸	192	842
	小　计			646	2531

续表

村委会名称	自然村	村落类型	类型	人口	
				户	人
兴仁	东岩村	半山区	北岸	332	1498
	老屋村	半山区	北岸	149	688
	罗家村	半山区	北岸	108	548
	青草湾村	半山区	北岸	218	918
	小计			807	3652
兴义	杨家村	坝区	西岸	303	1228
	李家村	坝区	西岸	247	988
	西湾村	坝区	西岸	380	1620
	小阳保村	坝区	西岸	57	257
	小计			987	4093
合计				7961	35196

2.4.2 人口现状

程海流域人口 7961 户，35196 人。其中，非农业人口 1316 人，占流域总人口 3.74%；农业人口 33880 人，占总人口 96.26%。从人口在程海周边分布的区域来看，分布于湖南部的人口最多，有 18165 人，占总人口 51.61%；分布于北部的人口次之，有 7462 人，占总人口的 21.20%；分布于湖西岸和东岸的人口分别是 5165 人和 4404 人，分别占总人口的 14.675% 和 12.515%。

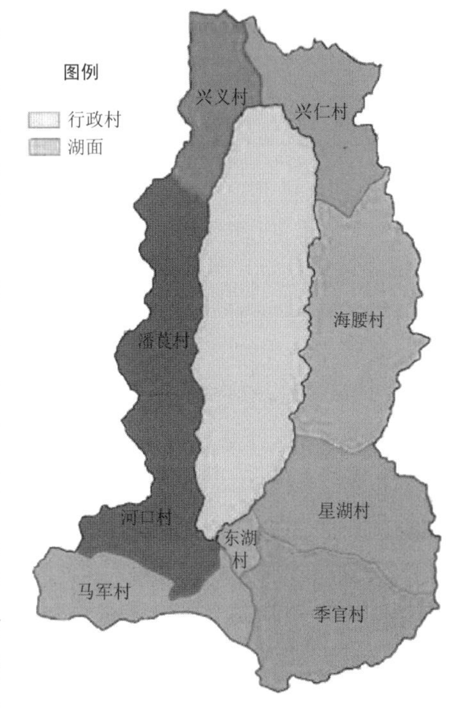

图 2.3 程海流域行政村空间分布

从村落分布的位置（图 2.3）上来看：小箐居村属山区村，共 16 户 72 人，占流域总人数的 0.20%；玩鹰庄村、街北村、海沿村、新华村、浦米村、昔拉湾村、小铺村、冲子村、海北村、海南村、刘家湾村、清德村、半海村、秦家铺村、罗家山村、东岩村、老屋村、罗家村、青草湾村 19 个自然村位于半山区，共 2757 户 12184 人，占流域总人数的 34.50%；其余 27 个自然村分布于坝区，共 5188 户 23059 人，占流域总人数的 65.30%。程海流域人口密度 145.2 人/km²。依据《云南省程海保护条例》，程海水体及程海最高运行水位 1501.0m 水位线外延水平距离 30m 为一级保护区，一级保护区面积为 77.2km²，其中最高水位线以上陆地面积仅 1.4km²，但该范围分布有洱莨村、金兰村、浦米村、昔拉湾村、东岩村、老屋村、罗家村、青草湾村、小阳保村 9 个自然村，110 户 511 人，占流域总人口 1.45%，这些人口对程海滨区生态环境和水环境造成了较大压力。

2.4.3 产业结构

程海流域第一产业以种植为主，牧业、渔业为辅，发展了甘蔗、生姜、大蒜等地方优势作物，还种植烤烟、柑橘、龙眼等。第二产业以螺旋藻养殖为特色，第三产业发展相对滞后，支柱产业为种植业和螺旋藻养殖业。

据统计，程海流域农村经济年产值为 5881.83 万元/a（表 2.4），农民年人均收入 893.00～3427.22 元，平均 1665.53 元/(a·人)，相当于云南省平均水平的 53.7%。

表 2.4 程海流域农村社会经济统计

序号	村委会	自然村/个	人口/人	产值/(万元/a)	人均收入/[元/(a·人)]
1	潘莨	4	4031	359.97	893.00
2	季官	6	3603	583.19	1514.39
3	河口	6	5791	1899.71	3427.22
4	东湖	3	2827	422.44	1494.30
5	星湖	6	4249	577.18	1321.38
6	海腰	10	4419	841.99	1905.39
7	马军	4	2531	188.82	746.03
8	兴仁	4	3652	527.25	1443.73
9	兴义	4	4093	481.28	1175.86
合　计		47	35196	5881.83	1665.53

程海流域耕地面积 37376.4 亩（表 2.5）。其中，水田和旱地分别占 62.84% 和 37.16%，人均耕地面积为 0.35～1.07 亩，低于云南省平均水平。其中，兴仁村、兴义村人均耕地面积最低，马军村、海腰村稍高。流域粮食年总产量为 1.52 万 t，其中，稻谷 0.85 万 t，玉米 0.32 万 t，马铃薯 0.13 万 t，其他 0.22 万 t。人均粮食占有量为 453kg。

表 2.5 程海流域耕地分布 单位：亩

序号	村委会	耕地	旱地	水田	鱼塘
1	潘莨	1627	320	1307	0
2	季官	3212	1528	1684	0
3	河口	3507	1955	1552	5
4	东湖	2566	782	1784	0
5	星湖	3515.4	1288.4	2227	12
6	海腰	7530	3540	3990	0
7	马军	3138	1220	1918	36
8	兴仁	5794	672	5122	12
9	兴义	6487	2585	3902	0
合　计		37376.4	13890.4	23486	65

程海流域畜牧业生产情况见表2.6，可以看出畜牧业的发展主要集中在兴义、河口、兴仁、海腰和季官等村，尤其以黑山羊的养殖较多。全湖区黑山羊存栏23280只，大牲畜24668头（匹、只），成为稳定农村经济收入的一项重要产业。

表2.6　　程海流域畜牧业生产情况

序号	村委会	猪/头	大牲畜/[头(匹、只)]	黑山羊/只	家禽/只
1	潘莨	3571	1098	1340	13200
2	季官	3994	1059	1910	9390
3	河口	6852	1523	1618	14981
4	东湖	1680	365	11	2950
5	星湖	3482	1016	647	27362
6	海腰	5200	1580	2700	8400
7	马军	2164	706	824	4478
8	兴仁	6400	1461	2110	7450
9	兴义	14210	15860	12120	18040
合　计		47553	24668	23280	106251

程海流域广泛种植龙眼、柑橘，尤其是龙眼种植面积较广，有600多亩，起到了较好的水土保持效果和经济效益。柑橘种植面积近年来也有较大发展，主要集中在海腰、兴仁、兴义等村，约500亩，成为一项新兴的经济林果产业。甘蔗产业种植面积为1000亩，主要集中在河口、潘莨、兴仁、兴义等村，年产6000t蔗茎，经济收入达75万元。蔬菜产业也有了较大发展，尤其以生姜和冬早蔬菜的种植为多，生姜种植主要在河口村，有700多亩。冬早蔬菜在各村委会都有发展，大蒜约12000亩，其他蔬菜有3000多亩。

另外，程海的渔业资源调查和经济效益方面，根据2014年的调查和统计，程海土著鱼年产量250t，鲢鳙鱼400t，其他鱼类（除银鱼外）100t，折合经济收入2700万元。比2013年渔业产量相比增长了370t。2014年程海银鱼年产量1200t，平均每吨按1.5万元计算折合经济效益1800万元，比2013年银鱼年产量相比减少了500t。2014年鱼类总产值折合经济收入4500万元，除银鱼外，人均收入1000元。

2.4.4　螺旋藻产业情况

由于螺旋藻产业在程海流域的特殊地位，本书对螺旋藻产业在程海流域的发展现状、工艺特征，以及其养殖用水排水等方面进行了调查和分析。

1. 螺旋藻产业基本情况

程海是世界上自然生长蓝藻（螺旋藻）的三个湖泊之一，螺旋藻养殖与加工是程海的特色产业，经过多年发展，目前程海流域已经成为世界上最大的螺旋藻养殖生产基地。2016年，永胜县程海螺旋藻养殖基地共有4家，养殖总面积为78万m^2。根据对4家螺旋藻养殖企业近三年生产情况的统计，2015年，4家螺旋藻养殖企业共生产藻粉835t，产值28610万元。2016年，受全国经济下行压力不断加大的影响，全县螺旋藻养殖规模和生产效益有所下降，4家螺旋藻养殖企业共生产藻粉621t，产值19946万元。

2. 螺旋藻生产工艺特点

根据对程海当地螺旋藻养殖企业的调研，当前程海周围企业生产螺旋藻的主要方式为从程海取藻种和湖水后在岸上养殖池进行人工养殖，而非直接在程海水域进行养殖。螺旋藻生长的周期一般为3～5天，即每3～5天收藻一次。对螺旋藻养殖用水，2015年以前一般三个月换水一次，2016年约半年换水一次。就从程海的取水而言，由于每年3月和8月需对螺旋藻养殖池进行换水，月取水量比其他月份多约50%。根据统计，一般1亩养殖水域一年可生产1t左右的螺旋藻干粉。

根据调研，正常养殖螺旋藻所需的水体pH值为9.5～10.0，当pH值大于10.0以后，其他微生物会加快繁殖，影响螺旋藻的生长。当前，程海水的pH值约为9.2，不能很好地满足螺旋藻生产的要求。在螺旋藻养殖过程中，一般通过添加苏打、碳酸氢铵等化学物质的形式调节养殖水体的pH值。根据调查，添加苏打后，由于苏打不纯，水体中重金属、灰分等也有一定程度的增加。

3. 螺旋藻养殖用水及排水情况

由于缺乏对程海螺旋藻企业取用水及排水量的监测和统计成果。本研究采用相关资料对螺旋藻养殖的用水和排水情况进行简要分析。

根据相关统计，程海流域螺旋藻养殖综合平均用水定额为2160m^3/t，以螺旋藻干粉生产能力为600t/a计，则年用水量为129.6万m^3，耗水系数按5%计，耗水量则为6.48万m^3。根据《云南绿A生物产业园总体规划》中的给水工程规划，规划实施后近期养殖的湖水取水量以每天0.5万m^3计，则年取水量为182.5万m^3。同时，根据2015年4月程海镇农业综合服务中心对程海周边的抽水站的调查结果，湖周26个抽水站的年抽取水量约为484.68万m^3，其中包含了螺旋藻养殖的取用水量，即年取用水量为129万～182万m^3，并随当年的螺旋藻干粉生产量直接相关。

螺旋藻产业的排水情况，根据《云南绿A生物产业园总体规划》，养殖废水、其他生活及加工废水在处理达标后统一经截污干管收集外排至期纳、涛源等乡镇，用于农田灌溉。

第3章 程海流域水资源状况与演变趋势研究

本章重点分析了程海历史水位的波动情况和水量平衡状况，主要研究内容包括：①针对程海近年来水位持续下降的严峻形势，全面、系统地分析了程海1970—2016年的历史水位变化特征；②为了克服程海流域水文资料极其短缺的问题，基于水文模型对程海流域的地表入湖径流量进行了推算；③在明晰水量收入、支出分项的基础上，构建了程海水量平衡模型，重点论述了2006—2016年程海水量收入、水量支出的变化过程，探讨了影响湖库蓄水变化的主要因素及水量平衡的不确定性问题；④基于构建的水量平衡方程，初步得到维持程海目前水量平衡的需水量；⑤通过情景设置，模拟了多年气候变化（1977—2016年）和近年来气候变暖（2006—2016年）两种情景下的程海库容、水位及湖面面积的未来变化情况。

3.1 程海历史水位变化特征分析

根据史料记载，清康熙二十八年（1689年），海河闸：北胜南有古河一道，发源程海，由清水驿三折而入金沙江，灌溉田亩七十余里，后壅塞，闸亦久圮，康熙二十八年重修。清乾隆四十四年（1779年），程海水位下降十余丈。从此，程海之水不通金沙江，程海上段从此干枯。程海是一个封闭性的内陆构造湖泊。1992年左右，采用仙人河隧洞工程对程海进行补水，但由于引水水质等原因，2000年后逐渐停止了采用仙人河隧洞向程海补水工程。

根据《云南省程海管理条例》，程海最高水位为1501.0m，最低控制水位为1499.2m。但程海水位自1690年起呈现出持续下降的态势，近年来水位下降程度有增大趋势。为掌握湖泊水位的年际年内变化特征，本节主要通过对程海流域唯一一个具有完整水位监测资料的站点——河口街水位站，对其1970—2016年的历史水位资料进行全面、系统的分析，探讨程海历史水位的变化情况。

3.1.1 水文时间序列分析方法概述

本节中除对程海历史水位数据进行时间变化趋势分析外，还采用了水文时间序列周期分析——小波分析和水文时间序列持续性分析——Hurst指数分析，分别对程海历史水位的周期性和持续性进行了评价。

1. 小波分析

20世纪80年代初，由Morlet提出的具有时频多分辨率功能的小波分析为更好分析水文时间序列变化特性奠定了基础。小波分析作为一种调和分析方法，被广泛应用在水文、气象长时间序列的周期性特征分析上。湖泊水位变化受制于自然条件和人为扰动的影响，属于连续非平稳序列，包含了多时间尺度特征。选取 Morlet 连续复小波函数对程海 1970—2016 年的水位、降水、蒸发时间序列进行周期性分析，考虑到水位、降水、蒸发时间序列是离散的，对小波变化系数 $W_f(a,b)$ 进行离散化处理。为了消除边界效应，对水位时间序列进行两侧对称补齐。

本书选取 Morlet 小波函数：

$$\psi(t)=e^{ict}e^{-\frac{t^2}{2}} \tag{3.1}$$

式中：c 为常数，取 6.2；i 为虚数；t 为时间上的平移。

小波变换的离散化形式为

$$W_f(a,b)=|a|^{-1/2}\Delta t\sum_{k=1}^{N}f(k\Delta t)\overline{\psi}\left(\frac{k\Delta t-b}{a}\right)\quad(k=1,2,\cdots,N) \tag{3.2}$$

式中：a 为频率参数；b 为时间参数；$f(k\Delta t)$ 为离散化后的时间序列函数；Δt 为取样时间间隔；$\overline{\psi}(t)$ 为 $\psi(t)$ 的复共轭函数。

将时域上的关于 a 的所有小波变换系数的平方求和，即小波方差 $\mathrm{Var}(a)$，反映了不同时间尺度波动的能量变化，可以确定时间序列中存在的主周期。

$$\mathrm{Var}(a)=\sum[W_f(a,b)]^2 \tag{3.3}$$

2. Hurst 指数分析

Hurst 指数分析最早是由英国水文学家 H. E. Hurst 在 1965 年提出的，可用于定量化的判断时间序列中趋势成分在未来变化中的发展走向，在气候学和水文学研究中有广泛的应用。Hurst 指数是这一分析方法中的重要参数。主要计算步骤如下：

对于水位时间序列 $\{L_i\}(i=1,2,\cdots,n)$，对于任意正整数 $\tau\geqslant1$，定义水位时间序列的均值序列为

$$L_\tau=\frac{1}{\tau}\sum_{t=1}^{\tau}L_t\quad(\tau=1,2,\cdots,n) \tag{3.4}$$

累计离差序列为

$$x_{t,\tau}=\sum_{t=1}^{\tau}(L_t-L_\tau)\quad(1\leqslant t\leqslant\tau) \tag{3.5}$$

极差序列 R 为

$$R=\max_{I\leqslant t\leqslant\tau}x_{t,\tau}-\min_{I\leqslant t\leqslant\tau}x_{t,\tau}\quad(t=1,2,\cdots,n) \tag{3.6}$$

标准差序列 S 为

$$S=\left[\frac{1}{\tau}\sum_{t=1}^{\tau}(L_t-L_\tau)^2\right]^{\frac{1}{2}}\quad(\tau=1,2,\cdots,n) \tag{3.7}$$

计算 Hurst 指数为

$$R(\tau)/S(\tau)=(C\tau)^H\quad(C\text{ 为常数}) \tag{3.8}$$

式中：H 为 Hurst 指数，取值范围为 0～1。当 H 为 0 时，说明水位时间序列相互独立，否则说明水位时间序列具有长期相关性；当 $0<H\leqslant0.5$ 时，则表示水位未来的变化情况与目前状态相反，称反持续效应，H 越小，反持续性越强；当 $0.5<H<1$ 时，则表示水位未来的变化情况与目前状态一致，称持续效应，H 越接近于 1，持续效应越大。

3.1.2 程海水位年际变化特征分析

1970—2016年的近47年间，程海水位整体上呈现出下降趋势，变化倾向率为−0.7m/10a，通过Kendall秩次相关性分析，通过了$\alpha=0.05$的显著性检验，表明水位下降趋势显著。年平均最高水位出现在1970年，为1503.3m，高于法定最高水位4.1m；年平均最低水位出现在2016年，为1496.9m，低于法定最低控制水位2.3m。

从图3.1可以看出，1970—2016年，程海水位变动大体可分为三个阶段：

第一阶段：1970—1991年，22年间水位持续下降，变化倾向率为−2.0m/10a，在此期间，水位下降了4.2m，最低水位出现在1989年，为1499.1m，已低于法定最低控制水位，湖泊水资源量减少了28300万m^3，湖面面积减少了2.49km^2。

第二阶段：1992—2002年，11年来水位整体上表现出上升趋势，变化倾向率为1.8m/10a，在此期间，水位上升了2.7m，湖泊水资源量增加了16200万m^3，湖面面积增加了1.74km^2。尤其是1999—2002年，程海水位显著上升。这主要是由于在1993年左右，打通了仙人河隧洞，将水跨流域引入程海，逐渐遏制了程海水位下降的现象，并通过跨流域调水的方式，使程海水位逐渐回升。

为维系程海生态平衡，遏制程海水位的持续下降，1990年，在仙人河流域兴建引水隧洞将河水引入湖泊，设计引水能力为4000万m^3。1992年“引水补海”工程完工后，由于得到外流域仙人河水量的补充，湖泊水位才趋于稳定。1993—2000年，程海多年平均引水量1707.5万m^3。2000年以后，由于程海水位持续回升以及仙人河引水水质等问题，逐渐停止了仙人河补水工程。历年引水量详见表3.1。

表3.1　程海历年仙人河引水量

年　份	1993	1994	1995	1996	1997	1998	1999	2000
引水量/万m^3	588.73	1367.36	1361.1	1496.9	2645.7	3297.9	1560.9	1341.3

第三阶段：2003—2016年，14年间，程海水位持续下降，变化倾向率为−3.9m/10a，水位下降了4.9m，湖泊水资源量减少了35200万m^3，湖面面积减少了3.03km^2，这主要是由于在2000年以后，由于仙人河的水质原因，逐渐停止了对程海的补水措施，加之湖

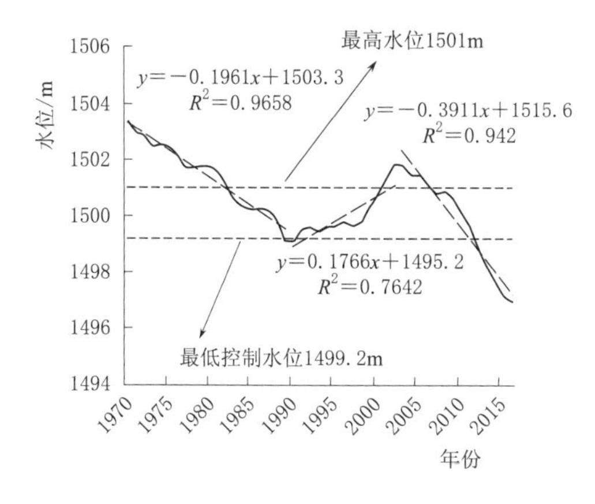

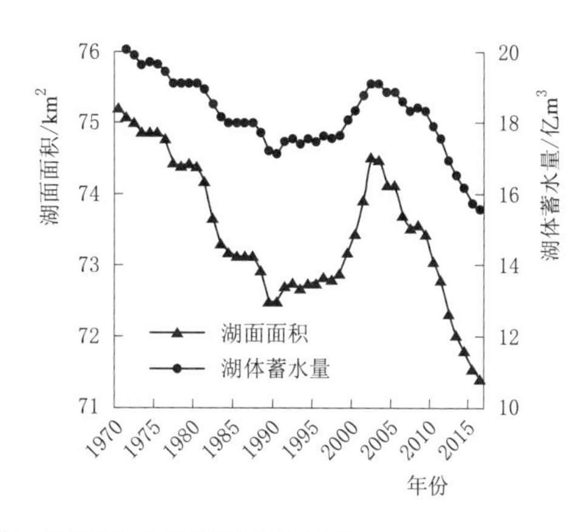

图3.1　1970—2016年程海水位、面积及水量年际变化过程

面蒸发量持续增大，造成了水位持续下降。需要注意的是，从 2012 年开始，程海水位一直处于法定最低控制水位以下。通过对 2003—2016 年程海水位进行 Hurst 指数检验，其值为 0.88，表明这种下降趋势将会保持一段时间。

图 3.2 是通过最大似然方法解译的 1995 年、2005 年以及 2015 年的程海水面面积，可以清晰地看出程海在 1993 年通过外流域引水后湖泊面积有所扩大以及补水措施停止后湖泊面积萎缩的现象。相比于 1995 年的湖面面积，2005 年程海的湖面面积扩大了 1.37km^2；相比于 2005 年的湖面面积，2015 年程海的湖面面积减少了 2.57km^2。具体来看，湖泊面积萎缩主要体现在程海南岸的湖湾以及东岸的湖滩区域，这主要是因为该区域水下地形海拔变幅相对平缓、坡度较小以及水位较浅。由于湖滨带具有缓冲、隔离、提高湖泊自净能力、改善景观、提供水生生物生存环境等生态功能，水位的快速下降已使原本在程海生长的高等水生植物（如苦草、红线草、狐尾藻）濒临灭绝。

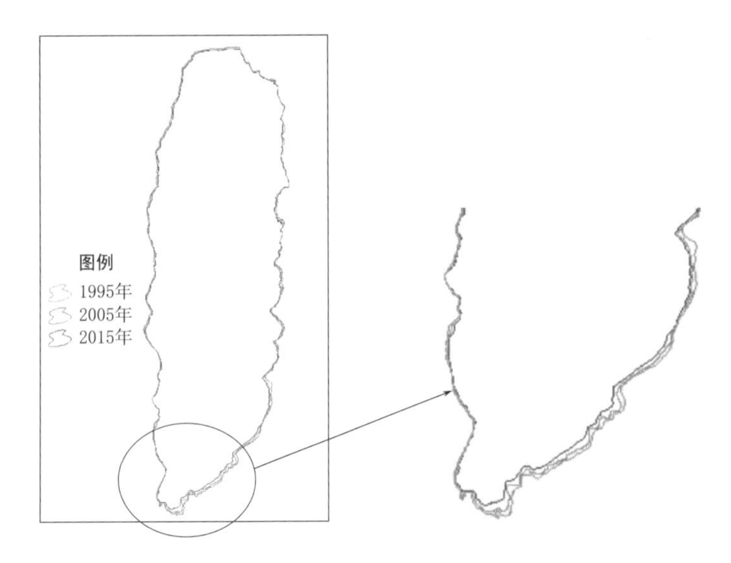

图 3.2　湖泊水面面积变化

为进一步揭示程海水位的年际变化特征，对程海 1970—2016 年的水位、降水、蒸发时间序列进行消噪处理后采用 Morlet 小波进行变换，绘制水位小波系数实部时频分布图（图 3.3）和水位、降水、蒸发小波方差及第 1 主周期的小波实部时序变化图（图 3.4）。

由图 3.3 可以看出，程海水位时间序列在 25～30a 时间尺度上出现了 5 个圈闭的正负相位交替现象，且具有全时域分布特征。计算程海水位、降水、蒸发时间序列的小波方差值，可以精确判断出，水位和蒸发时间序列在 28a 时间尺度具有的能量最高，为第 1 主周期，降水时间序列的第 1 主周期为 27a［图 3.4（a）］，说明程海水位、降水以及蒸发的周期变换具有高度一致性。程海水位的主周期与长江流域的鄱阳湖、洞庭湖、太湖的水位周期变化具有相似性，水位周期变化的形成可能受到长江上游流域的降水和气温影响，而降水、气温这些气象要素又受到气候系统内部振荡和海陆气共同作用。有研究表明，大气涛动中的太平洋年代际振荡（Pacific Decadal Oscillation，PDO）在近千年的时间变化过程中表现出显著的 27.4a 的周期变化，这与本书的研究结果极其相近，说明大气涛动是造成

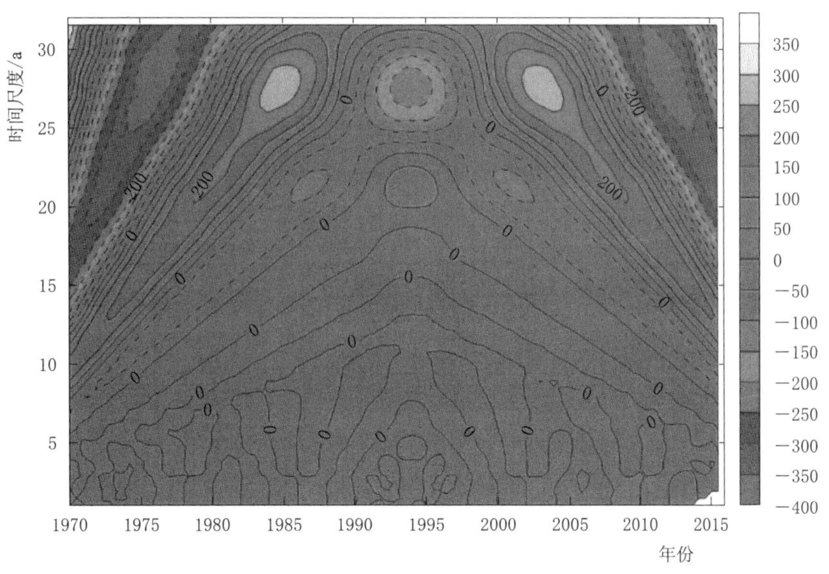

图 3.3 水位小波系数实部时频分布

程海水位周期性变化的主要原因。

对水位、降水、蒸发的第 1 主周期的小波系数实部进行重点分析［图 3.4（b）］，可以看出，在第 1 主周期时间尺度下，程海水位、降水、蒸发时间序列的小波系数实部在时域内表现出高度的一致性。在 1970—1971 年、1982—1989 年、1999—2006 年期间表现为正相位，说明在此时间段内，水位、降水、蒸发偏丰（多）；在 1972—1981 年、1990—1998 年、2007—2016 年期间表现为负相位，说明在此时间段内，水位、降水、蒸发偏枯（少）。在主周期时间尺度上，程海水位变化的平均周期约为 18a，大致经历了偏高—偏低—偏高的 2.5 次周期变化，目前程海水位正处于偏低状态。从整体的变化趋势来看，程海水位处于周期波动中持续下降。

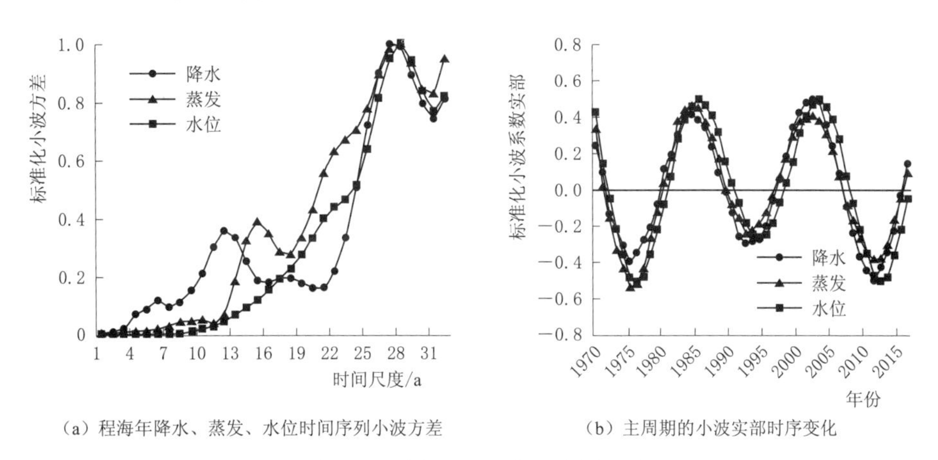

（a）程海年降水、蒸发、水位时间序列小波方差　（b）主周期的小波实部时序变化

图 3.4 程海水文气象主周期分析

3.1.3 程海水位年内分布规律分析

对 1970—2016 年程海年内各月份的水位变化进行研究，可以看出程海水位年内变化

表现出明显的丰枯交替变化规律，在一个水文年内，程海水位在枯水期内下降到年内最低，随着进入丰水期，程海水位逐渐回升，年内分布呈现出先降低后升高的变化态势，其变化特征如图 3.5 所示。同时，也可以看出，水位的年内变化与降水的年内分布相吻合，从每年的 5 月下旬至 6 月上旬，随着降水的增多，程海水位也随着升高，这种升高趋势一直持续到 10 月下旬，并达到水位的顶峰，为 1500.8m；随着降水的减少，程海水位从 11 月开始回落并持续下降，至雨季到来前达到年内的最低谷，为 1500.3m。

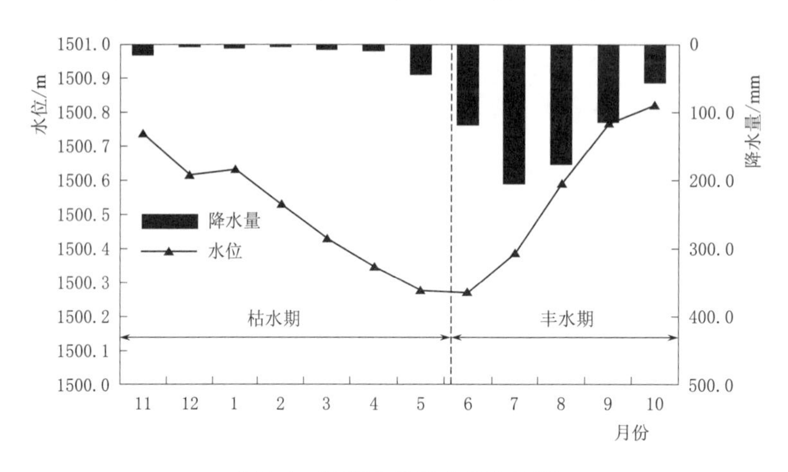

图 3.5 程海水位年内变化特征

3.2 程海流域水文数值模拟

受限于经济条件以及站点分布等因素，程海流域无连续、有效的入湖河流水文监测数据。因此，如何获取比较准确的入湖河流流量数据一直是程海水量平衡研究的瓶颈。本书在 2016 年丰水期针对程海南岸两条具有典型代表性的马军河和季官河（流域面积分别占陆域面积的 12.47%和 14.44%，涵盖流域所有土地利用和土壤类型），开展了连续的入湖日径流量监测。考虑到监测资料的限制以及模拟结果精度的需求，本书采用基于 SCS-CN 的 L-THIA 模型对程海流域的入湖地表径流进行模拟推算。L-THIA 能够利用区域的地理高程、土地利用以及土壤数据，计算研究区域的年均径流量和非点源污染负荷，具有对数据要求较低、应用效果较好等特点。本书利用 L-THIA 模拟马军河和季官河两条典型河流的长时间序列的径流数据，并根据实测值进行率定和校验，然后进行全流域的地表入湖径流模拟。

3.2.1 L-THIA 模型

长期水文影响模型（Long-Term Hydrologic Impacts Assessment，L-THIA）是美国土壤保护局根据实测数据发展起来的经验模型，L-THIA 模型最初是为自然资源规划管理者而设计的，这些人熟悉区域的土地利用变化，并且这些变化对环境的影响也是他们极其关注的方向。L-THIA 模型结构如图 3.6 所示，该模型可以通过土地利用数据、土壤数据、CN 值及日降水量数据等参数来模拟流域的径流量，模拟结果可以作为区域资源管理规划者进行资源管理的重要参考依据。模型的关键输入参数是CN值，其决定因素包括土壤前期湿润程度、土壤类型、土地利用类型以及水文条件等。对L-THIA模型来说，CN值法的使用是对复杂模型的简单化，同时这一优势也使得该模型广泛地应用于各个研究领域中，尤其是一些数据缺乏的区域。该模型作为一个易于操作的模拟工具，可以用于估算过去或将来的土地利用变化状况对流域内径流量的影响。

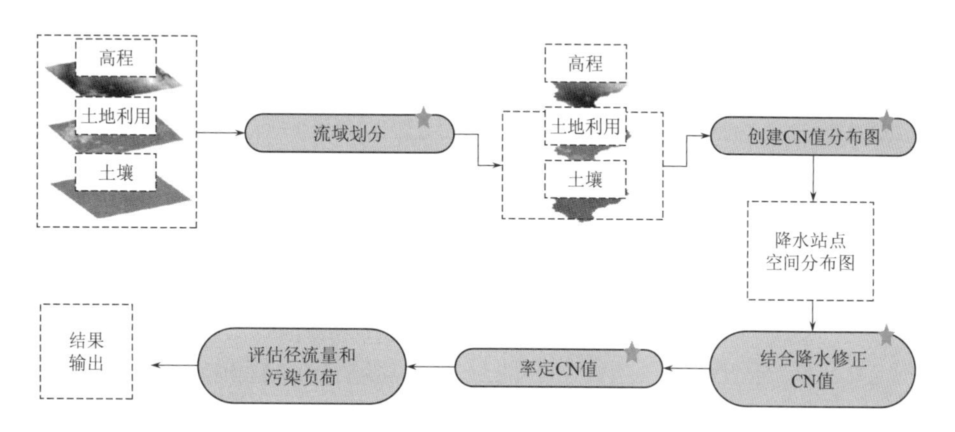

图3.6 L-THIA模型结构

L-THIA模型具有以下特点：首先，该模型能够很好地与地理信息系统融合，能将研究区相关空间要素的底图很好地融入该模型中，兼容性强；其次，模型无须考虑冰雪融水、地下水补给等对地表径流的贡献；再次，模型忽略地面冻结减少而增加产流的影响；最后，模型所需要的参数少且容易获取，只需土地利用类型、土壤类型及气候数据降水量。该模型的核心部分是基于土地利用数据和水文土壤数据计算CN值，并根据日降水量估算直接径流量。

1. 土壤前期湿润程度

CN值是L-THIA模型运行的主要参数，也是用于描述降水-径流关系的核心参数。CN值把流域下垫面的条件定量化，用量化的指标来反映下垫面条件对产流和汇流的影响。CN值与土壤类型、土地利用类型以及土壤前期湿润程度等因素相关。因此，模拟的首要任务是确定研究区域的土地利用类型、土壤类型及土壤前期湿润程度。理论上，CN值为0～100，但在实际中，CN值的取值范围为30～100。根据土壤的渗透特征，美国土壤保持局将众多的土壤水文类别划归为A、B、C、D四种类型，并由此确定其CN值（表3.2）。

表3.2　　CN值的确定

土壤水文类别	含　义
A	易产生高渗透无径流的土壤（沙、砾石）
B	易产生中等渗透少径流的土壤（粉砂壤土）
C	易产生少渗透中径流的土壤（砂土）
D	易产生低渗透高径流的土壤（黏土）

由于临前降水导致的土壤水分变化对径流模拟有很大影响，对 CN 值需要作相应的校正，故引入了前期降水量指数（Antecedent Moisture Condition，AMC），其计算公式为

$$AMC=\sum_{i=1}^{5}P_i \tag{3.9}$$

式中：P_i 为前 5 天的累计降水量，mm。根据前期的降水量指数 AMC，将土壤前期水分状况分成Ⅰ（干燥）、Ⅱ（中等）、Ⅲ（湿润）3 种类型，见表 3.3。

表 3.3　　AMC 的 确 定

AMC	前 5 天的累计降水量/mm	
	作物生长期（定义为 4 月 15 日开始）	作物休眠期（定义为 10 月 15 日开始）
Ⅰ	<35	<12
Ⅱ	35～53	12～28
Ⅲ	>53	>28

CN 值在前期干旱和湿润的条件下，根据中等条件下的 CN 值进行修正。

$$\left.\begin{aligned}\text{AMC Ⅰ}:\quad CN_1&=CN_2/(2.281-0.0128CN_2)\\ \text{AMC Ⅱ}:\quad CN_3&=CN_2/(0.427+0.0057CN_2)\end{aligned}\right\} \tag{3.10}$$

2. 产流参数 CN 值确定

L-THIA 模型是基于产流参数（Curve Number，CN）发展而来的，运算的核心是根据经验数据建立起来的 CN 值。CN 值为无量纲参数，是一个综合反映土地利用类型、土壤类型和土壤前期湿润程度等因素的参数，计算公式为

$$Q=\begin{cases}\dfrac{(P-I_a)^2}{P-I_a+S} & ,I_a\geqslant P\\ 0 & ,I_a<P\end{cases} \tag{3.11}$$

其中

$$I_a=0.2S$$

$$S=\frac{1000}{CN}-10$$

式中：Q 为径流量，mm；P 为降水量，mm；I_a 为径流产生之前的降水损失；S 为可能最大滞留量，mm。

CN 值是反映降水前流域下垫面特征的一个综合指标，并且能定量地表现下垫面条件的变化对流域径流量的影响。然而，对于大多数使用模型的研究者来说，由于观测技术以及适用尺度问题，许多模型的参数无法通过直接观测获取，并且这些参数也无法实地去测量，因此，它们的取值便只能通过对模型的参数不断率定与调整，以达到与实测数据吻合的效果。

上述公式所得 CN 值是由普度大学经过多次试验得到的经验值，因此必须探讨其在程海典型子流域中的适用性。本书基于对 2016 年马军河子流域和季官河子流域出口的实测日径流量数据和模拟的日径流量数据的对比分析对模型参数进行率定。对水文模型进行参

数率定与验证的目的，就是为了寻找模拟结果与观测值达到统一的最佳参数组合。模型验证过程就是用率定的参数来反映模型适用的可靠性，一般主要通过 Nash - Suttcliffe 系数 NSE 来评价模型的适用性。Nash - Suttcliffe 系数 NSE 的计算公式为

$$NSE = 1 - \frac{\sum_{i=1}^{n}(Q_{oi} - Q_{si})^2}{\sum_{i=1}^{n}(Q_{oi} - Q_{avg})^2} \tag{3.12}$$

式中：Q_{oi} 为观测值；Q_{si} 为模拟值；Q_{avg} 为观测值的平均值；n 为观测的次数。NSE 的值越接近于 1 说明模拟效果越好；当模拟值与观测值相等时，NSE 的值为 1，说明模拟的效果最好；如果 Nash - Suttcliffe 系数为负值，则表明模型模拟值的代表性还不如观测值的平均值。

3.2.2 模型构建及合理性分析

本书使用的土壤数据来源于中国 1∶100 万土壤数据库。将土壤数据进行投影转换成研究所需要的高斯克吕格投影，利用研究区域边界裁剪出所需要研究区域的土壤部分，生成 100m×100m 的栅格 tiff 格式。土地利用数据来源于研究区 2014 年土地利用现状图。气象数据来源于程海流域河口街水文站提供的逐日降水数据。水文数据是程海流域季官河子流域日径流资料（2016 年 8 月 1 日至 2016 年 8 月 31 日）和马军河子流域日径流资料（2016 年 8 月 10 日至 2016 年 10 月 31 日），流量系由相应断面的水位使用水位-流量关系求得。

季官河和马军河日流量实测值与模拟值比较如图 3.7 所示。通过比较季官河 31 天的

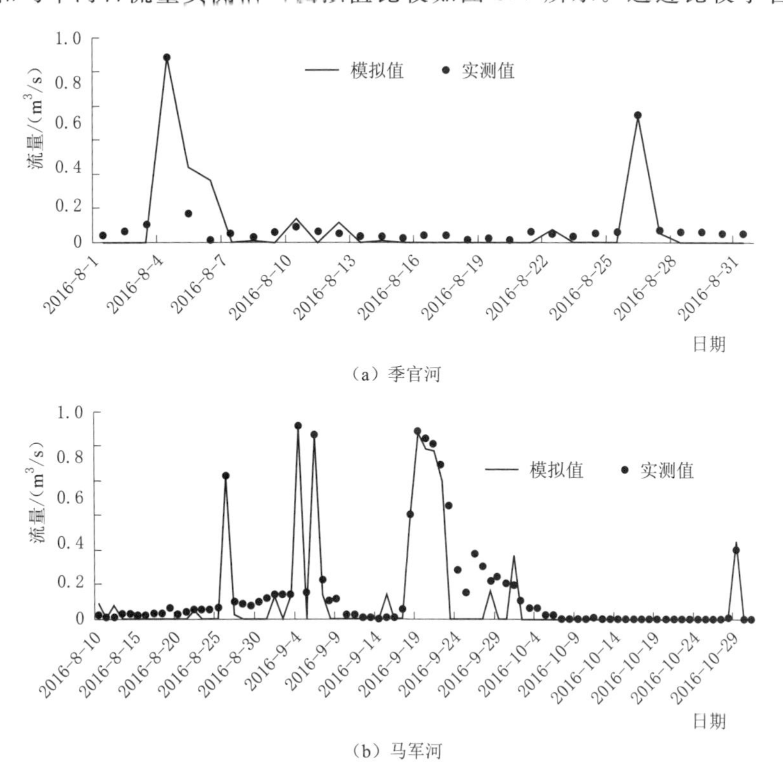

图 3.7 季官河和马军河日径流量实测值与模拟值比较

实测流量数据和模拟数据，可得 NSE 为 0.83；通过比较马军河 83 天的实测流量数据和模拟数据，可得 NSE 为 0.84。这表明模型的 CN 值设定合理，模拟效果较好，模型可用于对季官河、马军河径流量的推算。

3.3 程海流域入湖水量变化特征分析

径流年内分配特征与流域自然下垫面、河川径流补给等密切相关。径流年内分配特征是划分河流类型的重要参考，在水利、水文、农业区划中也常被用作重要指标。目前，从不同角度表征径流年内分配特征的方法有多种，这里将从年内不均匀系数、集中度集中期以及变化幅度等三个角度来反映程海流域典型子流域径流量的年内分配特征。

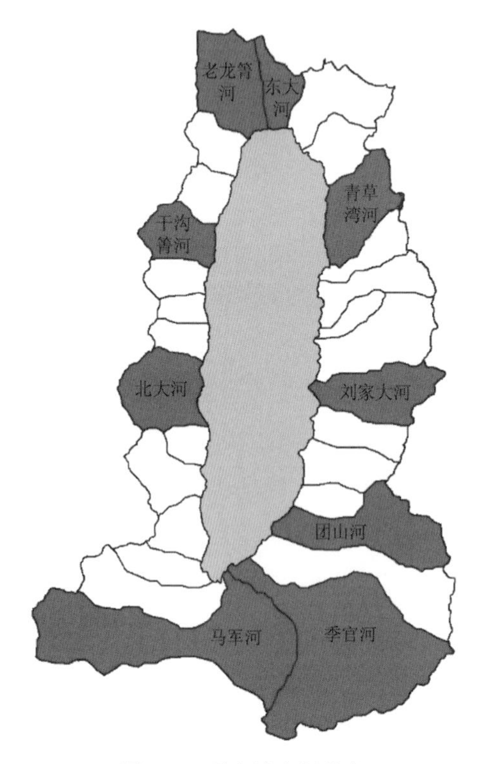

图 3.8 子流域空间分布

根据子流域空间分布及流域面积，共选取 9 个子流域作为研究对象，包括程海流域南岸的马军河、季官河和团山河，北岸的老龙箐河和东大河，东岸的青草湾河、刘家大河，以及西岸的干沟箐河、北大河。子流域空间分布如图 3.8 所示。

计算结果见表 3.4 和图 3.9。从表 3.4 可看出，程海流域 9 个典型子流域各月径流分配特征：径流年内分配极不均匀，主要集中在 7—10 月，该时段的径流量占年平均径流量的 70%以上。夏季径流量最大，在 45%左右；秋季次之；春季径流量最小，占年平均径流量的比例不足 5%。

表 3.4 研究区域各月平均径流量占年平均径流量百分比 %

站点	3月	4月	5月	春季	6月	7月	8月	夏季
季官河	1.55	1.20	1.71	4.46	4.03	16.20	22.30	42.53
马军河	0.62	0.70	2.62	3.94	7.99	27.81	26.20	62.00
老龙箐河	1.25	1.00	1.74	3.99	4.74	15.92	22.59	43.25
刘家大河	2.28	1.91	2.41	6.60	4.61	17.18	21.23	43.02
东大河	0.77	0.96	3.15	4.88	9.98	24.55	24.37	58.90
团山河	1.77	1.49	2.19	5.45	4.97	18.21	22.29	45.47
青草湾河	0.80	0.86	2.49	4.15	7.84	21.77	24.79	54.40
干沟箐河	1.33	1.04	1.58	3.95	4.05	14.65	22.57	41.27
北大河	1.30	1.06	1.82	4.18	4.78	16.35	22.99	44.12

续表

站点	9月	10月	11月	秋季	12月	1月	2月	冬季
季官河	20.15	14.10	8.23	42.48	5.09	3.28	2.16	10.53
马军河	17.85	8.89	3.45	30.19	1.38	1.48	1.01	3.87
老龙箐河	20.81	14.76	8.18	43.75	4.49	2.78	1.74	9.01
刘家大河	18.42	12.73	7.88	39.03	4.72	3.87	2.77	11.36
东大河	17.83	10.08	3.81	31.72	1.75	1.70	1.04	4.49
团山河	18.91	12.75	7.43	39.09	4.33	3.35	2.30	9.98
青草湾河	19.53	11.72	4.95	36.20	2.43	1.74	1.07	5.24
干沟箐河	21.46	15.54	8.76	45.76	4.40	2.84	1.79	9.03
北大河	20.94	14.52	7.94	43.40	3.86	2.69	1.74	8.29

由图3.9可见，9个典型子流域的径流量具有同步性，径流年内分配曲线都呈“单峰形”，1—6月径流量增长不大，到7月径流开始急速增加，8月中旬左右出现年均径流峰值，随后的10—12月径流量迅速减少。

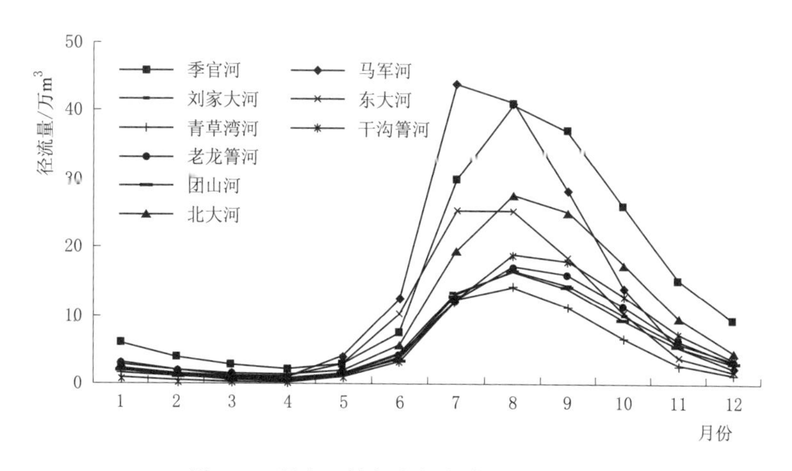

图3.9 研究区域径流年内分配变化过程

3.3.1 典型子流域入湖水量年内变化特征分析

1. 年内分配不均匀性

通常描述径流年内分配不均匀性的参数有不均匀系数和完全调节系数两种，本节采用径流年内分配不均匀系数$C_{v,月}$来对选取的子流域月径流量进行分析，$C_{v,月}$的计算公式为

$$\left.\begin{aligned} C_{v,月} &= \frac{\sigma}{\overline{R}} \\ \sigma &= \sqrt{\frac{1}{12}\sum_{i=1}^{12}(R_i-\overline{R})^2} \\ \overline{R} &= \frac{1}{12}\sum_{i=1}^{12}R(t) \end{aligned}\right\} \tag{3.13}$$

式中：$R(t)$ 为年内各月径流量，亿 m³；$\overline{R}$ 为年内月平均流量，亿 m³；R_i 为第 i 月径流量，亿 m³；σ 为均方差。$C_{v,月}$ 值越大，年内各月径流量相差越悬殊，径流年内分配越不均匀。

对程海流域 9 个典型子流域 2006—2016 年的月径流序列按照上述公式计算径流量年内分配不均匀性，结果如图 3.10 所示。

图 3.10（一） 研究区域各站年内不均匀系数变化过程

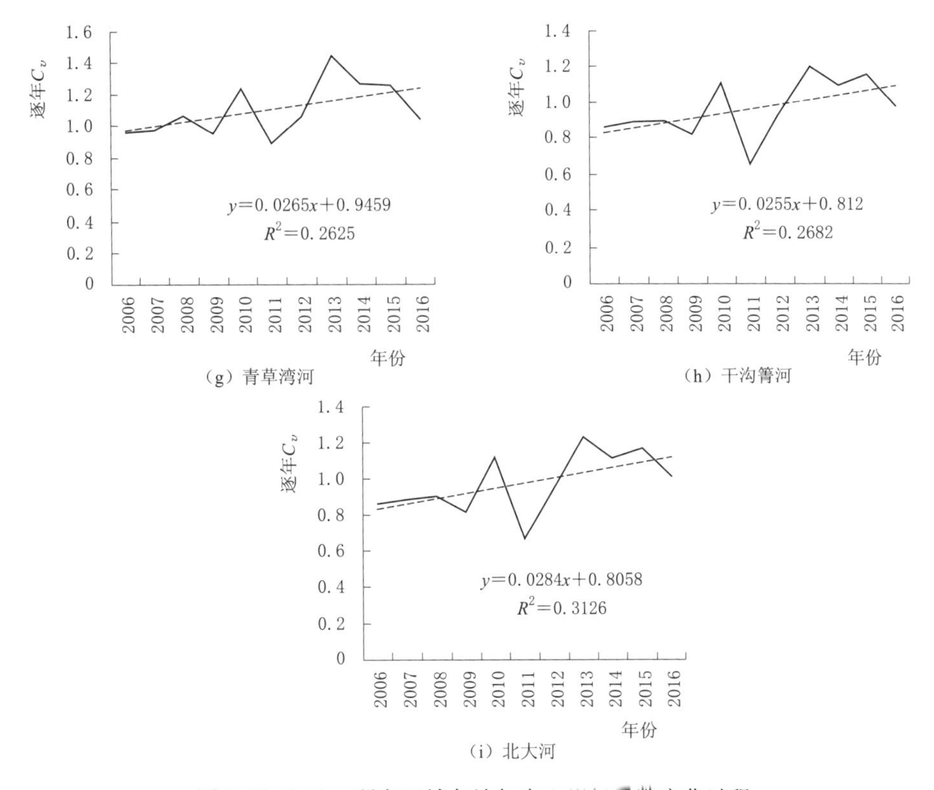

图 3.10（二） 研究区域各站年内不均匀系数变化过程

从图 3.10 中可以看出，程海流域 9 个典型子流域月径流量的不均匀系数变化过程曲线十分相似，年内分配相对集中和相对均匀的年份有较好的对应关系。各子流域的不均匀系数均呈现出上升的趋势，表明自 2006 年以来径流量年内分配向不均匀方向发展。

2. 年内集中程度、集中期

集中度 RCD_{year} 和集中期 RCP_{year} 是通过计算实测月径流数据来反映年径流的集中程度及"重心"位置（或最大径流出现的时间）。将年内各月径流量看作向量，按月把 12 个向量求和，合成量的模占年径流总量的百分比，称为径流集中度，其反映了各月径流量在一年中的集中程度；其合成向量的方位，称为集中期，其物理意义为年径流量重心出现的日期，以水平分量与垂直分量比值所对应的正切角表示。

依照径流年内分配的特点与补给来源的关系，把一年内各月径流量看作向量，月径流量的大小作为向量的模，即径向距离；所处的月份（或日期）作为向量的方向，以圆周（把圆周的度数 360°作为一年天数 365 天，1 日相当于 0.9863°）方位来表示，将一年中各月径流向量求和，合成向量的模与年径流的比值就是年径流集中度（RCD_{year}），合成向量方向为年径流集中期（RCP_{year}）。

$$\left.\begin{aligned}&RCD_{year}=\frac{\sqrt{R_X^2+R_Y^2}}{R_{year}},\ RCP_{year}=\arctan\left(\frac{R_X}{R_Y}\right)\\&R_X=\sum_{i=1}^{12}r_i\sin\theta_i,\ R_Y=\sum_{i=1}^{12}r_i\cos\theta_i\end{aligned}\right\}\tag{3.14}$$

式中：R_X、R_Y 分别为12个月的分量之和所构成的水平、垂直分量；r_i 为第 i 月的径流量，m^3；θ_i 为第 i 月径流的向量角度，i 为月序（$i=1, 2, 3, \cdots, 12$）。

从以上径流年内集中度、集中期计算过程可以看出，RCD_{year} 有效地反映了径流年内的非均匀性分布特性。当集中度等于最大极限值100%时，表明该流域全年的径流量集中在某一个月内；当集中度为最小极限值0%时，表明全年的径流量平均分配于12个月里，即各个月径流量都相等。由于以月作计算时段，各月天数不同，有必要在一定程度上进行概化处理，即不论月大、月小，统一视为同一时段长度，自坐标系 x 轴的正方向为0°开始，以30°角逆时针旋转排列出2—12月径流向量的方位，见表3.5。

表3.5　全年各月包含的角度及月中代表的角度值

月　份	1	2	3	4	5	6
包含角度/(°)	345～15	15～45	45～75	75～105	105～135	135～165
代表角度/(°)	0	30	60	90	120	150
月份	7	8	9	10	11	12
包含角度/(°)	165～195	195～225	225～255	255～285	285～315	315～345
代表角度/(°)	180	210	240	270	300	330

水平方向分量的计算式为

$$R_X=r_1\sin0°+r_2\sin30°+r_3\sin60°+r_4\sin90°+r_5\sin120°+r_6\sin150°+r_7\sin180° +r_8\sin210°+r_9\sin240°+r_{10}\sin270°+r_{11}\sin300°+r_{12}\sin330° \tag{3.15}$$

垂直方向分量的计算式为

$$R_Y=r_1\cos0°+r_2\cos30°+r_3\cos60°+r_4\cos90°+r_5\cos120°+r_6\cos150°+r_7\cos180° +r_8\cos210°+r_9\cos240°+r_{10}\cos270°+r_{11}\cos300°+r_{12}\cos330° \tag{3.16}$$

代入三角函数值，计算 R_X、R_Y，最后 RCD_{year}、RCP_{year} 可简化为

$$RCD_{year}=\frac{\sqrt{R_X^2+R_Y^2}}{R_{year}} \tag{3.17}$$

$$RCP_{year}=\arctan\left(\frac{R_X}{R_Y}\right) \tag{3.18}$$

其中

$$\left.\begin{aligned} R_X&=\frac{1}{2}(r_2+r_6-r_8-r_{12})+\frac{\sqrt{3}}{2}(r_3+r_5-r_9-r_{11})+(r_4-r_{10}) \\ R_Y&=\frac{1}{2}(r_3-r_5-r_9+r_{11})+\frac{\sqrt{3}}{2}(r_2-r_6-r_8+r_{12})+(r_1-r_7) \end{aligned}\right\} \tag{3.19}$$

根据以上计算，程海流域9个典型子流域的集中度、集中期结果如图3.11和图3.12所示。由图3.11可以看出，程海流域9个典型子流域的径流年内分配集中度总体上均表现为上升趋势，其中以马军河的多年平均值最大，为0.71。进一步说明了程海流域的地表径流量主要集中于某几个月，且集中趋势正在逐步增强。

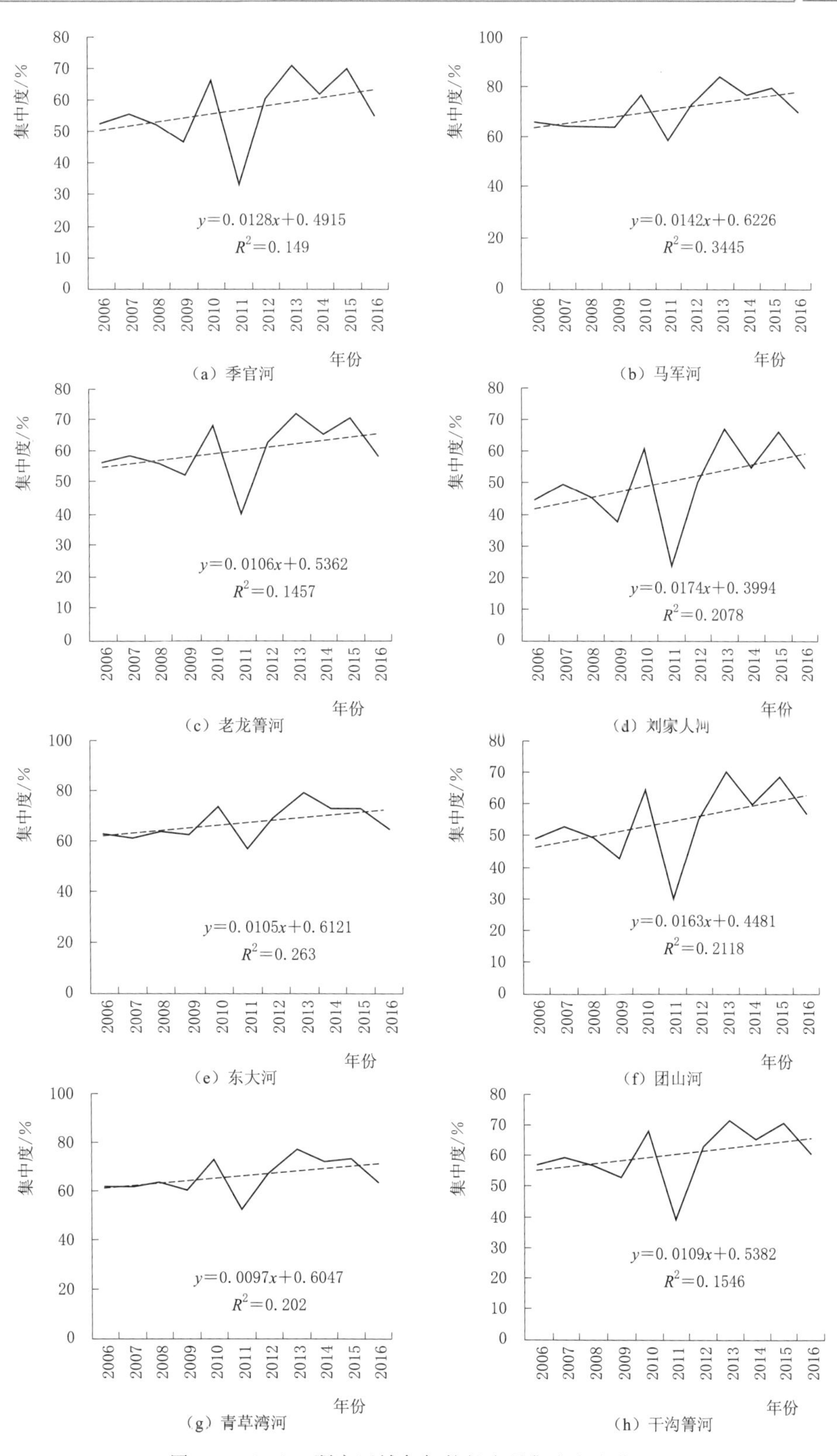

图 3.11（一） 研究区域各年份径流量集中度变化过程

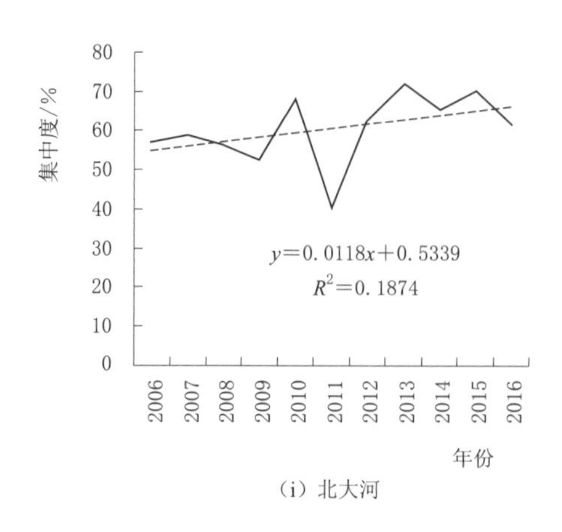

（i）北大河

图 3.11（二） 研究区域各年份径流量集中度变化过程

由图 3.12 可知，程海流域 9 个典型子流域集中期出现最早的是东大河 2014 年的 7 月 25 日，出现最晚的是干沟箐 2015 年的 9 月 26 日。总体上看，程海流域的地表径流量在 2006—2016 年表现为先增加后减少再增加的变化趋势，说明集中期出现时间在逐步延迟。从 2015 年以来，程海流域的地表径流量集中期主要位于 8 月下旬至 9 月上旬。

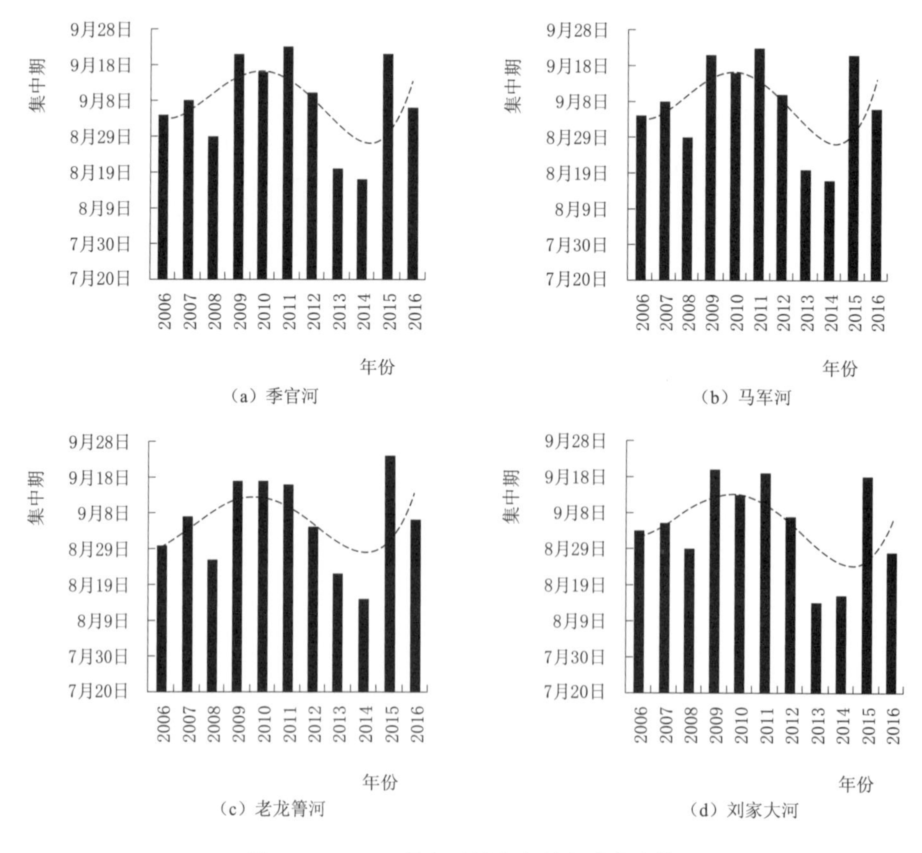

图 3.12（一） 研究区域各年份径流集中期

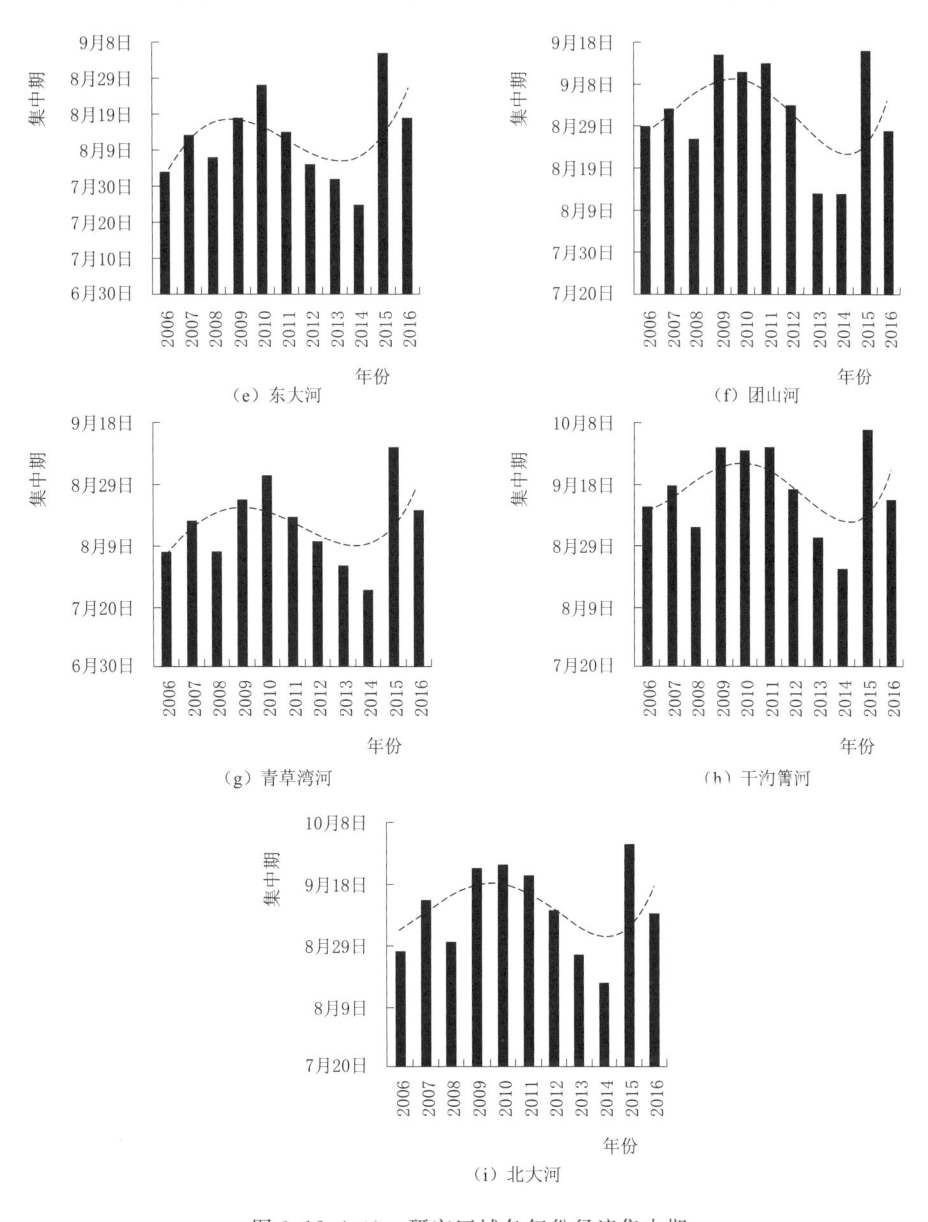

图 3.12（二） 研究区域各年份径流集中期

3.3.2 典型子流域入湖水量年际变化特征分析

趋势性是时间序列的一般规律，属于暂态成分，通常以不同的形式出现以至破坏径流时间序列的原始形态，因此需要对其进行识别并加以排除来消除对时间序列的影响。径流趋势性成分的研究通常指径流随时间变化表现出增加或者减少的变化规律，并且判断增加或者减少是否显著时，还需要对其结果进行统计检验。目前趋势分析的方法有很多，常用的有 Kendall 非参数秩次相关检验法、Spearman 秩次相关检验法、滑动平均法、线性倾向估计法等。本章采用线性倾向估计法、Kendall 非参数秩次相关检验法对程海流域 9 个典型子流域 2006—2016 年年径流序列的趋势性演变进行分析。

1. 研究方法简介

（1）线性倾向估计法。用 x_i 表示各典型子流域各年的径流量，t_i 表示 x_i 所对应的年份，建立 x_i 和 t_i 之间的一元线性回归方程为

$$\hat{x}_i = a + bt_i \quad (i=1,2,\cdots,n) \tag{3.20}$$

式中：a 为回归常数；b 为回归系数。a、b 可以用最小二乘进行估计。

对实测径流数据 x_i 及对应的时间 t_i，回归常数 a、回归系数 b 的最小二乘估计为

$$\left.\begin{aligned} b &= \frac{\sum_{i=1}^{n} x_i t_i - \frac{1}{n}\left(\sum_{i=1}^{n} x_i\right)\left(\sum_{t=1}^{n} t_i\right)}{\sum_{t=1}^{n} t_i^2 - \frac{1}{n}\left(\sum_{t=1}^{n} t_i\right)^2} \\ a &= \overline{x} - b\overline{t} \end{aligned}\right\} \tag{3.21}$$

式中：$\overline{x}$ 为径流，m³；$\overline{t}$ 为时间均值。

利用回归系数 b 与相关系数 r 之间的关系，求出 x_i 与 t_i 之间的相关系数为

$$r = \sqrt{\frac{\sum_{t=1}^{n} t_i^2 - \frac{1}{n}\left(\sum_{t=1}^{n} t_i\right)^2}{\sum_{t=1}^{n} x_i^2 - \frac{1}{n}\left(\sum_{t=1}^{n} x_i\right)^2}} \tag{3.22}$$

回归系数 b 表示径流的趋势倾向。为正时，说明随时间 t 的增加呈上升趋势，反之亦然。b 值的大小反映出上升或者下降的速率，即表示趋势的倾向程度。因此，通常将 b 称为倾向值，这种方法称为线性倾向估计法。r 反映了 x 与 t 之间相关程度，其绝对值 $|r|$ 越大，关系越紧密。当然要判断趋势程度是否显著，就要进行统计检验。

（2）Kendall 非参数秩次相关检验法。在水文-气象时间序列中使用非参数检验法比使用参数检验法在非正态分布的数据和检验中更为适合。Kendall 提出的秩次相关检验法是已被世界气象组织（WMO）推荐并广泛使用的非参数检验方法，该法能够有效地检验时间序列中的趋势成分，具体方法表述如下：

在 Kendall 检验中，原假设 H_0 为时间序列数据（$x_1,x_2,\cdots,x_n$）是 r_i 个独立的、随机变量同分布的样本；假设 H_1 是双边检验，对于所有的 k，j，n，且 $k \neq j$，x_j 和 x_k 的分布是不同的，检验统计量为

$$S = \sum_{k=1}^{n-1} \sum_{j=k+1}^{n} \operatorname{sgn}(x_j - x_k) \tag{3.23}$$

其中

$$\operatorname{sgn}(x_j - x_k) = \begin{cases} 1, & (x_j - x_k) > 0 \\ 0, & (x_j - x_k) = 0 \\ -1, & (x_j - x_k) < 0 \end{cases} \tag{3.24}$$

式中：S 为正态分布，其均值为 0，方差 $Var(S)=n(n-1)(2n+5)/18$。

在 Kendall 检验中，对于时间序列数据 $(x_1,x_2,\cdots,x_n)$，当 $n>10$ 时，标准正态统计变量 Z 计算式为

$$Z=\begin{cases}\dfrac{(S-1)}{[Var(S)]^{0.5}}, & S>0\\ 0, & S=0\\ \dfrac{(S+1)}{[Var(S)]^{0.5}}, & S<0\end{cases} \tag{3.25}$$

由此，在 Kendall 趋势检验中，对于给定的显著水平 α，如果 $|Z|<Z_{\alpha/2}$，则接受原假设。如果 $|Z|\geqslant Z_{1-\alpha/2}$，则拒绝原假设，即在 α 置信水平上，时间序列存在显著的上升或者下降趋势。对于统计变量 Z，大于 0 表示上升趋势，小于 0 表示下降趋势，其绝对值 $|Z|$ 在分别不小于 1.28、1.96 和 2.32 时，分别表示通过了置信度为 90%、95%和 99%的显著性检验。

2. 趋势性检验结果

针对程海流域 9 个典型子流域径流数据，运用上面介绍的两种方法分别进行计算，结果见表 3.6 和图 3.13。

表 3.6　研究区年径流趋势分析

站　点	检 验 统 计 值			$k/(m^3/10a)$	趋势性
	Z	临界值	显著性		
季官河	0.48	1.96	不显著	648.20	上升
马军河	0.62	1.96	不显著	599.14	上升
老龙箐河	0.62	1.96	不显著	195.70	上升
刘家大河	0.31	1.96	不显著	301.05	上升
东大河	0.47	1.96	不显著	285.27	上升
团山河	0.47	1.96	不显著	280.02	上升
青草湾河	0.62	1.96	不显著	162.85	上升
干沟箐河	0.62	1.96	不显著	190.42	上升
北大河	0.62	1.96	不显著	272.53	上升

由线性倾向估计结果可知，程海流域 9 个典型子流域的径流量序列总体上呈上升趋势且表现出很大的相似性。径流量倾向率最大的为季官河和马军河子流域，倾向率分别为 $648.20m^3/10a$ 和 $599.14m^3/10a$。此外，根据秩次检验统计值发现，各子流域的径流量的上升趋势均不显著，均未通过置信度 95%的趋势性检验。

3.3.3　程海入湖水量影响因素分析

总的说来，河川径流变化主要受到两个因素影响：一是气候变化，主要包括降水与气温两个方面；二是人类活动，主要包括水库蓄流、工程建设、工程引水、雨水积蓄、傍

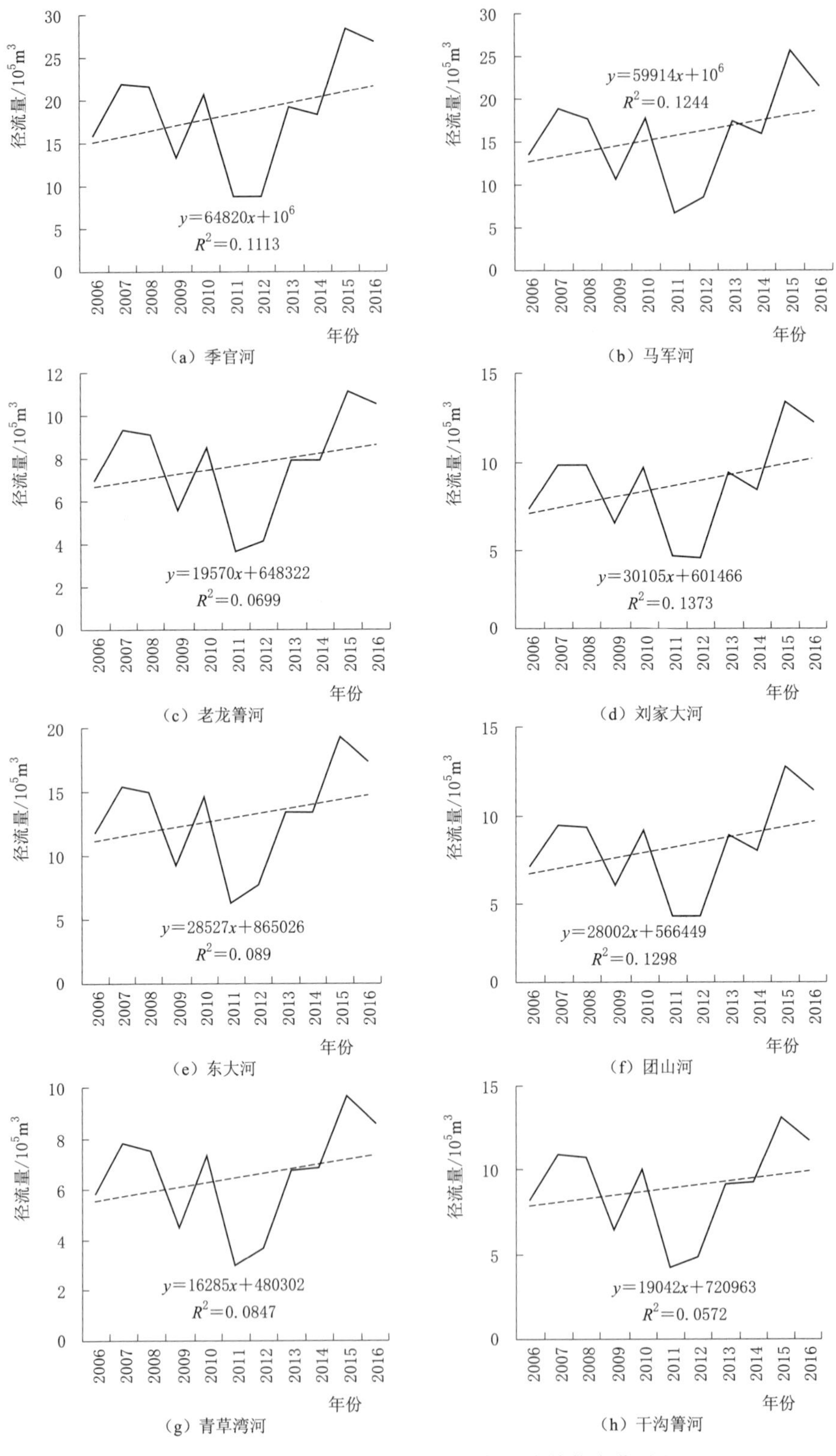

图 3.13(一) 研究区域代典型站年径流趋势变化过程

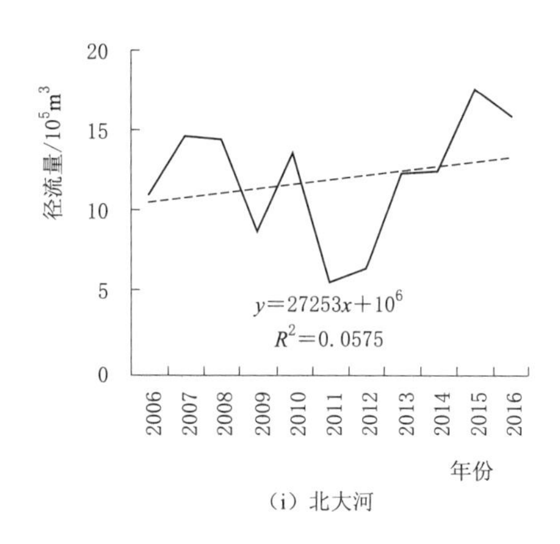

（i）北大河

图 3.13（二） 研究区域代典型站年径流趋势变化过程

河取水、水土保持、灌溉工程等。而且这两个影响因素不论时间尺度如何，其对径流的影响都会存在。受资料限制，本小节主要针对程海流域年径流量，首先分析其变化趋势，然后探讨影响年径流量的主要气象要素，最后讨论流域年径流量与程海水位变化之间的关系。

图 3.14 是程海流域 2006—2016 年年径流量变化趋势图，可以看出，程海流域年径流量呈现缓慢上升的趋势，变化率为 4132.60m^3/10a，经 Kendall 趋势检验后，这种上升趋势不显著，未通过置信度 95%的趋势性检验。年径流量在 0.582×10^7m^3（2011 年）～1.922×10^7m^3（2015 年）之间波动，流域多年平均地表水径流量为 1.24×10^7m^3。

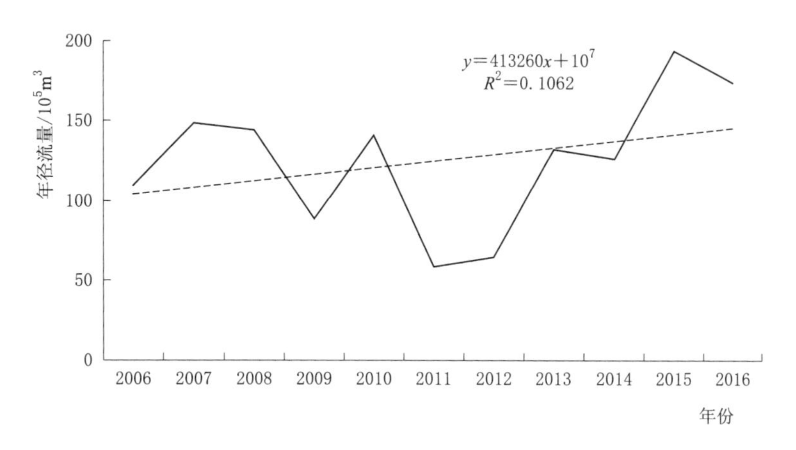

图 3.14 程海流域年径流量变化趋势

将流域年降水量和年蒸发量与年径流量进行相关性分析，其结果如图 3.15 所示。可以看出流域地表水径流量与降水量之间存在着极强的相关性，相关系数 R^2 达到了 0.9417。而蒸发量与径流量之间的相关性不高，仅为 0.1406。这说明降水是影响流域地表水径流量的主要气象要素。由于程海属于高原湖泊，坡度较陡，流域面积也较小，在降水过程中形成的地表径流很快就进入湖区水体，径流量受蒸发的影响较小。

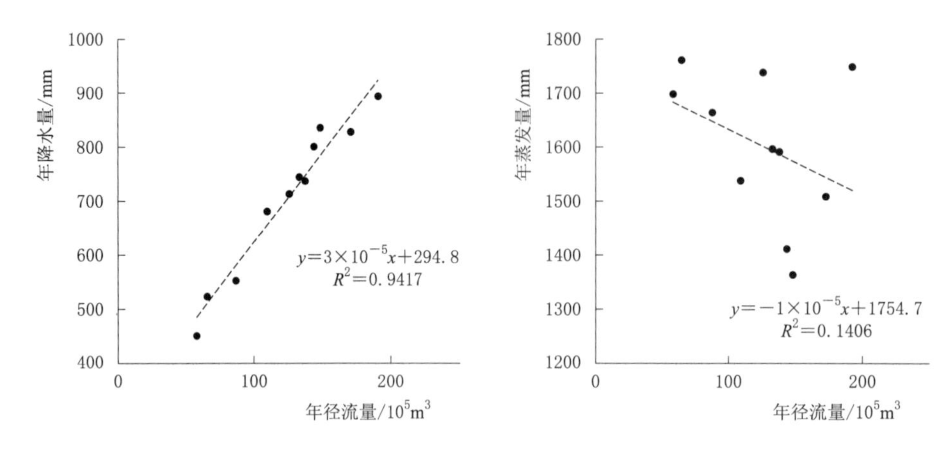

图 3.15 程海流域年径流量与年降水量、年蒸发量相关性分析

3.4 本章小结

（1）程海水位年内变化具有典型的丰枯交替特征，年际变化经历了先降低（1970—1991 年）后升高（1992—2002 年）再降低（2003—2016 年）的过程。2006—2016 年，程海水位下降了 4.9m。尤其从 2012 年开始，湖泊水位一直处于法定最低控制线以下，截至 2016 年，已低于法定最低控制线 2.3m。

（2）程海水位、降水以及蒸发的周期变化具有高度的一致性，且水位表现为在持续下降的趋势中呈现出周期变化。多年平均入湖水量为 7993.95 万 m^3，湖面降水量占 65.31%；多年平均出湖水量为 10883.54 万 m^3，湖面蒸发量占 94.19%。湖面蒸发对水位的影响程度最大。由于程海处于金沙江干热河谷区，降水偏少而蒸发旺盛是水位持续下降的主要原因。

（3）程海流域 2006—2016 年年径流量变化率为 4132.60m^3/10a，年径流量在 $0.582\times10^7 m^3$（2011 年）～$1.922\times10^7 m^3$（2015 年）之间波动；程海流域径流年内分配极不均匀，主要集中在 7—10 月，该时段的径流量占年径流总量的 70%以上。流域地表水径流量与降水量之间存在着极强的相关性。

第4章　程海水环境质量与演变趋势研究

4.1　水环境质量评价方法概述

4.1.1　水质现状评价方法

采用单因子标准对比评价法确定水质类别，评价标准采用《地表水环境质量标准》(GB 3838—2002)，河流水质评价指标包括：pH值、溶解氧、高锰酸盐指数、化学需氧量（COD)、五日生化需氧量（BOD_5)、氨氮、总磷、铜、锌、氟化物、硒、砷、汞、镉、铬（六价)、铅、氰化物、挥发性酚类、石油类、阴离子表面活性剂、硫化物，湖库水质评价增加总氮，饮用水水源地增加硫酸盐、氯化物、硝酸盐、铁和锰5项。地表水环境质量标准基本项目标准限值见表4.1；集中式生活饮用水地表水源地补充项目标准限值见表4.2。

表4.1　地表水环境质量标准基本项目标准限值　单位：mg/L

序号	项　目　名　称		Ⅰ类	Ⅱ类	Ⅲ类	Ⅳ类	Ⅴ类
1	水温		人类造成的环境水温变化应限制在：周平均最大升温≤1℃ 周平均最大降温≤2℃				
2	pH值（无量纲）		6～9				
3	溶解氧	≥	饱和率90% （或7.5）	6	5	3	2
4	高锰酸盐指数	≤	2	4	6	10	15
5	化学需氧量（COD）	≤	15	15	20	30	40
6	五日生化需氧量（BOD_5）	≤	3	3	4	6	10
7	氨氮（NH_3-N）	≤	0.15	0.5	1.0	1.5	2.0
8	总磷（以P计）	≤	0.02 （湖、库0.01）	0.1 （湖、库0.025）	0.2 （湖、库0.05）	0.3 （湖、库0.1）	0.4 （湖、库0.2）
9	总氮（以湖、库N计）	≤	0.2	0.5	1.0	1.5	2.0
10	铜	≤	0.01	1.0	1.0	1.0	1.0
11	锌	≤	0.05	1.0	1.0	2.0	2.0
12	氟化物（以F^-计）	≤	1.0	1.0	1.0	1.5	1.5
13	硒	≤	0.01	0.01	0.01	0.02	0.02
14	砷	≤	0.05	0.05	0.05	0.1	0.1

续表

序号	项目名称		Ⅰ类	Ⅱ类	Ⅲ类	Ⅳ类	Ⅴ类
15	汞	≤	0.00005	0.00005	0.0001	0.001	0.001
16	镉	≤	0.001	0.005	0.005	0.005	0.01
17	铬（六价）	≤	0.01	0.05	0.05	0.05	0.1
18	铅	≤	0.01	0.01	0.05	0.05	0.1
19	氰化物	≤	0.005	0.05	0.2	0.2	0.2
20	挥发性酚类	≤	0.002	0.002	0.005	0.01	0.1
21	石油类	≤	0.05	0.05	0.05	0.5	1.0
22	阴离子表面活性剂	≤	0.2	0.2	0.2	0.3	0.3
23	硫化物	≤	0.05	0.1	0.2	0.5	1.0

表4.2　　集中式生活饮用水地表水源地补充项目标准限值

序号	项目	标准值/(mg/L)	序号	项目	标准值/(mg/L)
1	硫酸盐（以SO_4^{2-}计）	250	4	铁	0.3
2	氯化物（以Cl^-计）	250	5	锰	0.1
3	硝酸盐（以N计）	10			

单项水质项目浓度超过Ⅲ类标准限值的称为超标项目。超标项目的超标倍数应按式（4.1）计算。pH值和溶解氧不计算超标倍数。

$$B_i=\frac{C_i}{S_i}-1 \tag{4.1}$$

式中：B_i为某水质项目超标倍数；C_i为某水质项目浓度，mg/L；S_i为某水质项目的Ⅲ类标准限值，mg/L。

水质类别应按所评价项目中水质最差项目的类别确定。

将各水质项目的超标倍数由高至低排序，列前三位的项目应为主要超标项目。

集中式生活饮用水地表水源地补充项目不参与水质类别确定，但应补充说明超过标准限值项目，并按上式计算超标倍数。

4.1.2　水功能区达标评价方法

根据水功能区代表水质站进行水功能区水质类别评价。水功能区水质类别评价执行《地表水资源质量评价技术规程》（SL 395—2007）中“地表水水质评价”相关条款的规定。评价项目为pH值、溶解氧、高锰酸盐指数、五日生化需氧量、氨氮、总磷、总氮、铜、锌、氟化物、硒、砷、汞、镉、六价铬、铅、氰化物、挥发酚、石油类、阴离子表面活性剂、硫化物等。

（1）水功能区月评价。按月对单个水功能区进行达标评价。所有参评项目均满足水质类别管理目标要求的水功能区为水质达标水功能区；有任何一项不满足水质类别管理目标要求的水功能区为水质不达标水功能区。

单项水质类别劣于管理目标类别的项目为超标项目，超标倍数按式（4.2）计算（溶解氧不计算超标倍数）。

$$FB_i=\frac{FC_i}{FS_i}-1 \tag{4.2}$$

式中：FB_i 为某项目超标倍数；FC_i 为某项目浓度值，mg/L；FS_i 为某项目水质管理目标浓度限值，mg/L。

超标项目按超标倍数由高至低排序，排在前三位的为本月该水功能区的主要超标项目。

（2）水功能区水期或年评价。水期或年度水功能区达标评价应在各水功能区每月达标评价成果基础上进行。在评价年度内，达标率大于等于80%的水功能区为水期或年度达标水功能区。水期或年度水功能区达标率按式（4.3）计算。

$$FD=\frac{FG}{FN}\times 100\% \tag{4.3}$$

式中：FD 为水期或年度水功能区达标率；FG 为水期或年内达标月数；FN 为水期或年内评价月数。

水期或年度水功能区超标项目应根据水质项目水期或年度的超标率确定。水期或年度超标率大于20%的水质项目为水期或年度水功能区超标项目。应将水期或年度水功能区超标项目按超标率由高到低排序，排序列前三位的超标项目为水期或年度水功能区主要超标项目。水质项目水期或年度超标率应按式（4.4）计算。

$$FE_i=\left(1-\frac{FG_i}{FN_i}\right)\times 100\% \tag{4.4}$$

式中：FE_i 为水质项目水期或年度超标率；FG_i 为水质项目水期或年度达标次数；FN_i 为水质项目水期或年度评价次数。

（3）流域水功能区达标评价。该评价包括水功能区达标比例、水功能一级区（不包括开发利用区）达标比例、水功能二级区达标比例、各分类水功能区达标比例四部分内容，根据功能区水体类型采用不同口径进行水功能区水质评价。河流类按功能区个数和河流长度进行评价；湖泊类按功能区个数和水面面积进行评价；水库类按功能区个数、水库水面面积和蓄水量进行评价。本次评价采用水功能区个数评价达标比例，按式（4.5）计算流域年度水功能区水质达标率。

$$WFZP=\frac{WFG}{WFN}\times 100\% \tag{4.5}$$

式中：$WFZP$ 为流域年度水功能区水质达标率；WFG 为流域内达标水功能区个数；WFN 为流域内评价水功能区个数。

4.1.3 水质变化趋势分析方法

4.1.3.1 季节性 Kendall 检验法

其原理是将历年相同月（季）的水质资料进行比较，如果后面的值（时间上）高于前面的值记为“+”号，否则记作“－”号。如果加号的个数比减号的多，则可能为上升趋势。类似地，如果减号的个数比加号的多，则可能为下降趋势。如果水质资料不存在上升或下降趋势，则正、负号的个数分别为50%。

众所周知，河流湖泊的流量水位具有一年一度的周期性变化，水质组分浓度大多受流量水位的周期性变化的影响，因此，将汛期与非汛期的水质资料进行比较缺乏可比性。季节性 Kendall 检验法定义为水质资料在历年相同月份间的比较，这避免了季节性的影响。同时，由于数据比较只考虑数据相对排列而不考虑其大小，故能避免水质资料中常见的漏测值问题，也使奇异值对水质趋势分析影响降到最低限度。

对于季节性 Kendall 检验法来说，假设随机变量与时间独立，假定全年 12 月的水质资料具有相同的概率分布。

设有 n 年 p 月的水质资料观测序列 X 为

$$X=\begin{bmatrix} x_{11} & x_{12} & \cdots & x_{1p} \\ x_{21} & x_{22} & \cdots & x_{2p} \\ \vdots & \vdots & \vdots & \vdots \\ x_{n1} & x_{n2} & \cdots & x_{np} \end{bmatrix} \tag{4.6}$$

式中：x_{11}，…，x_{np} 为月水质浓度观测值。

(1) 对于 p 月中第 i 月的情况。

令第 i 月历年水质系列相比较（后面的数与前面的数之差）的正负号之和 S_i 为

$$S_i=\sum_{k=1}^{n-1}\sum_{j=k+1}^{n}G(x_{ij}-x_{ik}) \quad (k<j\leqslant n) \tag{4.7}$$

其中

$$G(x_{ij}-x_{ik})=\begin{cases}1 & ,x_{ij}-x_{ik}>0 \\ 0 & ,x_{ij}-x_{ik}=0 \\ -1 & ,x_{ij}-x_{ik}<0\end{cases}$$

由此，第 i 月内可以作比较的差值数据组个数 m_i 为

$$m_i=\sum_{k=1}^{n-1}\sum_{j=k+1}^{n}|G(x_{ij}-x_{ik})|=\frac{n_i(n_i-1)}{2} \tag{4.8}$$

式中：n_i 为第 i 月内水质系列中非漏测值个数。

在零假设下，随机序列 S_i $(i=1,2,\cdots,p)$ 近似地服从正态分布，则 S_i 的均值和方差为

$$E(S_i)=0 \tag{4.9}$$

$$\sigma_1^2=\mathrm{Var}(S_i)=\frac{n_i(n_i-1)(2n_i+5)}{18} \tag{4.10}$$

当 n_i 个非漏测值中有 t 个数相同，则 σ_i^2 为

$$\sigma_i^2=\mathrm{Var}(S_i)=\frac{n_i(n_i-1)(2n_i+5)}{18}-\frac{\sum_t t(t-1)(2t+5)}{18} \tag{4.11}$$

(2) 对于 p 月总体情况。

令 $S=\sum_{i=1}^{p}S_i$，$m=\sum_{i=1}^{p}m_i$，在假设下，p 月 s 的均值和方差为

$$E(s)=\sum_{i=1}^{p}E(S_i)=0 \tag{4.12}$$

$$\sigma^2 = \mathrm{Var}(S) = \sum_{i=1}^{p} \sigma_i^2 + \sum_{ih} \sigma_{ih} = \sum_{i=1}^{p} \mathrm{Var}(S_i) + \sum_{i=1}^{p} \sum_{i=h}^{p} \times \mathrm{Cov}(S_i, S_h) \tag{4.13}$$

式中：S_i 和 S_h（$i \neq \varnothing$）都是独立随机变量的函数，即 $S_i = f(X_i)$，$S_h = f(X_h)$，其中 X_i 为 i 月历年的水质序列，X_h 为 h 月历年的水质序列，并且 $X_i \cap X_h = \varnothing$；因为 X_i 和 X_h 分别来自 i 月和 h 月的水质资料，并且总体时间序列 X 的所有元素是独立的，故协方差 $\mathrm{Cov}(S_i, S_h) = 0$。将其式代入式（4.13），则得式（4.14）：

$$\mathrm{Var}(S) = \sum_{i=1}^{p} \frac{n_i(n_i - 1)(2n_i + 5)}{18} \tag{4.14}$$

当 n 年水质系列有 t 个数相同时，同样有式（4.15）：

$$\mathrm{Var}(S) = \sum_{i=1}^{p} \frac{n_i(n_i - 1)(2n_i + 5)}{18} - \frac{\sum_t t(t-1)(2t+5)}{18} \tag{4.15}$$

Kendall 发现，当 n 为 10 时，S 也服从正态分布，并且标准方差 Z 为

$$Z = \begin{cases} \dfrac{S-1}{[\mathrm{Var}(S)]^{1/2}}, & S>0 \\ 0, & S=0 \\ \dfrac{S+1}{[\mathrm{Var}(S)]^{1/2}}, & S<0 \end{cases} \tag{4.16}$$

（3）趋势检验。Kendall 检验计量 t 定义为：$t = S/m$，由此在双尾趋势检验中，如果 $|Z|$ 在双 $\alpha/2$，则接受零假设。FN 为标准正态分布函数，即

$$FN = \frac{1}{\sqrt{2\pi}} \int_{|z|}^{\infty} \mathrm{e}^{-\frac{1}{2}t^2} \mathrm{d}t \tag{4.17}$$

α 为趋势检验的显著水平，α 值为

$$\alpha = \frac{2}{\sqrt{2\pi}} \int_{|z|}^{\infty} \mathrm{e}^{-\frac{1}{2}t^2} \mathrm{d}t \tag{4.18}$$

水质变化趋势分析结果可分为三类五级。三类为上升、下降和无趋势，五级为高度显著上升、显著上升、无趋势、显著下降和高度显著下降。取显著性水平 α 为 0.1 和 0.01，即当 $0.01 < \alpha \leqslant 1$ 时，检验是显著的。当 α 计算结果满足上述条件情况时，t 为正则说明具有显著（或高度显著性）上升趋势，t 为负则说明具有显著（或高度显著性）下降趋势，t 为零则无趋势。当 $\alpha > 0.1$ 时，也为无趋势。

水质变化趋势分析时段不应低于 5 年，每年监测次数不应低于 4 次，评价时段内选择的评价断面应相同或相近。

4.1.3.2 流域水质变化趋势分析

按《地表水资源质量评价技术规程》（SL 395—2007），用季节性 Kendall 检验法对流域水质站各项目变化趋势进行分析。流域水质变化趋势分析通过计算单项水质项目上升趋势水质站比例、下降趋势水质站比例、无趋势水质站比例评价，评价单项水质项目水质变化特征和流域水质变化特征。

流域单项水质变化趋势比例采用式（4.19）和式（4.20）计算。

$$TUP_m = \frac{NUP_m}{N} \tag{4.19}$$

$$TDN_m = \frac{NDN_m}{N} \tag{4.20}$$

$$N = NUP_m + NDN_m + NNO_m \tag{4.21}$$

式中：TUP_m 为某单项水质项目的上升比例；TDN_m 为某单项水质项目的下降比例；NUP_m 为某单项水质项目上升趋势水质站数；NDN_m 为某单项水质项目下降趋势水质站数；NNO_m 为某单项水质项目无趋势水质站数；N 为进行流域水质项目趋势分析的水质站数。

流域水质变化趋势分析结果以综合指数 $WQTI$ 表示，按式（4.22）和式（4.23）计算。

$$WQTI_{UP} = \frac{\sum_{m=1}^{M-1} TUP_m + TDN_{DO}}{M} \tag{4.22}$$

$$WQTI_{DN} = \frac{\sum_{m=1}^{M-1} TDN_m + TUP_{DO}}{M} \tag{4.23}$$

式中：$WQTI_{UP}$ 为流域水质变化上升趋势综合指数；$WQTI_{DN}$ 为流域水质变化下降趋势综合指数；TUP_{DO} 为溶解氧上升趋势比例；TDN_{DO} 为溶解氧下降趋势比例；TUP_m 为其他水质项目上升趋势比例；TDN_m 为其他水质项目下降趋势比例；M 为评价项目总数。

根据某单项水质项目上升比例和下降比例的大小关系，判断流域单项水质项目的变化特征。若 $TUP_m > TDN_m$（溶解氧为 $TUP_{DO} < TDN_{DO}$），表明流域该单项水质项目趋于恶化，反之趋于改善。

根据流域水质变化上升趋势综合指数和下降趋势综合指数的大小关系，判断流域总体水质变化特征。若 $WQTI_{UP} > WQTI_{DN}$，表明流域水质整体状况趋于恶化，反之有所好转。

4.1.4 富营养化评价方法

4.1.4.1 评价标准

根据环境保护部制定的《地表水环境质量评价方法（试行）》（环办〔2011〕22号）相关规定，湖泊（水库）营养状态评价标准与分级方法见表4.3。

表4.3 湖泊（水库）营养状态评价标准与分级方法

营养状态分级		综合营养状态指数 TLI
贫营养		$TLI < 30$
中营养		$30 \leq TLI \leq 50$
富营养	轻度富营养	$50 < TLI \leq 60$
	中度富营养	$60 < TLI \leq 70$
	重度富营养	$TLI > 70$

4.1.4.2 综合营养状态指数计算方法

综合营养状态指数的计算公式为

$$TLI(\sum) = \sum_{j=1}^{m} W_j TLI(j) \tag{4.24}$$

式中：$TLI(\sum)$ 为综合营养状态指数；$TLI(j)$ 为第 j 种营养状态指数；W_j 为第 j 种参数的营养状态指数的相关权重。

以叶绿素 a 作为基准参数，则第 j 种参数的归一化的相关权重计算公式为

$$W_j = \frac{r_{ij}^2}{\sum_{j=1}^{m} r_{ij}^2} \tag{4.25}$$

式中：r_{ij} 为第 j 种参数与基准参数叶绿素 a 的相关系数，取值可参考表 4.4；m 为评价参数的个数。

表 4.4　中国湖泊部分参数与叶绿素 a 的相关关系

参数	Chl - a	TP	TN	SD	COD_{Mn}
r_{ij}	1	0.84	0.82	−0.83	0.83
r_{ij}^2	1	0.7056	0.6724	0.6889	0.6889

各项目的营养状态指数 $TLI(j)$ 的计算方法如下：

$$\left.\begin{aligned} TLI(\text{Chl - a}) &= 10(2.5 + 1.086 \ln \text{Chl - a}) \\ TLI(\text{TP}) &= 10(9.436 + 1.624 \ln \text{TP}) \\ TLI(\text{TN}) &= 10(5.453 + 1.694 \ln \text{TN}) \\ TLI(\text{SD}) &= 10(5.118 - 1.94 \ln \text{SD}) \\ TLI(\text{COD}_{\text{Mn}}) &= 10(0.109 + 2.66 \ln \text{COD}_{\text{Mn}}) \end{aligned}\right\} \tag{4.26}$$

4.2 程海水环境质量评价研究

4.2.1 程海水环境监测现状

云南省水环境监测中心丽江分中心自 1975 年开始对程海水质进行监测，至今已有 40 多年的监测历史，比较系统、完整地收集了程海的水质监测数据。

4.2.1.1 监测断面

程海共有 4 个水质监测断面，自北向南依次为：程海东岩村、程海湖心、程海半海子和程海河口街（图 4.1 和表 4.5）。其中，程海河口街资料年限最长，为 1975 年 1 月至 2016 年 12 月，其他 3 个监测断面资料年限为 1993 年 1 月至 2016 年 12 月。

表 4.5　程海水质监测断面一览表

测站名称	测站等级	监测频次	自动监测	水域类型	评价面积/km^2
程海东岩村	省级	6	否	湖泊	15.76
程海湖心	省级	6	否	湖泊	31.52
程海半海子	省级	6	否	湖泊	15.76
程海河口街	省级	6	否	湖泊	15.76

4.2.1.2 监测频次

1975—1992 年，程海每年监测 4 次，每个季度监测 1 次；1992—1995 年，程海每年监测 2 次；1995 年至今，程海每年监测 6 次，逢双月监测。

4.2.1.3 监测指标

程海 1975—1986 年开展的水质监测项目主要为一般理化学指标，包括 pH 值、总硬度、钙镁离子、总碱度等 12 项指标；1987 年增加了一些重金属项目，监测指标增加至 20 项，之后分别于 1992 年、2003 年、2008 年增加了透明度、铅、镉、叶绿素 a、藻类等 10 个监测项目。至今对程海开展的水质监测包括理化学指标、毒理学指标、浮游生物指标共计 30 项，基本满足了水质评价工作的需求。

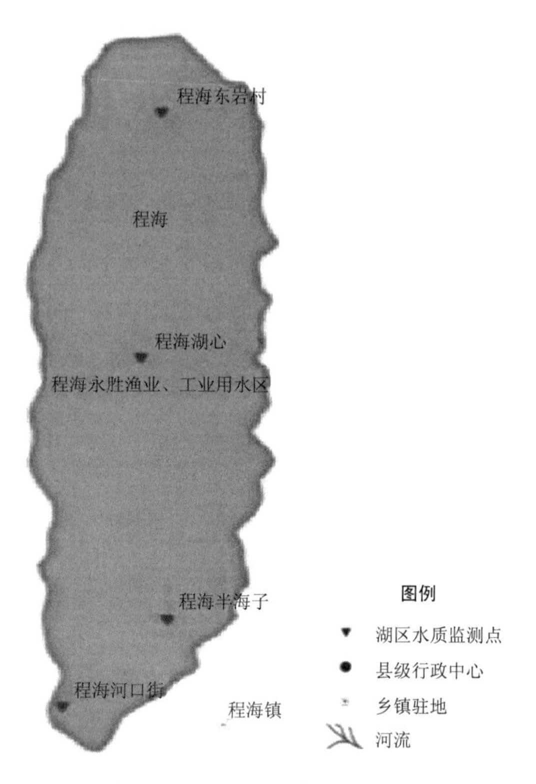

图 4.1 程海区水质监测断面

4.2.2 程海水环境质量评价

4.2.2.1 程海现状水质评价

2016 年程海有 4 个水质监测断面，每个监测断面监测水质 6 次，逢双月监测，监测指标包括理化学指标、毒理学指标、浮游生物指标共计 30 项。

采用单因子评价法，对程海 4 个水质监测断面 2016 年丰、平、枯 3 期的水质监测结果进行评价。评价标准采用《地表水环境质量标准》(GB 3838—2002) 的Ⅲ类标准限值，水质评价结果详见表 4.6。

表 4.6 程海 2016 年水质评价结果

序号	监测断面	水质目标	非汛期		汛期		全年		pH 值、氟化物不参评
			水质类别	超标项目（超标倍数）	水质类别	超标项目（超标倍数）	水质类别	超标项目（超标倍数）	水质类别
1	河口街站	Ⅲ	劣Ⅴ	pH 值、氟化物（1.39）	劣Ⅴ	pH 值、氟化物（1.31）	劣Ⅴ	pH 值、氟化物（1.35）	Ⅲ
2	湖心站	Ⅲ	劣Ⅴ	pH 值、氟化物（1.38）	劣Ⅴ	pH 值、氟化物（1.34）	劣Ⅴ	pH 值、氟化物（1.36）	Ⅲ
3	东岩村站	Ⅲ	劣Ⅴ	pH 值、氟化物（1.37）	劣Ⅴ	pH 值、氟化物（1.34）	劣Ⅴ	pH 值、氟化物（1.35）	Ⅲ
4	半海子站	Ⅲ	劣Ⅴ	pH 值、氟化物（1.36）	劣Ⅴ	pH 值、氟化物（1.33）	劣Ⅴ	pH 值、氟化物（1.35）	Ⅲ

整体来看，程海 2016 年 4 个水质监测断面全年、汛期、非汛期水质类别均为劣Ⅴ类，主要超标因子为 pH 值和氟化物；如果不考虑 pH 值和氟化物，程海属Ⅲ类水质。从监测结果来看，程海 4 个监测断面的所有 pH 值检测结果均超过 9.25（图 4.2），从年内变化来看，汛期 pH 值略高于非汛期，但空间差异不明显；氟化物检测结果均大于 2.1mg/L（图 4.3），超过《地表水环境质量标准》（GB 3838—2002）的Ⅴ类标准限值（1.50mg/L），从年内变化来看，汛期氟化物浓度略低于非汛期，但空间差异不明显。

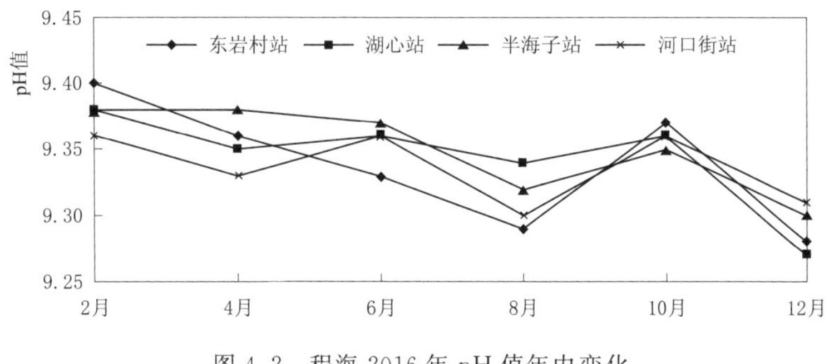

图 4.2　程海 2016 年 pH 值年内变化

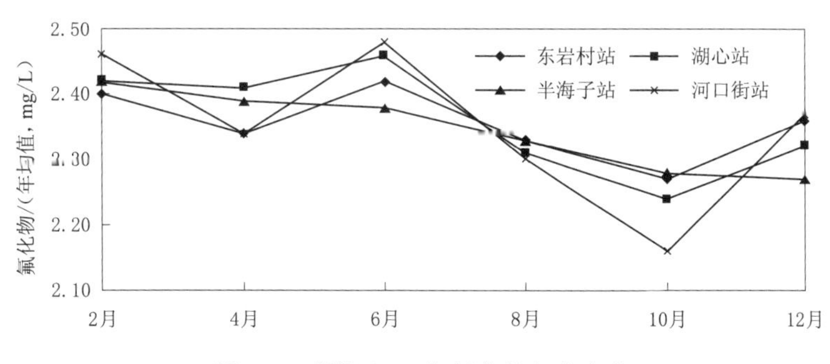

图 4.3　程海 2016 年氟化物年内变化

4.2.2.2　程海历史水质评价

根据程海 4 个监测断面（东岩村、湖心、半海子和河口街）1975—2016 年近 40 年的水质监测数据（其中，河口街资料年限为 1975 年 1 月至 2016 年 12 月，另外 3 个断面监测年限为 1993 年 1 月至 2016 年 12 月），采用单项标准指数法进行评价，结果见表 4.7。

从评价结果中可以得到程海主要水质特征如下：

（1）如果 pH 值、氟化物不参评，程海水质尚好，除程海河口街断面 1975 年溶解氧超标水质为Ⅳ类、1986 年汞和总磷超标水质为劣Ⅴ类、1987 年汞超标水质为Ⅳ类、1989 年汞和溶解氧超标水质为Ⅳ类外，其余年份基本能满足水功能区Ⅲ类水质目标要求。

（2）如果 pH 值、氟化物参评，程海水质状况可分为 3 个阶段：①1975—1981 年，程海（河口街断面）水质较好，除 1975 年溶解氧超标水质为Ⅳ类外，其余年份均能满足水功能区Ⅲ类水质目标要求；②1984—1992 年，程海（河口街断面）水质为劣Ⅴ类，超标项目主要为 pH 值，此外，1986 年汞和总磷超标、1987 年汞超标、1989 年汞和溶解氧

表 4.7 程海历史水质评价结果

年份	河口街站				湖心站				东岩村站				半海子站				全湖平均			
	pH值、氟化物参评		pH值、氟化物不参评		pH值、氟化物参评		pH值、氟化物不参评		pH值、氟化物参评		pH值、氟化物不参评		pH值、氟化物参评		pH值、氟化物不参评		pH值、氟化物参评		pH值、氟化物不参评	
	水质类别	超标项目	水质类别	超标项目	水质类别	超标项目	水质类别	超标项目	水质类别	超标项目	水质类别	超标项目	水质类别	超标项目	水质类别	超标项目	水质类别	超标项目	水质类别	超标项目
1975	Ⅳ	溶解氧	Ⅳ	溶解氧													Ⅳ	溶解氧	Ⅳ	溶解氧
1976	Ⅱ		Ⅱ														Ⅱ		Ⅱ	
1977	Ⅲ		Ⅲ														Ⅲ		Ⅲ	
1978	Ⅱ		Ⅱ														Ⅱ		Ⅱ	
1980	Ⅰ		Ⅰ														Ⅰ		Ⅰ	
1981	Ⅱ		Ⅱ														Ⅱ		Ⅱ	
1984	劣Ⅴ	pH值	Ⅲ														劣Ⅴ	pH值	Ⅲ	
1985	劣Ⅴ	pH值	Ⅱ														劣Ⅴ	pH值	Ⅱ	
1986	劣Ⅴ	pH值	劣Ⅴ	汞、总磷													劣Ⅴ	pH值	劣Ⅴ	汞、总磷
1987	劣Ⅴ	pH值	Ⅳ	汞													劣Ⅴ	pH值	Ⅳ	汞
1988	劣Ⅴ	pH值	Ⅲ														劣Ⅴ	pH值	Ⅲ	
1989	劣Ⅴ	pH值	Ⅳ	汞、溶解氧													劣Ⅴ	pH值	Ⅳ	汞、溶解氧
1990	劣Ⅴ	pH值	Ⅱ														劣Ⅴ	pH值	Ⅱ	
1991	劣Ⅴ	pH值	Ⅱ														劣Ⅴ	pH值	Ⅱ	
1992	劣Ⅴ	pH值	Ⅱ														劣Ⅴ	pH值	Ⅱ	
1993	劣Ⅴ	pH值、氟化物	Ⅲ		劣Ⅴ	pH值、氟化物	Ⅱ		劣Ⅴ	pH值、氟化物	Ⅲ		劣Ⅴ	pH值、氟化物	Ⅲ		劣Ⅴ	pH值、氟化物	Ⅲ	

续表

年份	河口街站				湖心站				东岸村站				半海子站				全湖平均			
	pH值、氟化物参评		pH值、氟化物不参评		pH值、氟化物参评		pH值、氟化物不参评		pH值、氟化物参评		pH值、氟化物不参评		pH值、氟化物参评		pH值、氟化物不参评		pH值、氟化物参评		pH值、氟化物不参评	
	水质类别	超标项目	水质类别	超标项目	水质类别	超标项目	水质类别	超标项目	水质类别	超标项目	水质类别	超标项目	水质类别	超标项目	水质类别	超标项目	水质类别	超标项目	水质类别	超标项目
1994	劣Ⅴ	pH值、氟化物	Ⅱ		劣Ⅴ	pH值、氟化物	Ⅱ		劣Ⅴ	pH值 氟化物	Ⅱ		劣Ⅴ	pH值、氟化物	Ⅱ		劣Ⅴ	pH值、氟化物	Ⅱ	
1995	劣Ⅴ	pH值、氟化物	Ⅲ		劣Ⅴ	pH值、氟化物	Ⅲ		劣Ⅴ	pH值、氟化物	Ⅲ		劣Ⅴ	pH值、氟化物	Ⅲ		劣Ⅴ	pH值、氟化物	Ⅲ	
1997	劣Ⅴ	pH值	Ⅲ		劣Ⅴ	pH值	Ⅲ		劣Ⅴ	pH值	Ⅲ		劣Ⅴ	pH值	Ⅲ		劣Ⅴ	pH值	Ⅲ	
1998	劣Ⅴ	pH值	Ⅲ		劣Ⅴ	pH值	Ⅲ		劣Ⅴ	pH值	Ⅲ		劣Ⅴ	pH值	Ⅲ		劣Ⅴ	pH值	Ⅲ	
1999	劣Ⅴ	pH值、氟化物	Ⅲ		劣Ⅴ	pH值、氟化物	Ⅱ		劣Ⅴ	pH值、氟化物	Ⅲ		劣Ⅴ	pH值、氟化物	Ⅱ		劣Ⅴ	pH值、氟化物	Ⅲ	
2000	劣Ⅴ	pH值、氟化物	Ⅳ	总氮	劣Ⅴ	pH值、氟化物	Ⅳ	总氮	劣Ⅴ	pH值、氟化物	Ⅳ	总氮、总磷	劣Ⅴ	pH值、氟化物	Ⅲ		劣Ⅴ	pH值、氟化物	Ⅲ	
2001	劣Ⅴ	pH值、氟化物	Ⅲ		劣Ⅴ	pH值、氟化物	Ⅲ		劣Ⅴ	pH值、氟化物	Ⅲ		劣Ⅴ	pH值	Ⅲ		劣Ⅴ	pH值	Ⅲ	
2002	劣Ⅴ	pH值、氟化物	Ⅲ		劣Ⅴ	pH值、氟化物	Ⅲ		劣Ⅴ	pH值、氟化物	Ⅳ	总磷	劣Ⅴ	pH值、氟化物	Ⅲ		劣Ⅴ	pH值、氟化物	Ⅲ	
2003	劣Ⅴ	pH值、氟化物	Ⅱ		劣Ⅴ	pH值、氟化物	Ⅱ		劣Ⅴ	pH值、氟化物	劣Ⅴ	溶解氧	劣Ⅴ	pH值、氟化物	Ⅱ		劣Ⅴ	pH值、氟化物	Ⅲ	
2004	劣Ⅴ	pH值、氟化物	Ⅲ		劣Ⅴ	pH值、氟化物	Ⅲ		劣Ⅴ	pH值、氟化物	劣Ⅴ	溶解氧	劣Ⅴ	pH值、氟化物	Ⅱ		劣Ⅴ	pH值、氟化物	Ⅲ	
2005	劣Ⅴ	pH值、氟化物	Ⅲ		劣Ⅴ	pH值、氟化物	Ⅲ		劣Ⅴ	pH值、氟化物	劣Ⅴ	溶解氧	劣Ⅴ	pH值、氟化物	Ⅲ		劣Ⅴ	pH值、氟化物	Ⅲ	

续表

年份	河口街站				湖心站				东岩村站				半海子站				全湖平均			
	pH值、氟化物参评		pH值、氟化物不参评		pH值、氟化物参评		pH值、氟化物不参评		pH值、氟化物参评		pH值、氟化物不参评		pH值、氟化物参评		pH值、氟化物不参评		pH值、氟化物参评		pH值、氟化物不参评	
	水质类别	超标项目	水质类别	超标项目	水质类别	超标项目	水质类别	超标项目	水质类别	超标项目	水质类别	超标项目	水质类别	超标项目	水质类别	超标项目	水质类别	超标项目	水质类别	超标项目
2006	劣Ⅴ	pH值、氟化物	Ⅲ		劣Ⅴ	pH值、氟化物	Ⅲ		劣Ⅴ	pH值、氟化物	Ⅲ		劣Ⅴ	pH值、氟化物	Ⅲ		劣Ⅴ	pH值、氟化物	Ⅲ	
2007	劣Ⅴ	pH值、氟化物	Ⅲ		劣Ⅴ	pH值、氟化物	Ⅲ		劣Ⅴ	pH值、氟化物	Ⅲ		劣Ⅴ	pH值、氟化物	Ⅲ		劣Ⅴ	pH值、氟化物	Ⅲ	
2008	劣Ⅴ	pH值、氟化物	Ⅲ		劣Ⅴ	pH值、氟化物	Ⅲ		劣Ⅴ	pH值、氟化物	Ⅲ		劣Ⅴ	pH值、氟化物	Ⅲ		劣Ⅴ	pH值、氟化物	Ⅲ	
2009	劣Ⅴ	pH值、氟化物	Ⅲ		劣Ⅴ	pH值、氟化物	Ⅲ		劣Ⅴ	pH值、氟化物	Ⅲ		劣Ⅴ	pH值、氟化物	Ⅲ		劣Ⅴ	pH值、氟化物	Ⅲ	
2010	劣Ⅴ	pH值、氟化物	Ⅲ		劣Ⅴ	pH值、氟化物	Ⅲ		劣Ⅴ	pH值、氟化物	Ⅲ		劣Ⅴ	pH值、氟化物	Ⅲ		劣Ⅴ	pH值、氟化物	Ⅲ	
2011	劣Ⅴ	pH值、氟化物	Ⅲ		劣Ⅴ	pH值、氟化物	Ⅲ		劣Ⅴ	pH值、氟化物	Ⅲ		劣Ⅴ	pH值、氟化物	Ⅲ		劣Ⅴ	pH值、氟化物	Ⅲ	
2012	劣Ⅴ	pH值、氟化物	Ⅲ		劣Ⅴ	pH值、氟化物	Ⅲ		劣Ⅴ	pH值、氟化物	Ⅲ		劣Ⅴ	pH值、氟化物	Ⅲ		劣Ⅴ	pH值、氟化物	Ⅲ	
2013	劣Ⅴ	pH值、氟化物	Ⅲ		劣Ⅴ	pH值、氟化物	Ⅲ		劣Ⅴ	pH值、氟化物	Ⅲ		劣Ⅴ	pH值、氟化物	Ⅲ		劣Ⅴ	pH值、氟化物	Ⅲ	
2014	劣Ⅴ	pH值、氟化物	Ⅲ		劣Ⅴ	pH值、氟化物	Ⅲ		劣Ⅴ	pH值、氟化物	Ⅲ		劣Ⅴ	pH值、氟化物	Ⅲ		劣Ⅴ	pH值、氟化物	Ⅲ	
2015	劣Ⅴ	pH值、氟化物	Ⅲ		劣Ⅴ	pH值、氟化物	Ⅲ		劣Ⅴ	pH值、氟化物	Ⅲ		劣Ⅴ	pH值、氟化物	Ⅲ		劣Ⅴ	pH值、氟化物	Ⅲ	
2016	劣Ⅴ	pH值、氟化物	Ⅲ		劣Ⅴ	pH值、氟化物	Ⅲ		劣Ⅴ	pH值、氟化物	Ⅲ		劣Ⅴ	pH值、氟化物	Ⅲ		劣Ⅴ	pH值、氟化物	Ⅲ	

超标；③1993—2016 年，4 个监测断面水质均为劣Ⅴ类，超标项目为 pH 值和氟化物（氟化物指标自 1993 年开始监测）。

4.2.2.3 程海富营养化评价

从程海近 40 年的营养状态评价结果（表 4.8）来看，程海在 1975—1995 年基本处于贫营养状态，后 20 年（1996—2016 年）一直维持在中营养状态，但接近轻度富营养化的底限（*TLI*＝50）。

表 4.8　　程海历年营养状态评价

年份	综合营养状态指数 *TLI*	营养状态	年份	综合营养状态指数 *TLI*	营养状态	年份	综合营养状态指数 *TLI*	营养状态
1975	24.39	贫营养	1991	22.89	贫营养	2005	38.32	中营养
1976	32.04	中营养	1992	16.25	贫营养	2006	38.93	中营养
1977	26.52	贫营养	1993	28.29	贫营养	2007	39.38	中营养
1978	25.47	贫营养	1994	25.21	贫营养	2008	41.07	中营养
1980	18.17	贫营养	1995	26.14	贫营养	2009	38.10	中营养
1981	22.07	贫营养	1997	31.83	中营养	2010	42.85	中营养
1984	25.47	贫营养	1998	39.72	中营养	2011	44.38	中营养
1985	22.07	贫营养	1999	35.56	中营养	2012	42.28	中营养
1986	42.34	中营养	2000	43.81	中营养	2013	44.07	中营养
1987	37.71	中营养	2001	35.35	中营养	2014	42.65	中营养
1988	22.80	贫营养	2002	33.54	中营养	2015	46.67	中营养
1989	30.56	中营养	2003	32.98	中营养	2016	45.45	中营养
1990	24.02	贫营养	2004	31.33	中营养	多年平均	33.18	中营养

4.3 程海水环境质量演变趋势研究

4.3.1 程海表层特征水质指标变化趋势分析

根据程海近 40 年的水质监测数据，选择能反应程海水环境特征的敏感指标（pH 值和氟化物）、有机污染指标（溶解氧和高锰酸盐指数）、富营养化指标（氨氮、总氮、总磷和叶绿素 a）以及其他一些理化指标（水温、透明度、电导率、总碱度、总硬度、钠离子、重碳酸根离子）共计 15 个水质指标，对程海 40 年来的水质变化趋势进行分析。

4.3.1.1 敏感指标

1. pH 值

程海 pH 值监测始于 1975 年，监测断面为程海河口街；1993 年增设了半海子、湖心和东岩村 3 个断面；2016 年，程海 pH 值监测断面有 4 个。从整体上看，程海水体 pH 值偏大，水体呈弱碱性（图 4.4）。从年际变化看，1975—1981 年程海水体 pH 值尚小于 9.0，但自 1984 年开始所有监测断面的 pH 值基本都在 9.0 以上，超过《地表水环境质量标准》（GB 3838—2002）的Ⅴ类标准限值，且近 20 年 pH 值出现缓慢增加趋势。从年内变化看，程海汛期 pH 值略大于非汛期。

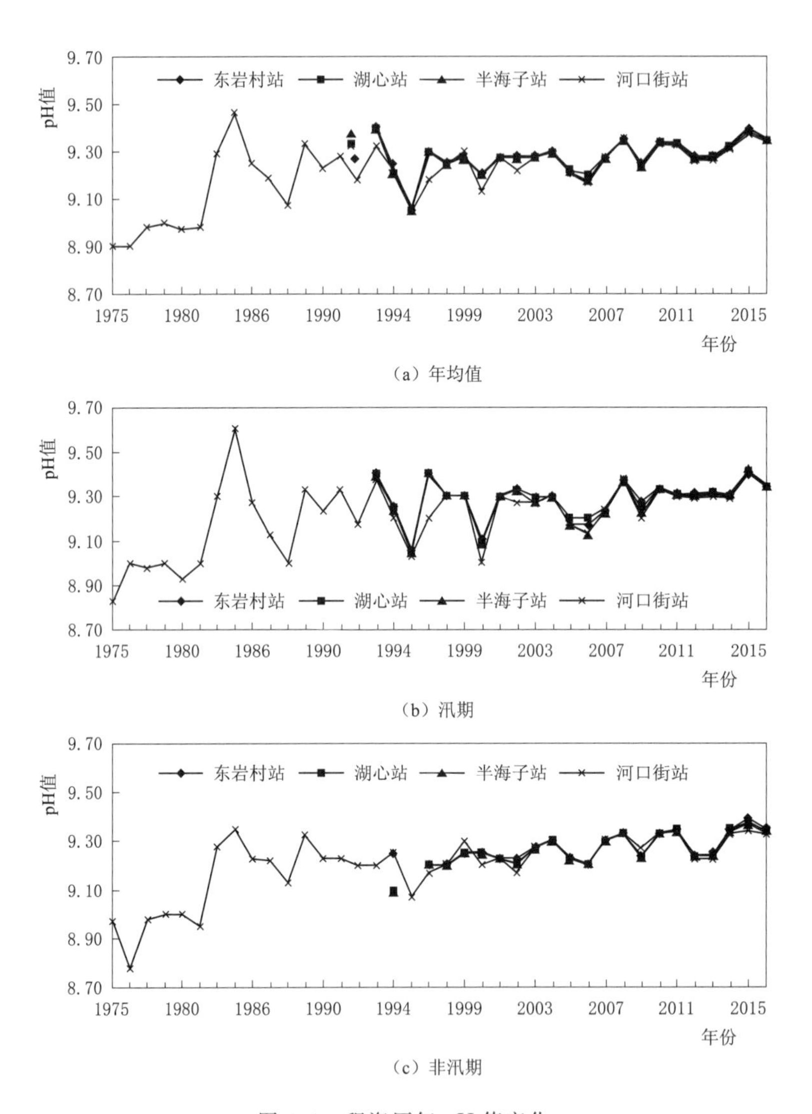

（a）年均值

（b）汛期

（c）非汛期

图 4.4　程海历年 pH 值变化

从空间上看，1993—2016 年程海 4 个水质监测断面 pH 值空间差异不明显，自北向南 pH 值略有减少，年均值分别为：东岩村站 9.28、湖心站 9.28、半海子站 9.27、河口街站 9.26。其中河口街站 1975—2016 年多年平均 pH 值为 9.21，1975—1992 年多年平均 pH 值为 9.13。

1993—2000 年仙人河补水期间，程海 4 个监测断面 pH 值表现为波动变化，其值为 9.0～9.4，河口街站相对较小，补水结束后 pH 值出现增加趋势。

2. 氟化物

程海氟化物指标监测1993—2016年共24年的监测记录中所有监测值均超过《地表水环境质量标准》(GB 3838—2002)的Ⅴ类标准限值1.50mg/L。从年际变化看(图4.5),1993—2016年程海水体氟化物指标经历了“上升—下降—上升”的变化趋势。特别是从2002年开始程海氟化物指标一度持续上升,且汛期氟化物上升趋势较非汛期更为显著。

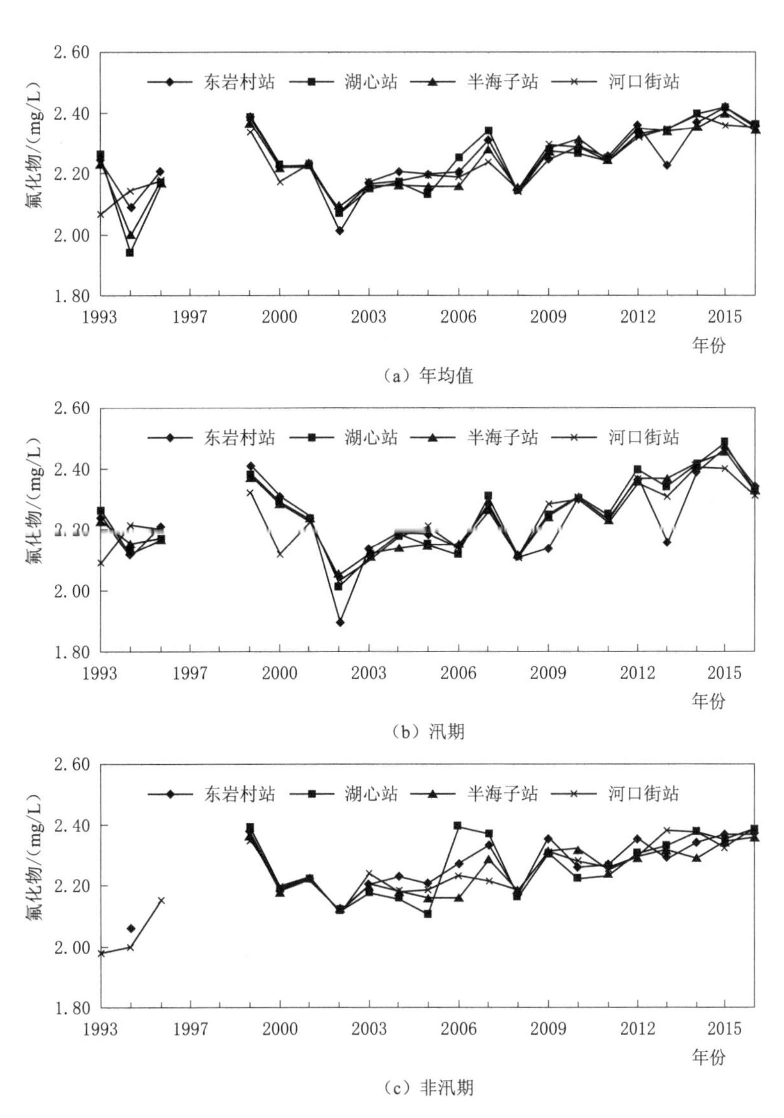

(a)年均值

(b)汛期

(c)非汛期

图4.5 程海历年氟化物变化

从空间上看,1993—2016年程海4个水质监测断面氟化物浓度自北向南略有减少,多年平均值分别为:东岩村站2.245mg/L、湖心站2.243mg/L、半海子站2.239mg/L、河口街站2.234mg/L。

1993—2000年仙人河补水期间,程海4个监测断面氟化物浓度相对较高,为2.1~

2.4mg/L，其中河口街站氟化物浓度相对较低、东岩村站相对较高，补水结束后氟化物浓度持续下降，至2003年出现上升趋势。

4.3.1.2 有机污染指标

1. 溶解氧

程海溶解氧监测始于1975年，监测断面为程海河口街。从年际变化看（图4.6），程海水体溶解氧整体表现为上升趋势，其中1975—1980年溶解氧持续上升，1980—1992年溶解氧出现较大波动，1993—2016年溶解氧缓慢上升。从年内变化看，程海汛期溶解氧浓度略大于非汛期。

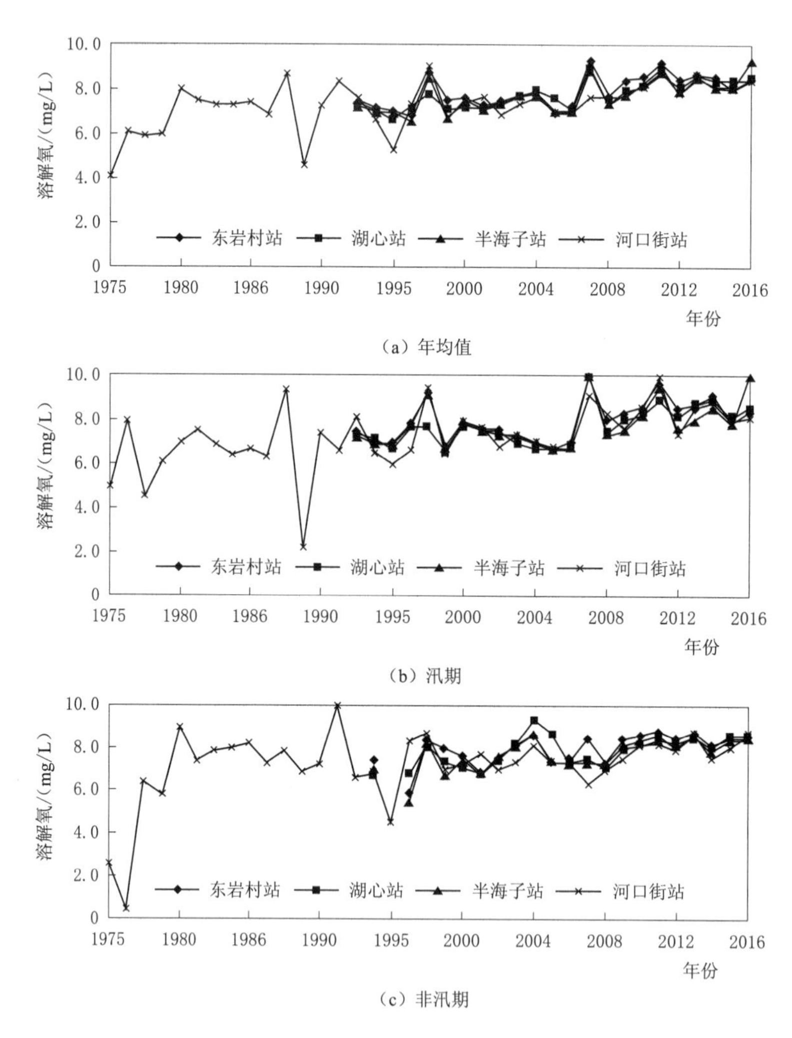

(a) 年均值

(b) 汛期

(c) 非汛期

图4.6 程海历年溶解氧变化

从空间上看，1993—2016年程海水体溶解氧浓度从北到南逐渐减少，多年平均值分别为：东岩村站7.99mg/L、湖心站7.73mg/L、半海子站7.74mg/L、河口街站7.59mg/L。

2. 高锰酸盐指数

程海高锰酸盐指数监测始于1975年，监测断面为程海河口街。从年际变化看

(图 4.7)，1975—2016 年，程海水体高锰酸盐指数整体表现为上升趋势，特别是 1993—2016 年高锰酸盐指数持续上升。从年内变化看，程海非汛期高锰酸盐指数较汛期略偏大。

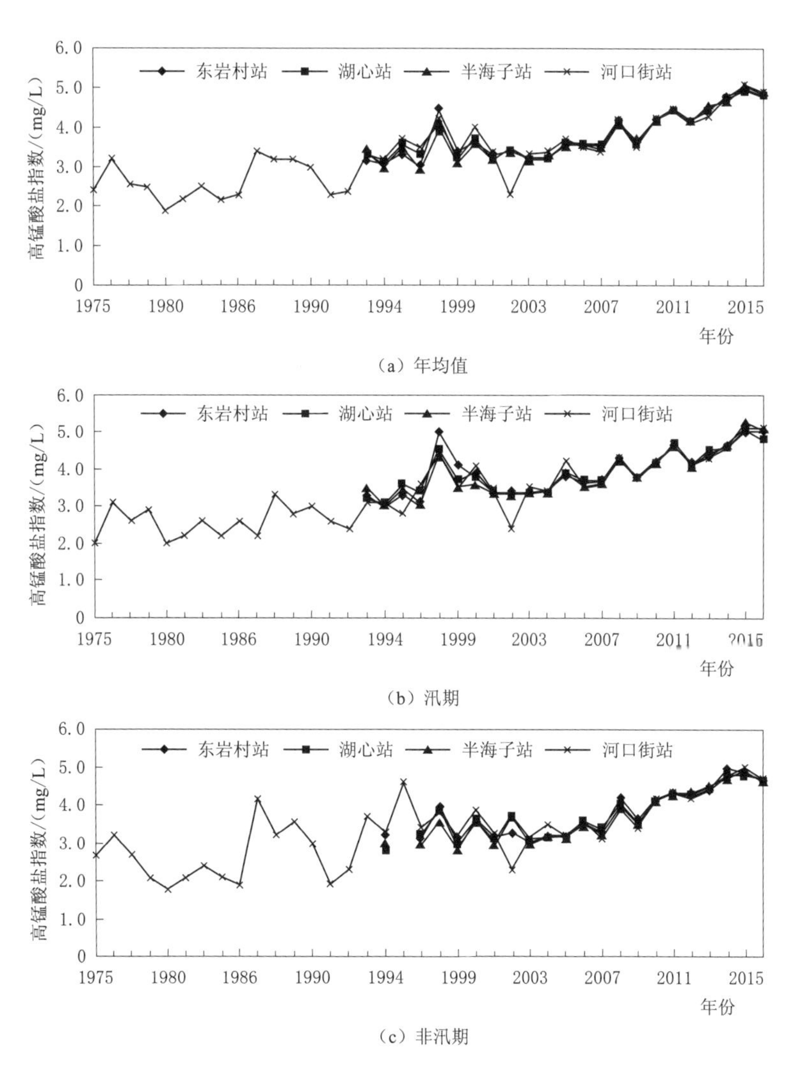

(a) 年均值

(b) 汛期

(c) 非汛期

图 4.7　程海历年高锰酸盐指数变化

从空间上看，1993—2016 年程海 4 个水质监测断面高锰酸盐指数含量空间差异不明显，自北向南高锰酸盐指数浓度多年平均值分别为：东岩村站 3.81mg/L、湖心站 3.80mg/L、半海子站 3.80mg/L、河口街站 3.80mg/L。

仙人河补水期间 1993—1998 年程海 4 个监测断面高锰酸盐指数浓度是逐渐增加的，1998—2000 年高锰酸盐指数浓度逐渐减少。补水期间，河口街浓度相对较低。

4.3.1.3　富营养化指标

1. 氨氮

程海氨氮监测始于 1975 年，监测断面为程海河口街。从年际变化看（图 4.8），

1975—2016年程海水体氨氮经历了“上升—下降—上升”的变化趋势。其中1975—1995年的20年间，氨氮虽在1984年和1988年的非汛期出现2次较大峰值，但整体仍表现为上升趋势；1995—2005年的10年间，氨氮持续下降；2005—2016年，氨氮基本稳定略有上升。从年内变化看，程海非汛期氨氮浓度较汛期略偏大。

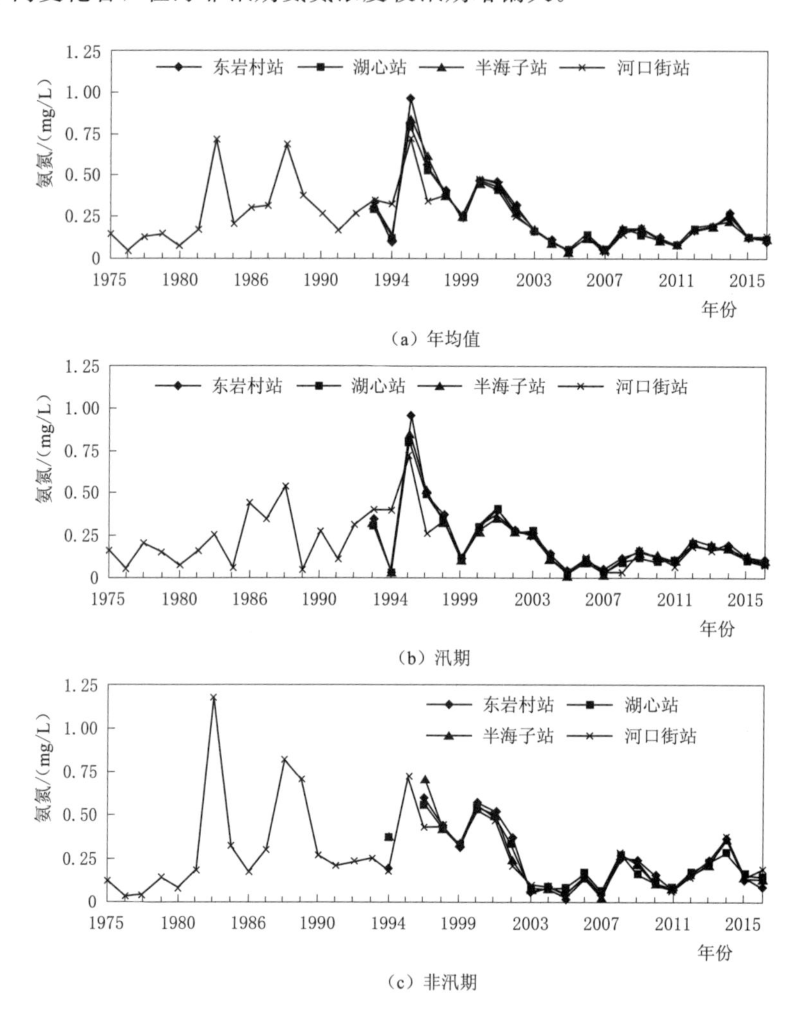

(a) 年均值

(b) 汛期

(c) 非汛期

图4.8 程海历年氨氮变化

从空间上看，程海湖心站和河口街站氨氮浓度相对较低、东岩村站和半海子站氨氮浓度相对较高。1993—2016年程海氨氮浓度多年平均值分别为：东岩村站0.25mg/L、湖心站0.23mg/L、半海子站0.25mg/L、河口街站0.23mg/L。

仙人河补水期间1993—1995年程海4个监测断面氨氮浓度是增加的，1995—1999年氨氮浓度持续下降，之后又出现上升趋势，2001年开始持续下降。补水期间，河口街站氨氮浓度相对较小。

2. 总氮

程海总氮监测始于2000年。从年际变化看，除2000年程海有3个水质监测断面（东岩村、湖心和河口街）总氮浓度超标外，其余16年程海总氮检测结果均满足Ⅲ类水质要求（图4.9），其中2000—2003年程海总氮浓度基本表现为下降趋势，自2003年总氮浓度逐年增加。从年内变化看，程海汛期总氮浓度略大于非汛期，说明程海总氮污染主要来自非点源。从空间上看，程海湖心总氮浓度相对较低。

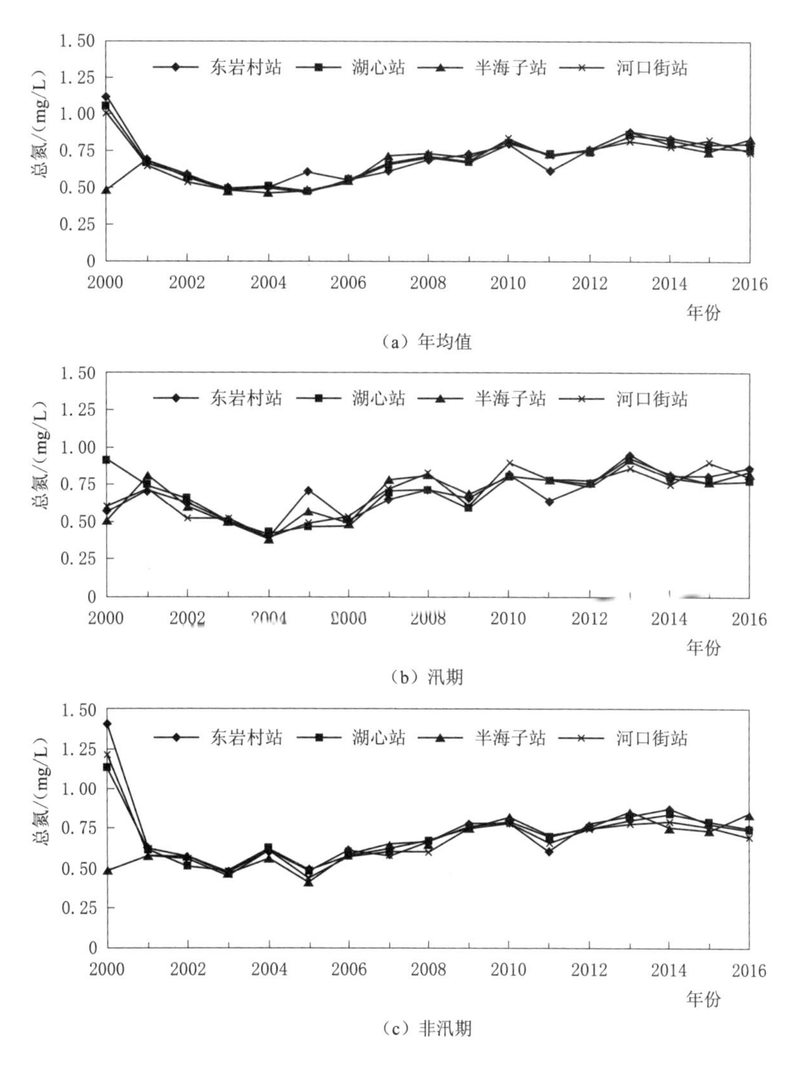

图4.9 程海历年总氮变化

3. 总磷

程海总磷监测始于1986年，监测断面为程海河口街。从年际变化看（图4.10），1986—2016年的30年间程海总磷基本表现为逐年增加趋势，其中1988—1993年，程海总磷基本稳定在0.01mg/L，1993—2000年仙人河引水补给程海期间，程海总磷浓度从不到0.01mg/L上升到0.04mg/L，2000—2016年基本稳定在0.03～0.035mg/L。从年内变化看，非汛期总磷浓度略大于汛期，且非汛期总磷多次超标（东岩村超标7次、河口街超标3次）。从空间上看，程海湖心总磷浓度相对较低。

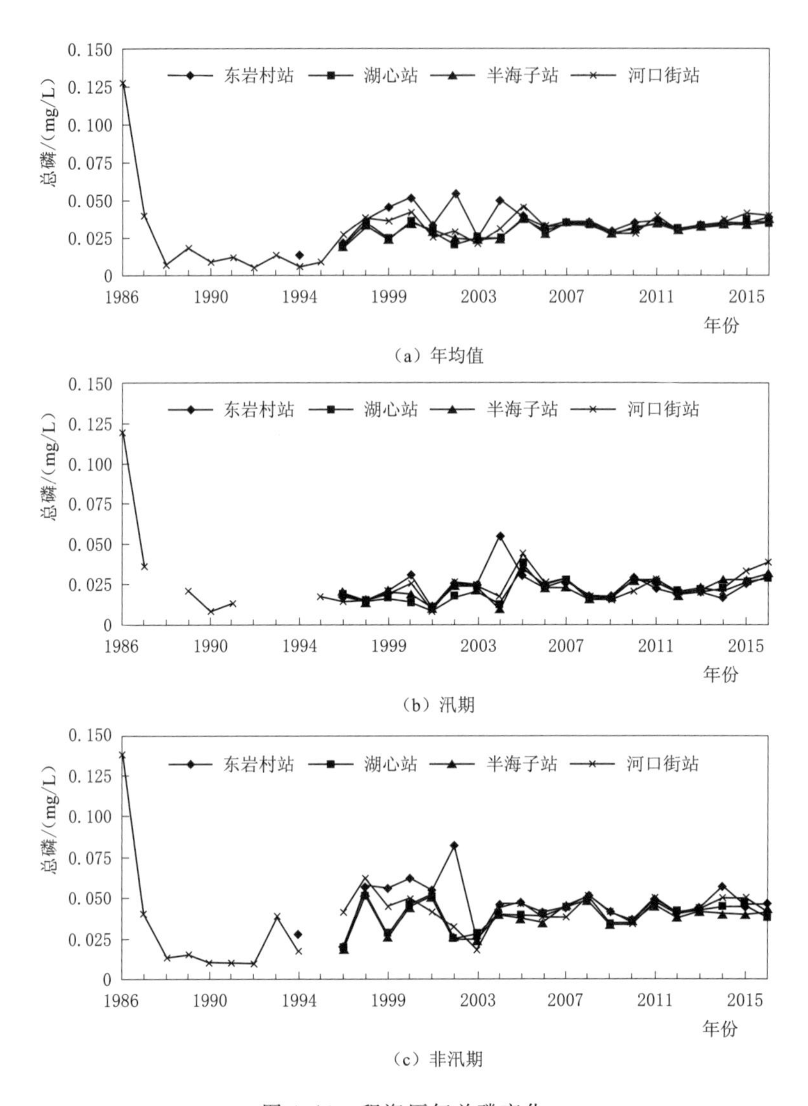

(a) 年均值

(b) 汛期

(c) 非汛期

图 4.10 程海历年总磷变化

仙人河补水期间 1993—2000 年除程海心总磷浓度有所减少外，其他 3 个监测断面浓度均为增加趋势。补水期间总磷未出现超标现象，且湖心总磷浓度相对较小。

4. 叶绿素 a

程海叶绿素 a 监测始于 2008 年，至 2016 年程海心站共有 9 年的监测历史，其他 3 个断面监测数据较少。从年际变化看（图 4.11），自 2009 年开始程海湖心叶绿素 a 浓度基本是逐年增加的，从年内变化看，非汛期叶绿素 a 浓度略大于汛期。

4.3.1.4 理化指标

1. 水温

程海水温监测始于 1975 年，监测断面为程海河口街。从年际变化看（图 4.12），1975—2016 年程海水温多年平均值接近 20℃。其中 1975—1992 年，河口街站水温上升幅

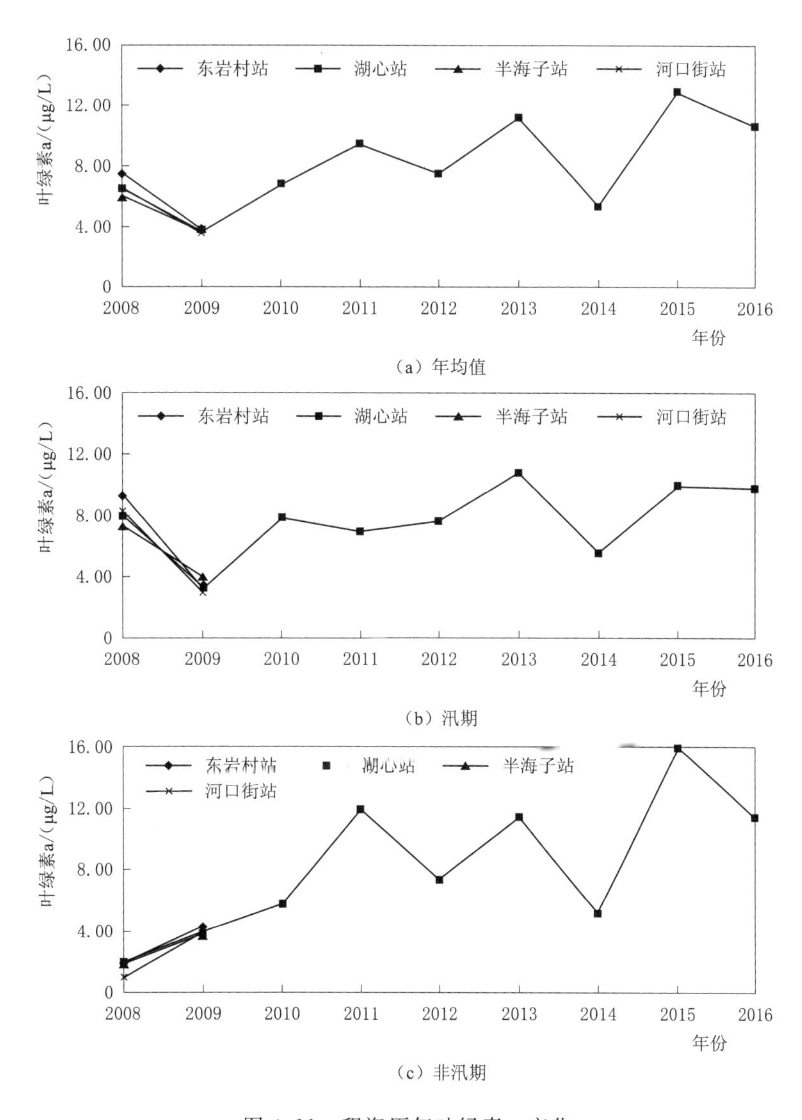

图 4.11 程海历年叶绿素 a 变化

度较大，从 16℃上升到超过 21℃，1992—1997 年 4 个监测断面水温基本都表现为下降趋势，1998—2016 年 4 个监测断面水温基本稳定在 19℃左右。从年内变化看，程海汛期水温平均比非汛期高 8℃（汛期多年平均值为 23.5℃，非汛期为 15.5℃）。从空间上看，程海水体水温空间差异不明显。

2. 透明度

程海透明度监测始于 2001 年。从年际变化看（图 4.13），2001—2016 年程海透明度大致经历了“上升—下降”的变化过程，其中 2001—2004 年，程海透明度逐年增加，2005 年程海透明度急剧下降到不足 2004 年的 1/3。从年内变化看，程海汛期透明度大于非汛期。从空间上看，程海水体透明度从北到南逐渐减小。

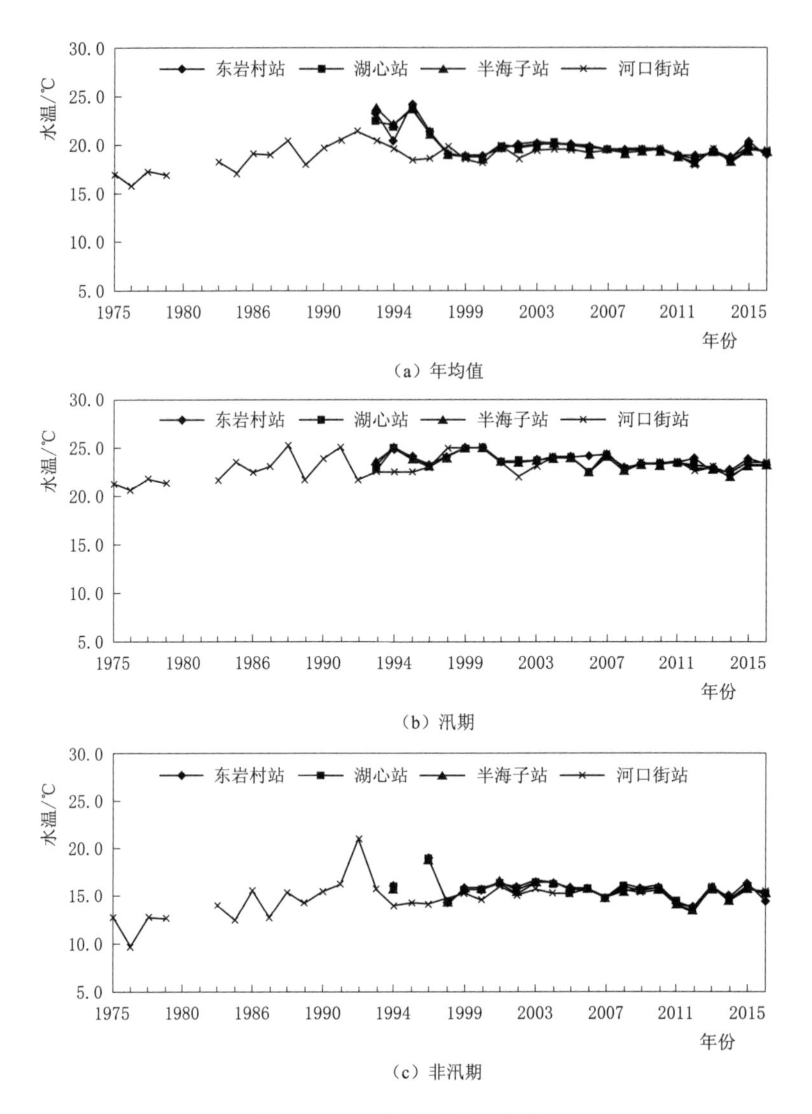

(a) 年均值

(b) 汛期

(c) 非汛期

图 4.12 程海历年水温变化

3. 电导率

电导率主要反应水体中的离子总量。程海电导率监测始于 1986 年，监测断面为程海河口街站。总体来看，程海电导率相对较高，全湖多年平均值超过 1000μS/cm。从年际变化看（图 4.14），程海（河口街断面）电导率大致经历了“下降—上升—稳定”的变化过程，其中 1986—1991 年程海河口街电导率从 877μS/cm 下降到 416μS/cm，1992 年又迅速上升至 970μS/cm；自 1993 年开始，4 个监测断面的电导率基本维持在 1000～1200μS/cm，近几年略有上升。从年内变化看，1993—2016 年程海非汛期电导率变化趋势较为显著，从 1994 年的 1365μS/cm 持续下降到 2003 年的 950μS/cm，然后又上升到 2016 年的 1227μS/cm。从空间上看，程海水体电导率空间差异不明显。

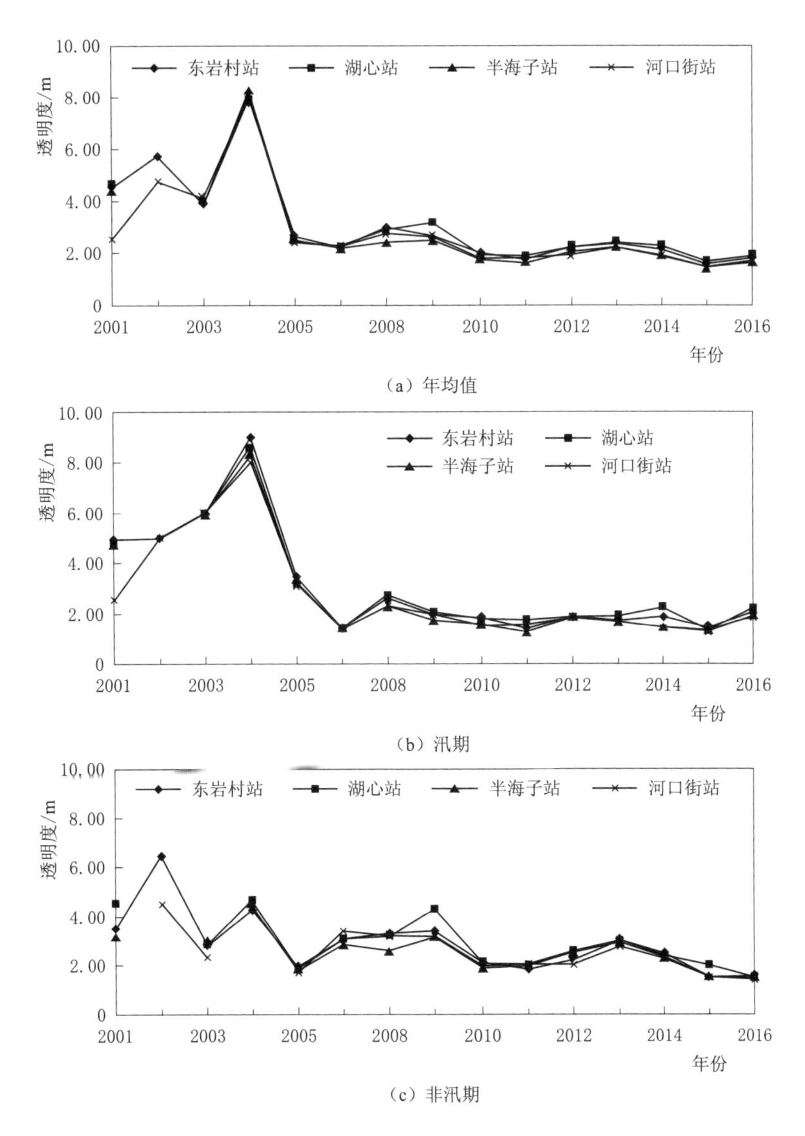

(a) 年均值

(b) 汛期

(c) 非汛期

图 4.13 程海历年透明度变化

1993—2000 年仙人河补水期间，程海 4 个监测断面电导率无明显变化，基本都为 900～1200μS/cm，多年平均值接近 1060μS/cm。补水期间，河口街站电导率相对较低，湖心站电导率相对较高。

4. 总碱度

程海总碱度监测始于 1975 年，监测断面为程海河口街。总体来看，除 1993—1995 年连续 3 年程海总碱度值低于 400mg/L 外，其余年份程海总碱度均超过 600mg/L（图 4.15）。从年际变化看，程海水体总碱度变化大致可分为 3 个阶段：①1975—1992 年的上升阶段，程海（河口街站）水体总碱度从 600mg/L 上升到近 800mg/L，其中 1975—1984 年为 650mg/L，1985—1992 年高达 760mg/L；②1993—1995 年的低值稳定阶段，连续 3 年总

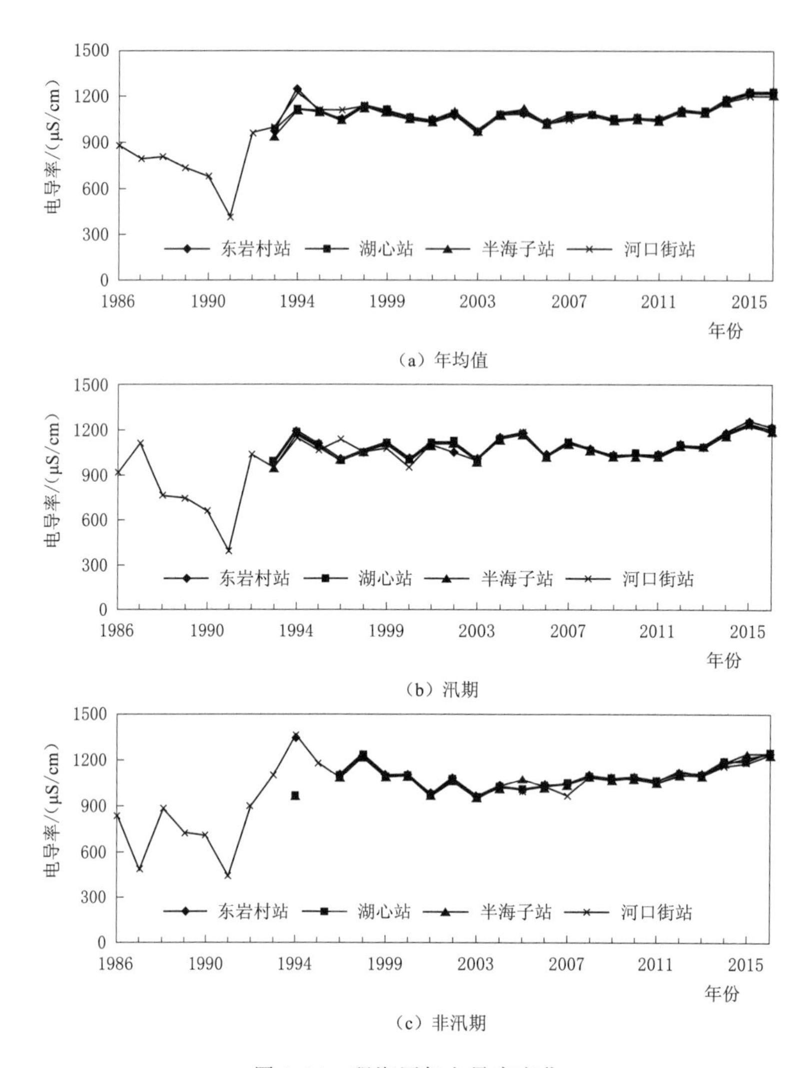

图 4.14 程海历年电导率变化

碱度低于 400mg/L，基本为 1985—1992 年的一半左右，推断可能与 1993 年仙人河补水有关；③1997—2016 年的缓慢上升阶段，10 年间从 630mg/L 上升到 730mg/L，仍低于 1985—1992 年的水平。从年内变化看，程海非汛期总碱度高于汛期。从空间上看，程海水体总碱度空间差异不明显。

仙人河补水期间 1993—1995 年程海总碱度突然下降至 380mg/L 左右（几乎是 20 世纪 80 年代的一半左右），1997 年突然上升到 660mg/L 左右，之后一直维持缓慢上升趋势。补水期间，河口街站总碱度相对较小。

5. 总硬度

程海总硬度监测始于 1975 年，监测断面为程海河口街。从年际变化看（图 4.16），程海水体总硬度变化过程与总碱度类似，也分为 3 个阶段：①1975—1985 年的上升阶段，10 年间程海（河口街站）总硬度从 250mg/L 上升到 300mg/L；②1986—1995 年

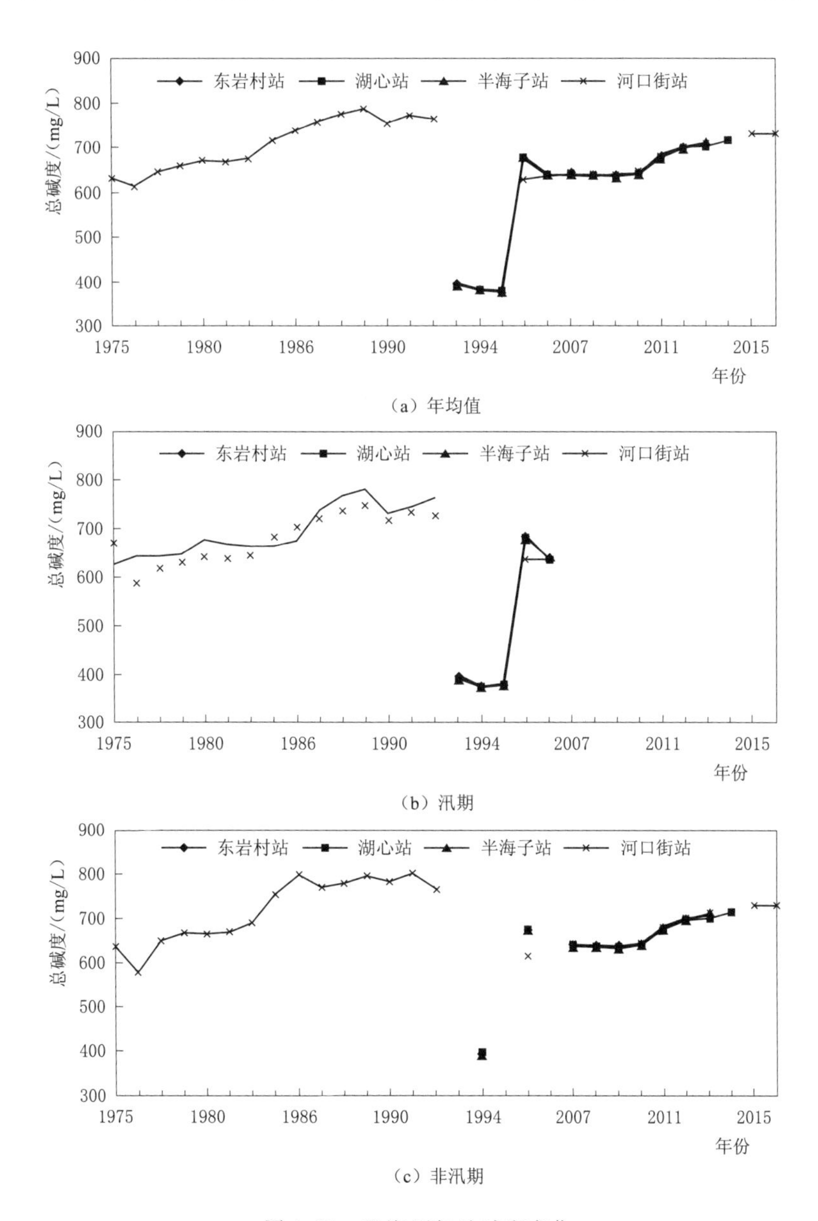

(a) 年均值

(b) 汛期

(c) 非汛期

图 4.15　程海历年总碱度变化

的低值稳定阶段，总硬度不足 170mg/L，其中 1993—1995 年 4 个监测断面的总硬度均出现低值，推断可能与 1993 年仙人河补水有关；③1997—2016 年的缓慢上升阶段，20 年间程海总硬度从 270mg/L 上升到 290mg/L，低于 1975—1985 年的水平。从年内变化看，程海非汛期总硬度略高于汛期。从空间上看，程海水体总硬度空间差异不明显。

仙人河补水期间 1993—1995 年程海总硬度基本维持在较低的水平（170mg/L），1997 年总硬度突然上升到 270mg/L 左右，之后总硬度基本保持缓慢下降趋势，直到 2004 年开始出现增加趋势。补水期间，河口街站总硬度相对较小。

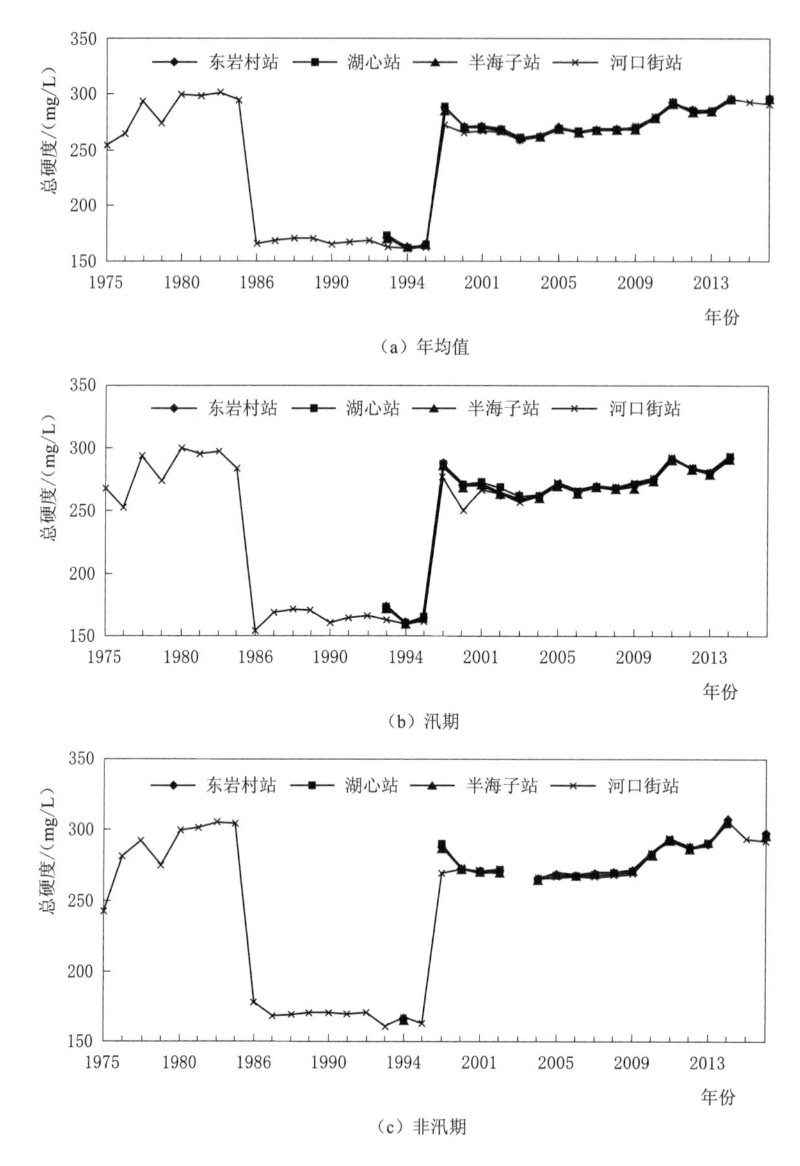

(a) 年均值

(b) 汛期

(c) 非汛期

图 4.16 程海历年总硬度变化

6. 钠离子

程海钠离子监测始于 2006 年。从年际变化看（图 4.17），近 10 年间（2006—2016 年）程海水体中钠离子波动较大，无明显变化趋势。从空间上看，程海水体钠离子浓度有从北到南逐渐降低的趋势，但半海子站钠离子含量高于湖心站，推断与螺旋藻养殖有关（螺旋藻养殖需添加烧碱 $NaHCO_3$ 调节 pH 值，因此钠离子浓度会有所增加）。

7. 重碳酸根离子

程海重碳酸根离子监测始于 1975 年，监测断面为程海河口街。从年际变化看（图 4.18），程海水体重碳酸根离子经历了“上升—下降”的波动变化过程。以河口街站监测断面为

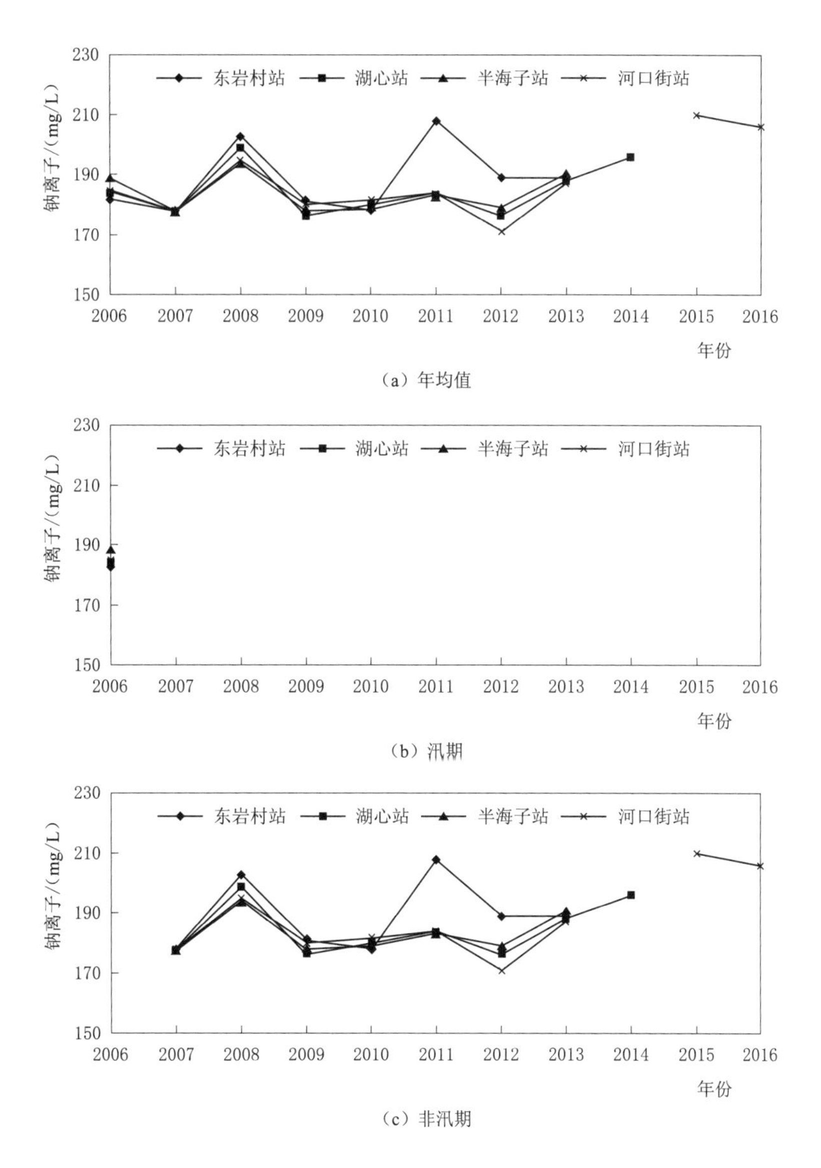

(a) 年均值

(b) 汛期

(c) 非汛期

图 4.17 程海历年钠离子变化

例，1975—1985 年的 10 年间程海重碳酸根离子从 525mg/L 上升至 625mg/L 左右，1986—1997 年的 10 年间重碳酸根离子又逐渐下降至 550mg/L，1998—2005 年无监测数据，2006—2009 年，程海重碳酸根离子从 600mg/L 下降到 570mg/L，2009—2013 年程海重碳酸根离子从 570mg/L 急剧上升到 700mg/L，之后又迅速下降至 2016 年的 590mg/L，基本恢复到 10 年前 2006 年的水平。从年内变化看，程海非汛期重碳酸根离子含量略大于汛期。从空间上看，程海河口街站碳酸根离子浓度相对较高。

仙人河补水期间 1993—1995 年程海 4 个监测断面重碳酸根离子保持下降趋势，1997 年重碳酸根离子突然上升。由于监测数据有限，无法进行详细分析。

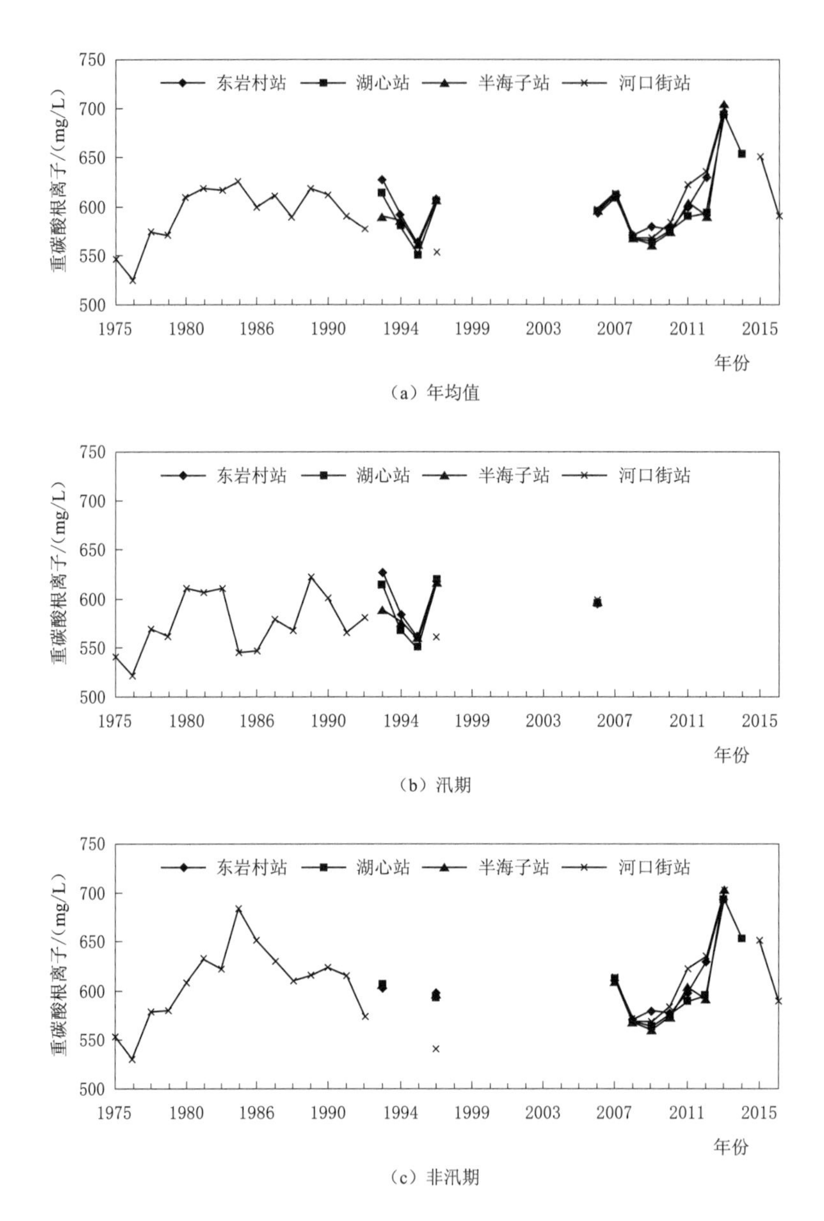

(a) 年均值

(b) 汛期

(c) 非汛期

图 4.18 程海历年重碳酸根离子变化

4.3.2 程海垂向特征水质指标变化趋势分析

为研究程海区不同深度水质指标变化情况，于 2016 年 8 月 23—24 日在程海区均匀布设了 14 个水质监测断面，其空间分布如图 4.19 所示，包括程海东岩村、程海湖心、程海半海子和程海河口街 4 个常规水质监测断面及 1～10 号断面。每个断面监测的初始位置均设置在水面下 0.5m 处，最大水深 24m，监测指标有水温、溶解氧、pH 值和电导率。

其中，记录的水温数据依次为水下 0.5m、2m、3m、4m、…、24m（间隔水深为

1m)。从监测结果看：程海区表层水温最高，所有断面的最高水温基本都集中在26～27℃，空间差异性不大，且随着水深的增加水温基本上都趋于下降趋势。由于各断面水深差别较大，因此最低水温存在较大的空间差异性，其中程海湖心以北断面水体相对较深（平均水深超过19m），最低水温17℃，程海湖心以南断面水体相对较浅（平均水深12m），最低水温23℃，南北最低水温相差高达6℃。

图4.20～图4.23所示分别为程海区监测断面水温、溶解氧、pH值和电导率垂向变化。从监测结果看，表层水体的溶解氧和pH值最大，随着水深的增加溶解氧和pH值逐渐减小，而电导率则随着水深的增加逐渐增大。从空间分布来看，北部湖区表层水体溶解氧（平均为7mg/L）与南部湖区（表层溶解氧平均为11mg/L）相比相对较小，水体底层溶解氧为2～3mg/L，空间差异不明显。湖区pH值空间差异不明显，表层水体pH值为9.4～9.5，底层水体pH值为9.3左右。电导率空间差异不明显，底层水体电导率与表层相比相差10μS/cm左右。

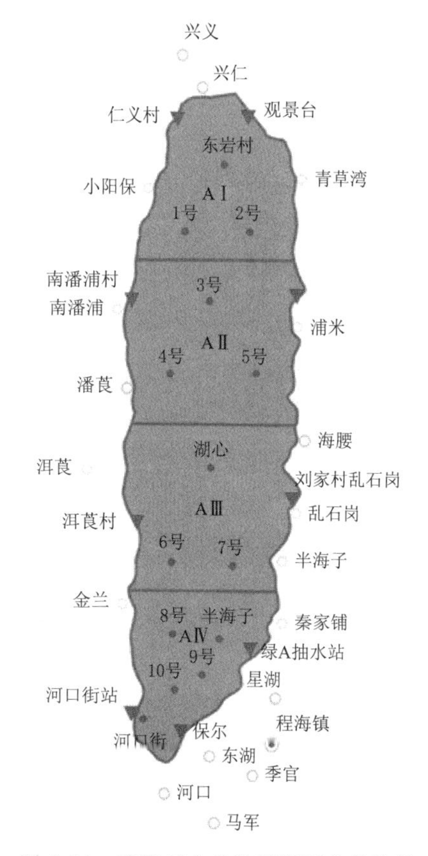

图4.19　程海区水质监测断面布设情况

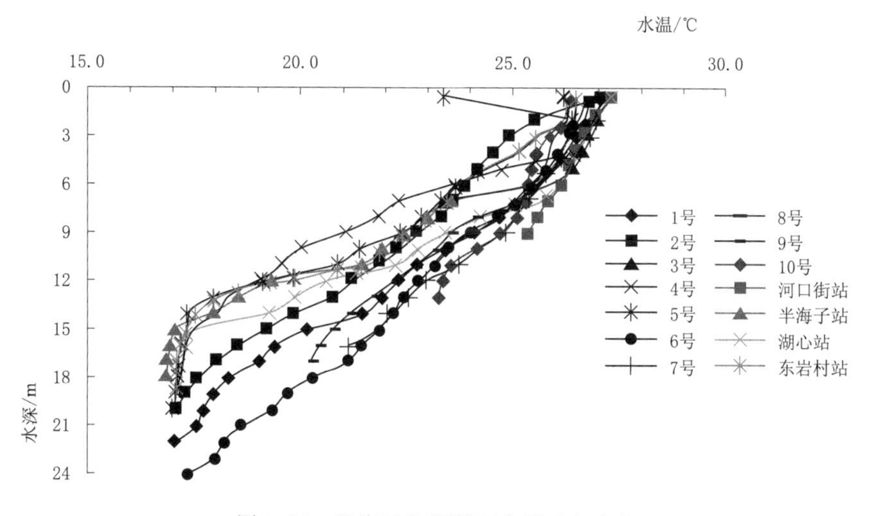

图4.20　程海区监测断面水温垂向变化

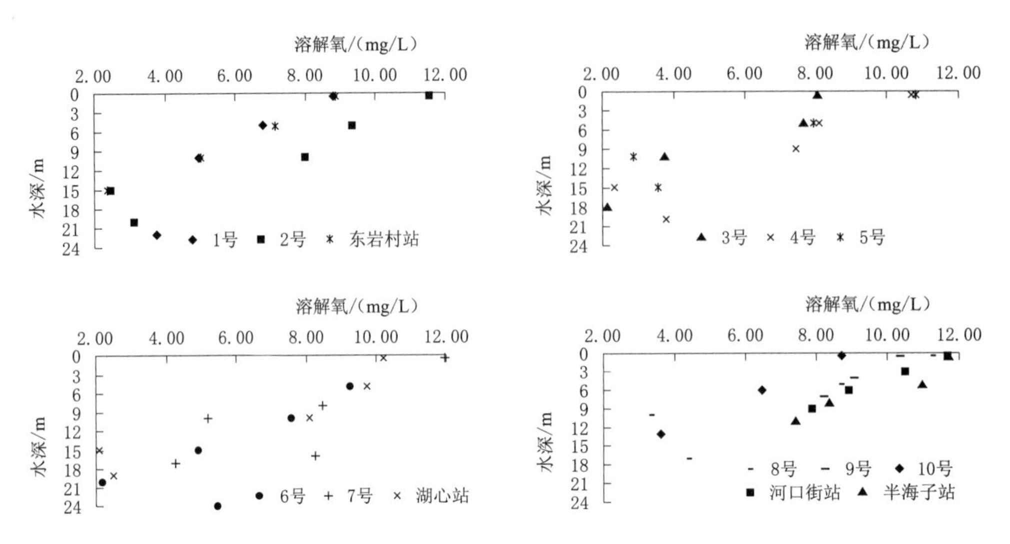

图 4.21 程海区监测断面溶解氧垂向变化

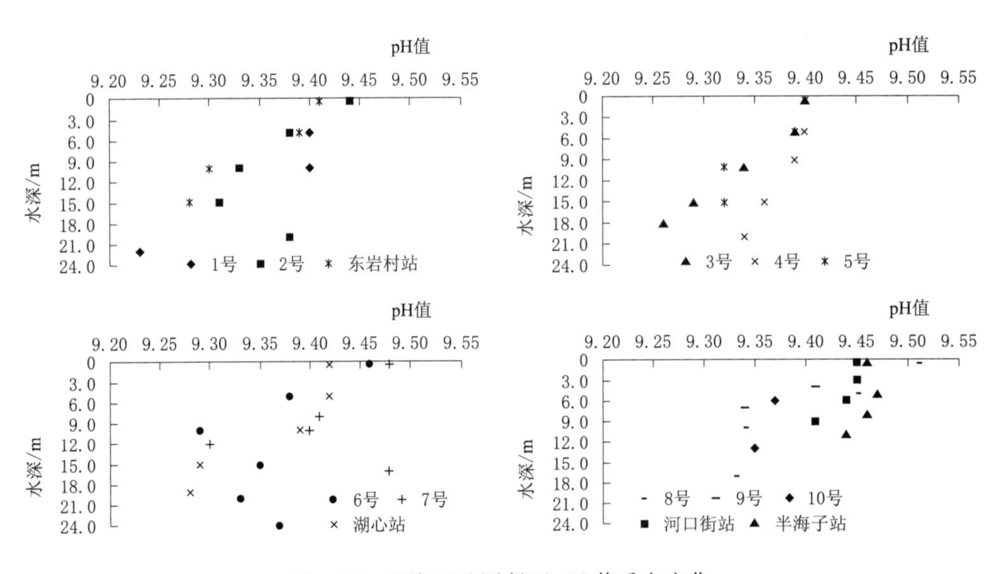

图 4.22 程海区监测断面 pH 值垂向变化

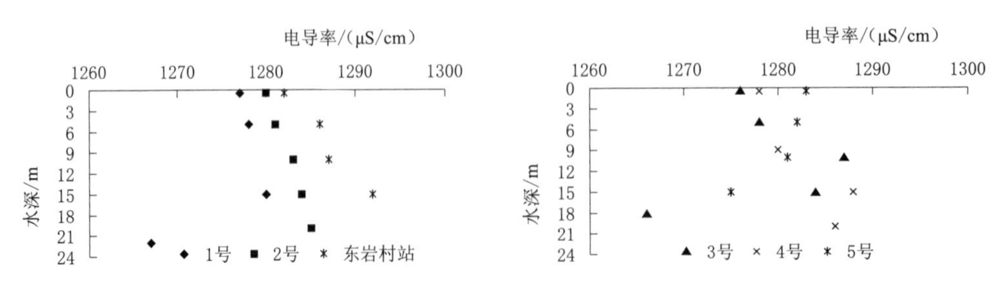

图 4.23（一） 程海区监测断面电导率垂向变化

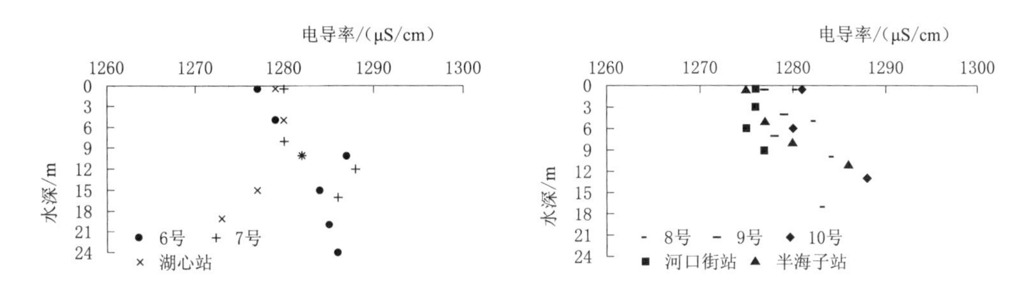

图 4.23（二） 程海区监测断面电导率垂向变化

4.3.3 程海富营养化变化趋势分析

分析程海近 40 年单项指标及综合营养状态指数变化趋势（图 4.24），从图中可以看出，近 40 年（1975—2016 年）程海的综合营养状态指数总体上表现为增加趋势，但未超过轻度富营养化的底限（$TLI=50$）。从单项指标的营养状态指数来看，TLI（Chl-a）、TLI（TN）和 TLI（TP）均出现了超过 50 的情况。因此，为了减少程海富营养化的风险，必须加强对程海藻类的监测，并严格控制流域氮磷营养盐的外源输入。

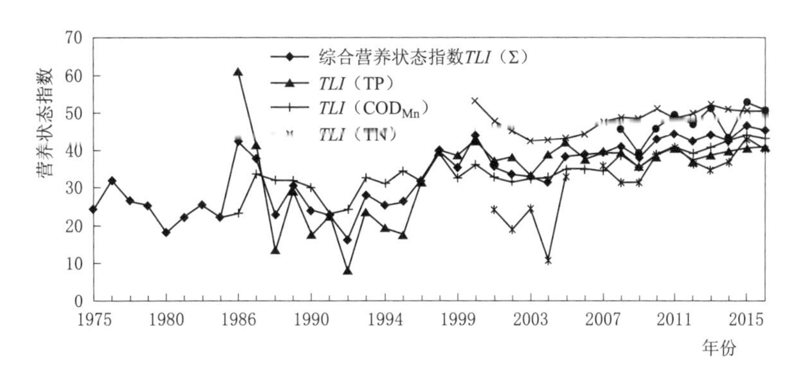

图 4.24 程海营养状态指数变化趋势

4.4 程海主要水质指标相关关系分析

4.4.1 程海水位与主要水质指标相关关系分析

4.4.1.1 水位与矿化度

鉴于矿化度指标在湖泊演化过程中的重要性，而程海水质监测指标中缺少矿化度指标，因此本研究以程海水体中各种阳离子和阴离子的量的总和来代替矿化度指标，试图反映程海水矿化度的历史演变过程。

从图 4.25 中可以看出，程海矿化度演化历史大致可分为三个阶段：①1975—1989 年，随着程海水位的逐年下降，矿化度是增加的；②1989—2002 年，程海水位迅速上升，矿化度则明显减少；③2002 年以后，程海水位急速下降，而矿化度则表现为急剧增加趋势，甚至超过 1000mg/L，湖水咸化趋势明显。

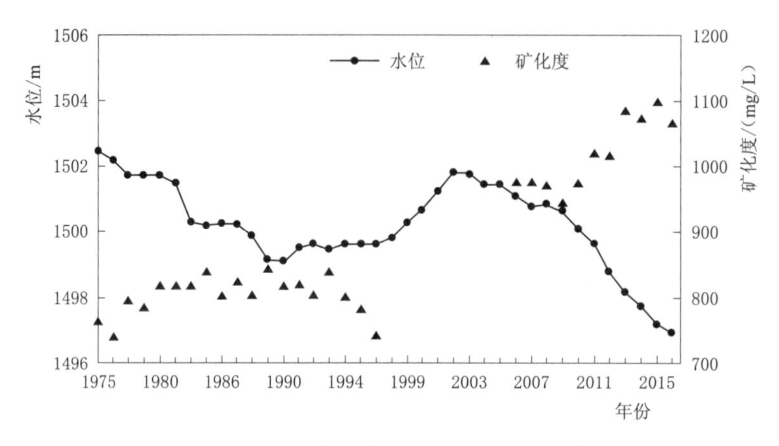

图 4.25 程海水位与矿化度年变化比较

4.4.1.2 水位与 pH 值

1. 年际变化

程海河口街站具有较完整的水位和 pH 值监测资料（1975—2016 年），如图 4.26 所示。整体来看，程海水位大致经历了“下降（1975—1990 年）—上升（1990—2002 年）—下降（2002—2016 年）”的变化过程，而 pH 值则经历了“上升（1975—1985 年）—波动（1985—2000 年）—上升（2000—2016 年）”的变化过程。随着程海水位的显著下降，pH 值基本表现为增加趋势，两者之间的相关系数为－0.59，说明程海水位与 pH 值呈中度负相关。

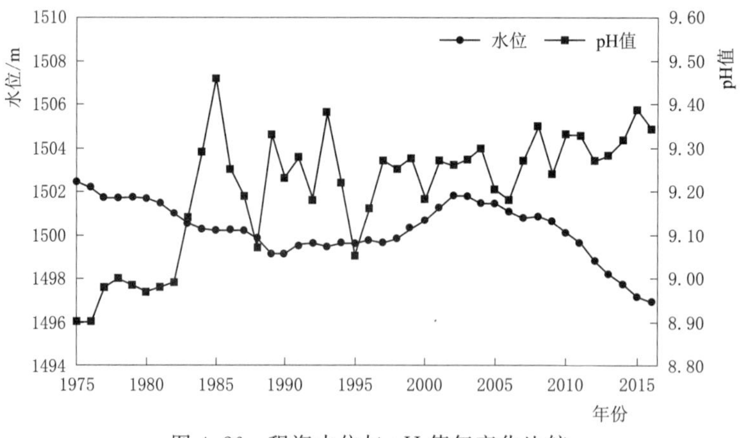

图 4.26 程海水位与 pH 值年变化比较

比较程海各时期的 pH 值和水位变化可以得到如下认识：

(1) 1975—1978 年，随着程海水位从 1502.46m 缓慢下降到 1501.7m（年均下降速度为 0.25m/a），pH 值从 8.9 上升到 9。

(2) 1978—1980 年，程海水位基本稳定在 1501.7m，pH 值稳定在 8.99。

(3) 1980—1990 年的 10 年间，程海水位从 1501.7m 持续下降到 1499.1m（年均下降速度为 0.26m/a），pH 值出现上下波动，多年平均值为 9.24。

(4) 1991—1997 年，程海水位基本稳定在 1499.6m，pH 值仍然表现为波动变化，但出现下降趋势。

(5) 1997—2002 年的 5 年间，程海水位从 1499.64m 持续上升到 1501.82m（年均上升速度为 0.44m/a），同期 pH 值也出现上升趋势。

(6) 2002—2016 年，程海水位从 1501.82m 持续下降到 1496.92m，14 年下降了 4.9m，年均下降速度为 0.35m/a，pH 值持续增加，多年平均值达 9.28。其中 2002—2007 年，仙人河停止补水后的 5 年中程海水位下降了 1.05m，年均下降速度为 0.21m/a，pH 值多年平均值为 9.24；2008—2016 年，程海水位快速下降，8 年下降了 3.94m，年均下降速度达 0.49m/a，同期 pH 值多年平均值增加到 9.31。

2. 月际变化

在仙人河补水的 8 年间（1993—2000 年），程海水位上升了 2m 多，平均每年上升 0.3m，尤其是 1998 年洪水之后，程海水位急剧上升［图 4.27 (a)］。类比同期程海 pH 值月变化发现，程海 pH 值变化较水位变化滞后约 4 个月［图 4.27 (b)］。

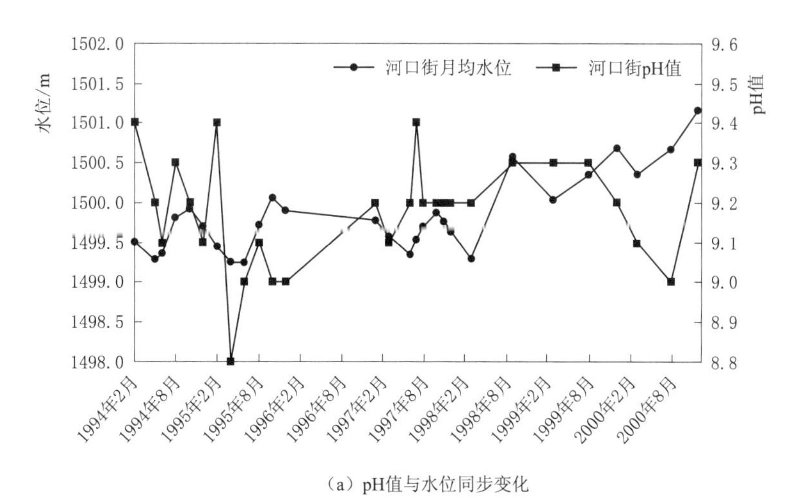

(a) pH值与水位同步变化

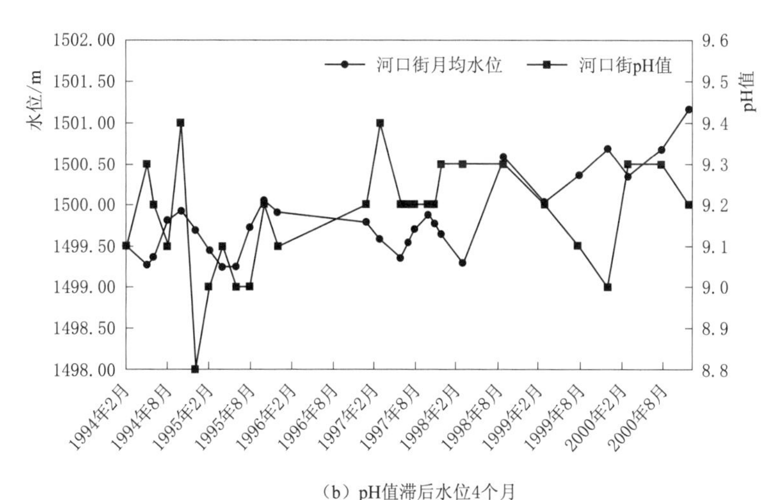

(b) pH值滞后水位4个月

图 4.27 程海水位与 pH 值月变化比较

4.4.1.3 水位与氟化物

分析对比程海1993—2016年的水位和氟化物指标发现：2002年开始，随着程海水位的逐年下降，氟化物基本保持上升趋势（图4.28），两者之间的相关系数为−0.66，说明程海水位与氟化物呈中度负相关。

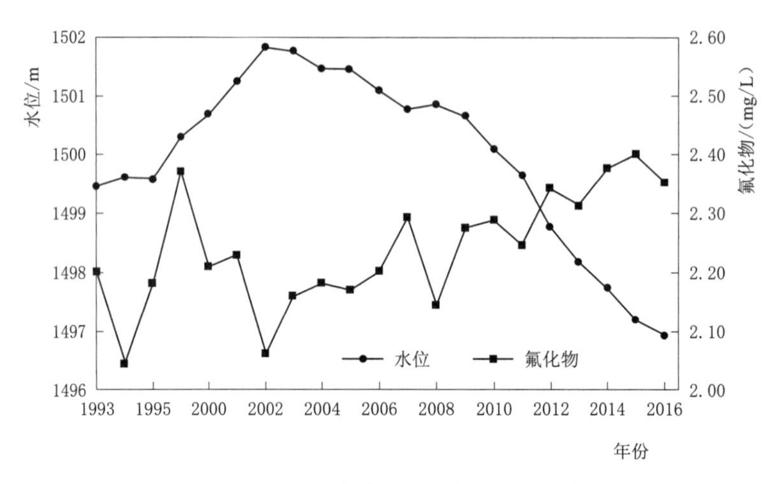

图4.28 程海水位与氟化物年变化比较

4.4.1.4 水位与总碱度

分析对比程海1975—2016年的水位和总碱度指标发现：1975—1992年随着程海水位的下降，总碱度逐年上升；同样1997—2016年随着程海水位的逐年下降，总碱度基本也保持上升趋势；1993—2000年仙人河补水期间，程海水位相对比较稳定，而总碱度仅有的3年数据（1993—1995年）同样也说明了在此期间程海总碱度为低值稳定状态（图4.29）。其中，1975—1992年两者之间的相关系数达−0.93，1997—2016年达−0.98，说明程海水位与总碱度呈显著负相关。

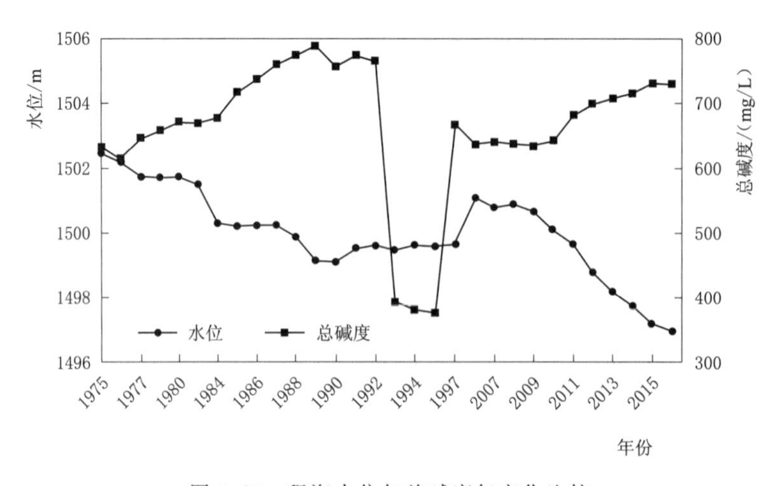

图4.29 程海水位与总碱度年变化比较

4.4.1.5 水位与总硬度

分析对比程海1975—2016年的水位和总硬度指标发现：1975—1985年随着程海水位的下降，总硬度基本表现为上升趋势；同样1997—2016年随着程海水位的逐年下降，总硬度同样也保持上升趋势；1986—1995年，程海总硬度保持在稳定的低值状态，而程海水位则经历了1986—1990年的下降、1990—1997年的上升变化（图4.30）。其中，1975—1985年两者之间的相关系数为−0.71，1997—2016年高达−0.90，说明程海水位与总硬度呈显著负相关。

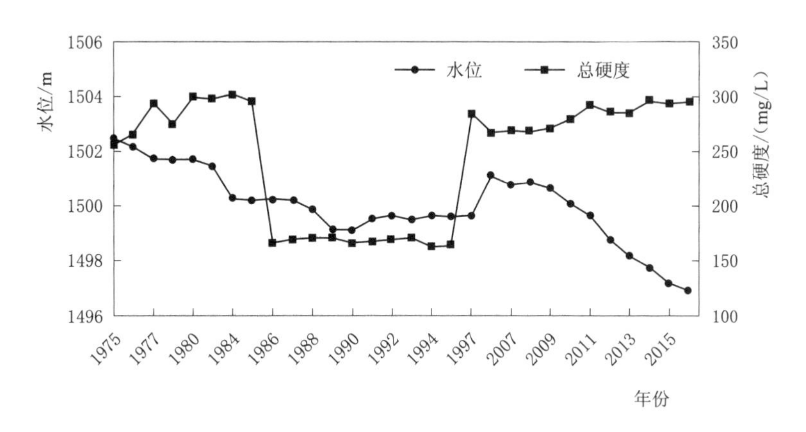

图4.30 程海水位与总硬度年变化比较

4.4.2 程海主要水质指标之间的相关关系分析

4.4.2.1 pH值与水质指标

1. pH值与水温

空气中的二氧化碳溶于水生成碳酸显弱酸性（pH<7），随着水温的增加碳酸发生分解，导致pH值增大。分析对比程海1975—2016年的水温和pH值数据发现：近40年随着水温的升高，pH值大体表现为增加趋势（图4.31），两者之间的相关系数为0.32，说明程海pH值与水温呈轻度正相关。

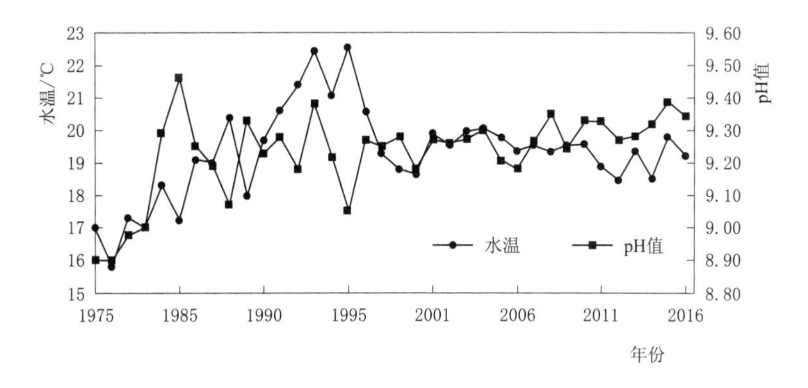

图4.31 程海pH值与水温年变化比较

2. pH 值与溶解氧

分析对比程海 1975—2016 年的溶解氧 DO 和 pH 值发现：随着程海 pH 值的增加，溶解氧基本也表现为增加趋势（图 4.32），两者之间的相关系数为 0.37，说明程海 pH 值与溶解氧呈轻度正相关。

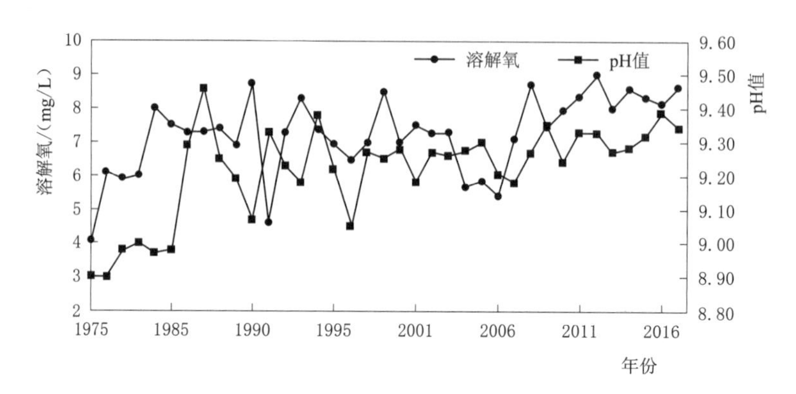

图 4.32 程海 pH 值与溶解氧年变化比较

3. pH 值与叶绿素 a

程海属弱碱性水体，有利于蓝藻生长和发育。蓝藻是一类含有叶绿素，具有放氧性光合作用的原核生物，具有较强趋光性，一般生活在水体的最表层，白天大量繁殖时会导致水体 pH 值超过 9.0。

分析对比程海 2008—2016 年的叶绿素 a 和 pH 值数据发现：2008—2016 年，程海 pH 值和叶绿素 a 基本都表现为波动上升趋势（图 4.33），两者之间的相关系数达 0.57，说明程海 pH 值与叶绿素 a 呈中度正相关。

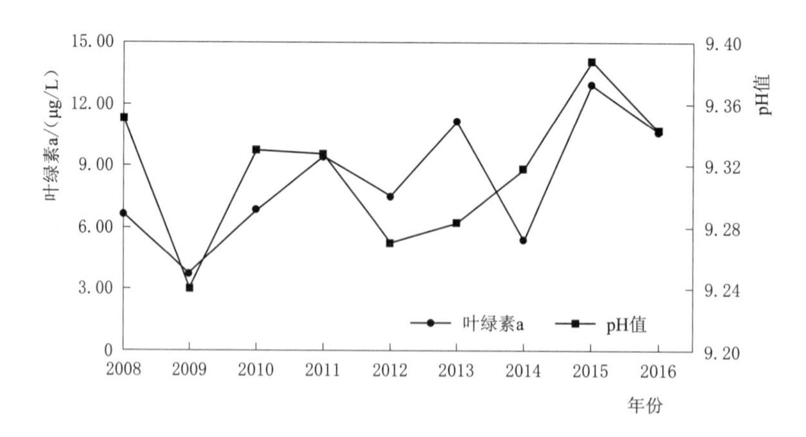

图 4.33 程海 pH 值与叶绿素 a 年变化比较

4. pH 值与总碱度

pH 值直接反映水中 H^+ 或 OH^- 的含量，而碱度是指水中能与强酸发生中和作用的物质的总量，包括强碱、弱碱、强碱弱酸盐等。一般情况下，碱度越大 pH 值就越大。

分析对比程海 1975—2016 年的总碱度和 pH 值数据：1975—1992 年随着程海 pH 值的增加，总碱度基本表现为上升趋势；同样 2006—2016 年随着程海总碱度和 pH 值的变化趋势基本也保持一致（图 4.34）。1975—1992 年两者之间的相关系数为 0.69，2006—2016 年为 0.50，说明程海 pH 值与总碱度呈中度正相关。

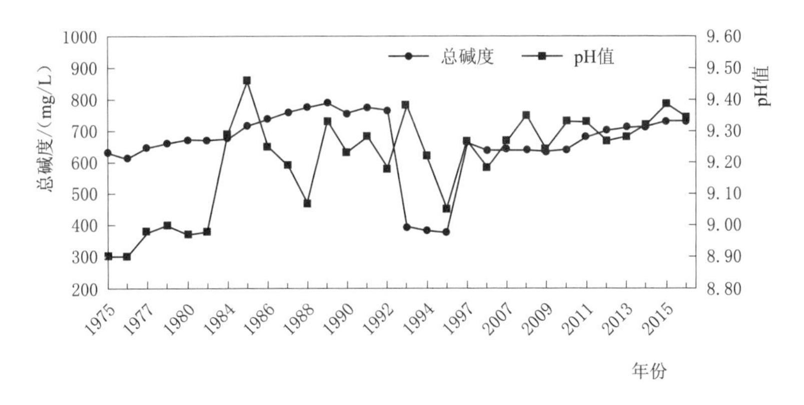

图 4.34 程海 pH 值与总碱度年变化比较

5. pH 值与氟化物

根据姜体胜（2012）、谢正苗等（1999）、李日邦等（1991）的研究成果，pH 值对于氟在水中的赋存状态有着决定作用。主要存在以下平衡：

$$Ca(OH)_2 \rightleftharpoons Ca^{2+} + 2OH^-$$

$$Ca^{2+} + 2F^- \rightleftharpoons CaF_2 \tag{4.27}$$

从上面的化学反应方程式中可以看出，在碱性、弱碱性水体中，Ca^{2+} 活度降低，随着 pH 值增大，Ca^{2+} 易与 OH^- 生成大量沉淀，减少了与 F^- 络合的机会，有利于含氟矿物质溶解，从而导致氟化物浓度增加。

分析对比程海 1993—2016 年的氟化物和 pH 值数据发现：随着程海 pH 值的增加，氟化物基本也表现为增加趋势（图 4.35），两者之间的相关系数为 0.39，说明程海氟化物与 pH 值呈轻度正相关。

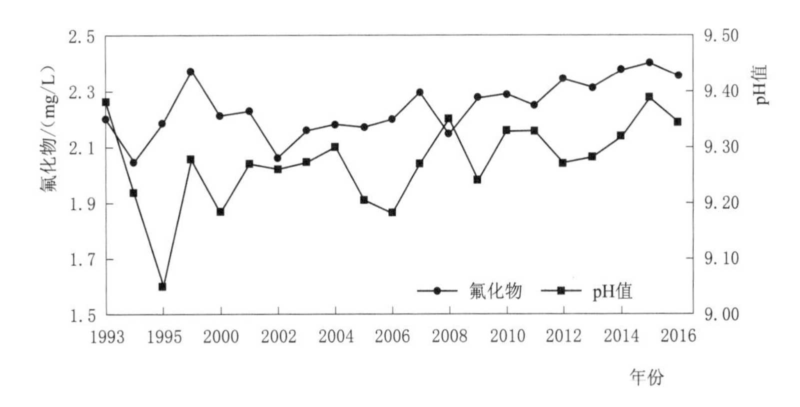

图 4.35 程海 pH 值与氟化物年变化比较

6. pH 值与总硬度

分析对比程海 1975—2016 年的总硬度和 pH 值数据发现：1975—1985 年随着程海 pH 值的增加，总硬度也表现为上升趋势；2006—2016 年两者同样也都保持增加趋势（图 4.36）。1975—1985 年两者之间的相关系数为 0.53，2006—2016 年为 0.59，说明程海 pH 值与总硬度呈中度正相关。

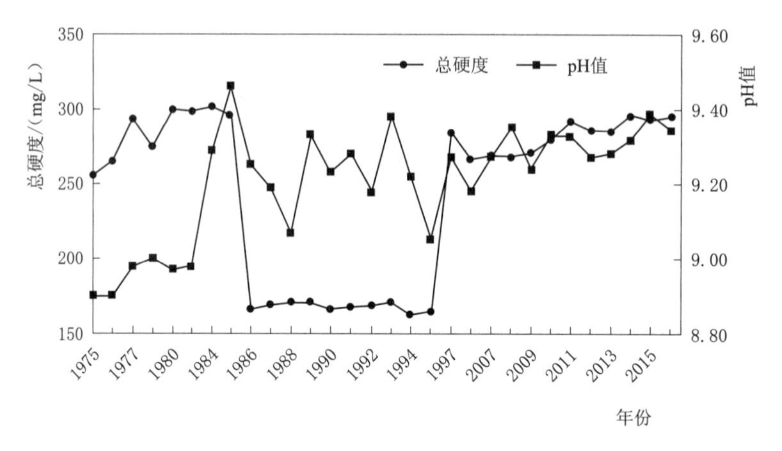

图 4.36 程海 pH 值与总硬度年变化比较

7. pH 值与钙离子

分析对比程海 1975—2016 年的钙离子和 pH 值数据发现：随着程海 pH 值的增加，钙离子浓度基本表现为减少趋势（图 4.37）。两者之间的相关系数为−0.62，说明程海 pH 值与钙离子呈中度负相关。

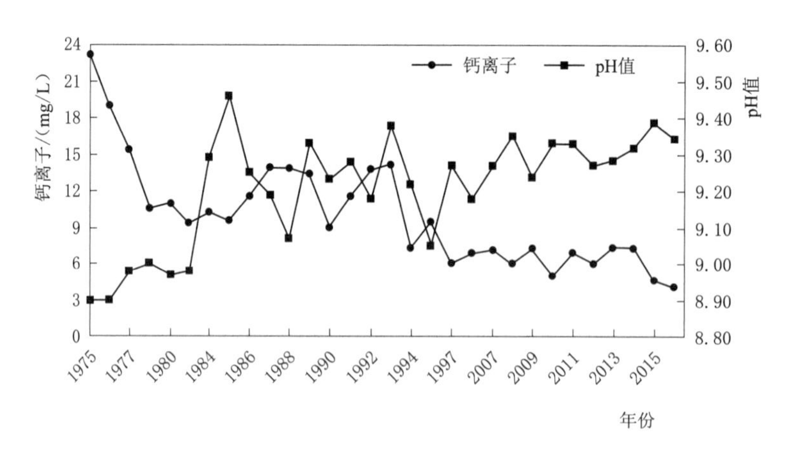

图 4.37 程海 pH 值与钙离子年变化比较

8. pH 值与钠离子

分析对比程海 2006—2016 年的钠离子和 pH 值数据发现：近 10 年来随着程海 pH 值的增加，钠离子浓度基本也表现为增加趋势（图 4.38）。两者之间的相关系数为 0.70，说明程海 pH 值与钠离子呈中度正相关。

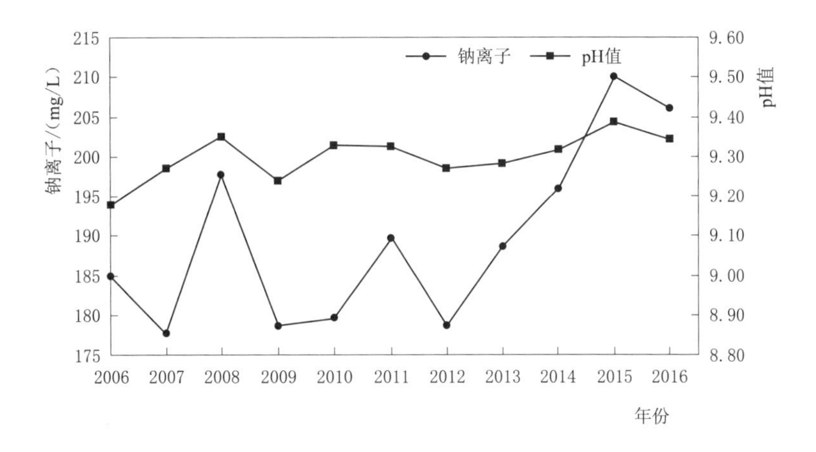

图 4.38 程海 pH 值与钠离子年变化比较

9. pH 值与重碳酸根离子

分析对比程海 1975—2016 年的重碳酸根离子和 pH 值数据发现：随着程海 pH 值的增加，重碳酸根离子浓度基本也表现为增加趋势（图 4.39）。两者之间的相关系数为 0.52，说明程海 pH 值与重碳酸根离子呈中度正相关。

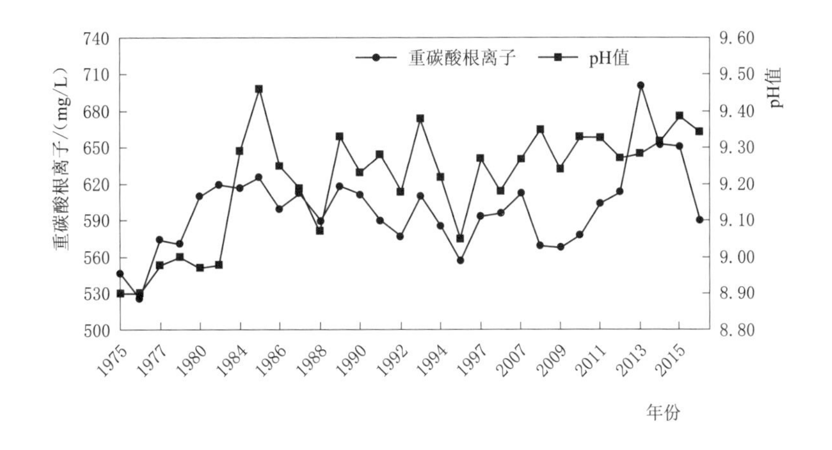

图 4.39 程海 pH 值与重碳酸根离子年变化比较

4.4.2.2 叶绿素 a 与水质指标

1. 叶绿素 a 与溶解氧

图 4.40 所示为程海 2008—2016 年叶绿素 a 和溶解氧月变化过程。从图中可以看出叶绿素 a、溶解氧均具有较明显的季节性变化。进一步分析发现，非汛期叶绿素 a 与溶解氧表现为显著正相关，相关系数高达 0.84，而汛期两者的相关系数仅为 0.13，说明非汛期程海叶绿素 a 受溶解氧影响较大。

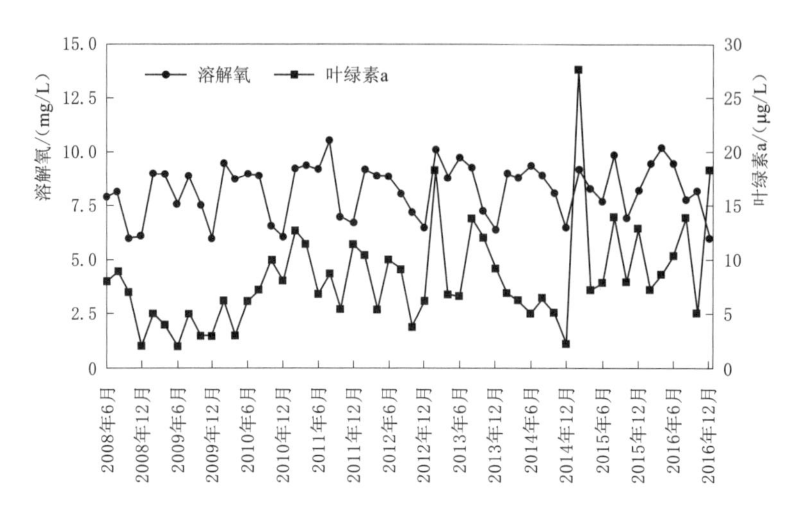

图 4.40 程海叶绿素 a 与溶解氧月变化比较

2. 叶绿素 a 与总氮、总磷

相关研究表明，叶绿素 a 的主要影响因子有：光照、溶解氧、营养盐氮磷等。图 4.41 和图 4.42 所示分别为程海 2008—2016 年叶绿素 a 与总氮、总磷的月变化过程。从图中可以看出叶绿素 a、总氮、总磷均具有较明显的季节性变化。进一步分析发现，汛期叶绿素 a 与总氮、总磷均表现为中度正相关，其相关系数分别为 0.71 和 0.59，而非汛期其相关系数仅为 0.22 和 0.19，说明汛期程海叶绿素 a 受氮、磷共同影响，即程海富营养化受氮磷共同限制。

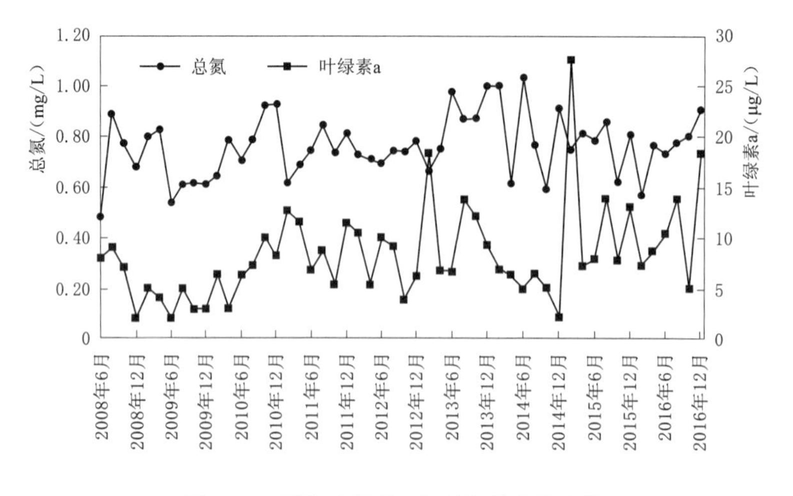

图 4.41 程海叶绿素 a 与总氮月变化比较

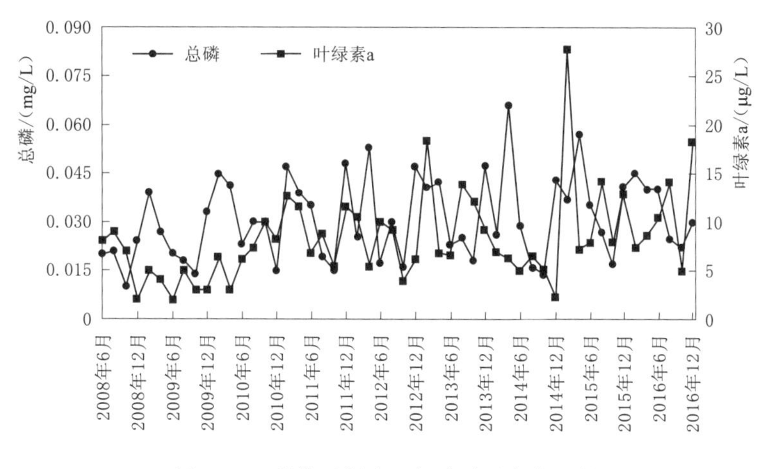

图 4.42 程海叶绿素 a 与总磷月变化比较

4.4.2.3 其他水质指标之间相关关系分析

1. 氟化物与钙离子

根据式（4.27）可以看出，氟化物浓度随着 Ca^{2+} 浓度的增加而减少。分析对比程海1993—2016年的氟化物和钙离子浓度数据发现：程海钙离子浓度随着氟化物浓度的增加而逐渐减少（图 4.43）。两者之间的相关系数为−0.40，说明程海氟化物与钙离子呈轻度负相关。

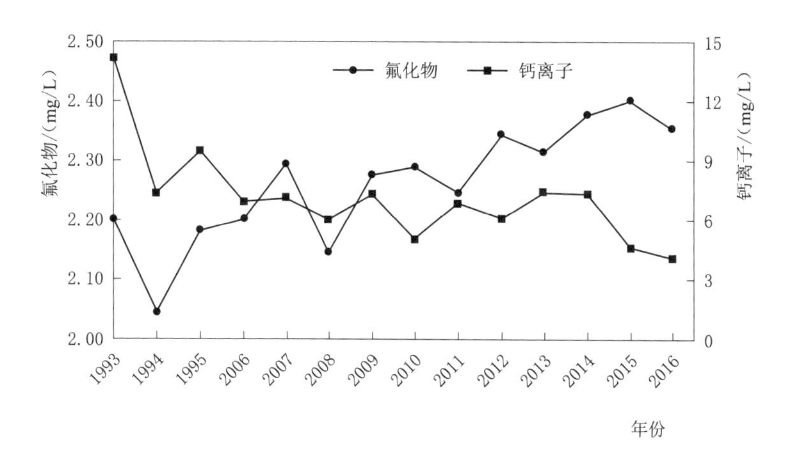

图 4.43 程海氟化物与钙离子年变化比较

2. 总碱度与总硬度

分析对比程海 1975—2016 年的总碱度和总硬度数据发现：1975—1985 年程海总碱度和总硬度均表现为上升趋势；1993—2016 年两者同样也都保持增加趋势（图 4.44）。1975—1985 年两者之间的相关系数为 0.73，1993—2016 年则高达 0.99（其中 2006—2016 年达 0.91），说明程海总碱度与总硬度呈显著正相关。

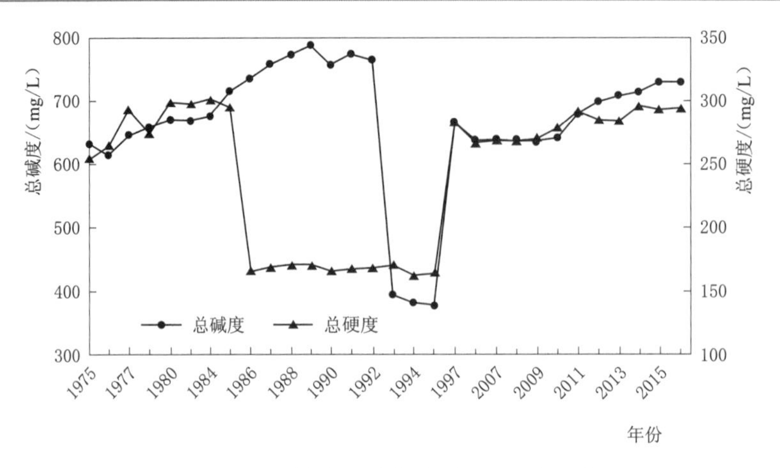

图 4.44 程海总碱度与总硬度年变化比较

4.5 程海沉积物环境质量研究

程海与墨西哥的特斯科科湖及非洲的乍得湖并称为螺旋藻的三大天然产地，其中云南绿A生物工程有限公司（以下简称“绿A公司”）螺旋藻基地为程海流域最大的螺旋藻生产基地。为了研究程海的沉积物状况以及螺旋藻生产对湖泊环境的影响，2017年3月在程海东南部布设了10个采样点（图 4.45），具体方案如下：①监测点位：1号、3号、6号和9号位于绿A公司附近，距离岸边约50m，其他点等间距向湖心扩展，10号为对照点；②样品采集：所有采样点（1～10号）均采集表层样（水面以下15cm以内），其中7号、8号和10号采集柱状样；③监测指标：共13个，包括含水量、pH值、镉、汞、砷、铜、铅、铬、锌、镍、全氮、全磷和有机质。

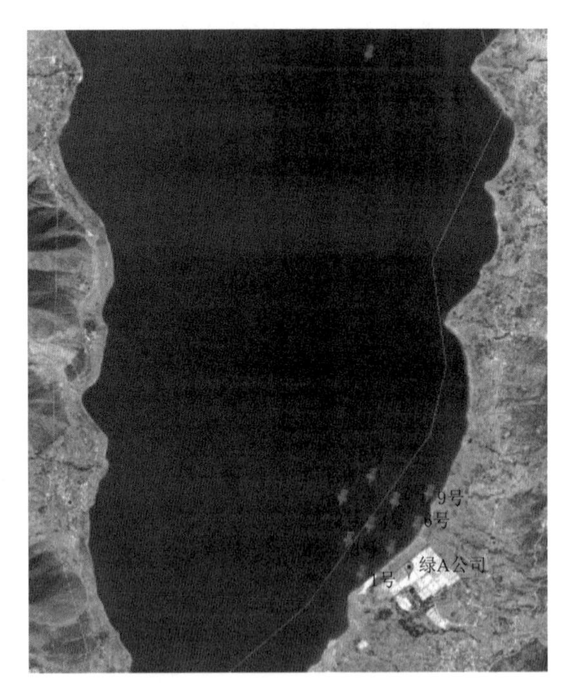

图 4.45 程海沉积物监测点

参照《土壤环境质量农用地土壤污染风险管控标准》（GB 15618—2018）对程海沉积物监测结果进行评价，见表 4.9。整体来看，程海沉积物总体上满足土壤环境质量二级标准。就监测指标而言，所有监测点的砷、铜、铅、铬和锌5个指标均满足土壤环境质量一级标准；除10号表层汞指标满足土壤环境质量二级标准外，其他监测点的汞指标均满足土壤环境质量一级标准；所有监测点的pH值指标均满足土壤环境质量二级标准，且从垂向上看，表层pH值相对较高。

表 4.9 程海沉积物评价结果

测点编号		1号表层	2号表层	3号表层	4号表层	5号表层	6号表层	7号表层	7号中层	7号下层	8号表层	8号中层	8号下层	9号表层	10号表层	10号上层	10号下层
东经		100°40′18″	100°40′16″	100°40′31″	100°40′27″	100°40′25″	100°40′41″	100°40′38″			100°40′39″			100°40′46″	100°40′11″		
北纬		26°29′2″	26°29′5″	26°29′11″	26°29′13″	26°29′16″	26°29′19″	26°29′21″			26°29′23″			26°29′30″	26°30′33″		
pH值	监测值	9.38	9.46	9.50	9.28	9.42	9.39	9.36	9.37	9.26	9.38	9.35	9.36	9.43	9.37	9.41	9.07
	评级结果	二级	二级	二级	二级	二级	二级	二级	二级	二级	二级	二级	二级	二级	二级	二级	二级
总镉/(mg/kg)	监测值	<0.01	<0.01	<0.01	<0.01	<0.01	0.204	0.202	<0.01	<0.01	<0.01	0.204	<0.01	<0.01	<0.01	<0.01	<0.01
	评级结果	一级	一级	一级	一级	一级	二级	二级	一级	一级	一级	二级	一级	一级	一级	一级	一级
总汞/(mg/kg)	监测值	0.050	0.055	0.107	0.120	0.095	0.092	0.048	0.106	0.043	0.020	0.006	0.021	0.043	0.208	0.061	0.037
	评级结果	一级	一级	一级	一级	一级	一级	一级	一级	一级	一级	一级	一级	一级	二级	一级	一级
总砷/(mg/kg)	监测值	8.20	9.04	8.41	6.77	7.54	6.40	5.47	6.15	7.06	8.01	7.68	6.85	8.28	7.03	6.46	5.62
	评级结果	一级	一级	一级	一级	一级	一级	一级	一级	一级	一级	一级	一级	一级	一级	一级	一级
总铜/(mg/kg)	监测值	27.1	25.3	27.0	30.3	30.4	32.7	34.4	32.4	30.3	34.1	34.6	32.7	25.9	28.3	24.3	25.9
	评级结果	一级	一级	一级	一级	一级	一级	一级	一级	一级	一级	一级	一级	一级	一级	一级	一级
总铅/(mg/kg)	监测值	2.71	3.11	3.53	3.03	3.04	2.86	3.64	3.24	2.82	2.61	3.26	2.66	2.79	2.83	3.24	3.38
	评级结果	一级	一级	一级	一级	一级	一级	一级	一级	一级	一级	一级	一级	一级	一级	一级	一级

续表

测点编号		1号表层	2号表层	3号表层	4号表层	5号表层	6号表层	7号表层	7号中层	7号下层	8号表层	8号中层	8号下层	9号表层	10号表层	10号上层	10号下层
东经		100°40′18″	100°40′16″	100°40′31″	100°40′27″	100°40′25″	100°40′41″	100°40′38″			100°40′39″			100°40′46″	100°40′11″		
北纬		26°29′2″	26°29′5″	26°29′11″	26°29′13″	26°29′16″	26°29′19″	26°29′21″			26°29′23″			26°29′30″	26°30′33″		
总铬/(mg/kg)	监测值	59.2	55.6	59.0	78.8	74.6	58.0	68.1	65.9	64.3	71.9	70.2	60.3	47.4	54.6	54.7	53.8
	评级结果	一级	一级	一级	一级	一级	一级	一级	一级	一级	一级	一级	一级	一级	一级	一级	一级
总锌/(mg/kg)	监测值	42.6	42.8	49.8	46.4	44.6	63.3	72.9	48.5	54.5	60.2	59.1	61.3	37.9	36.3	24.3	29.9
	评级结果	一级	一级	一级	一级	一级	一级	一级	一级	一级	一级	一级	一级	一级	一级	一级	一级
总镍/(mg/kg)	监测值	38.8	37	35.3	38.4	40.5	44.9	46.6	44.5	42.4	46.1	44.8	49.0	39.9	36.3	32.4	31.8
	评级结果	一级	一级	一级	一级	二级	二级	二级	二级	二级	二级	二级	二级	一级	一级	一级	一级
含水量/(g/kg)		5.69	6.51	7.59	5.51	8.81	7.89	9.25	9.45	7.54	9.16	6.41	8.26	6.79	8.55	5.68	7.17
全氮(湖库)/(g/kg)		0.92	0.84	1.20	1.19	1.39	1.45	1.43	1.32	0.77	1.44	1.18	0.88	0.78	1.05	0.69	0.50
全磷(湖库)/(g/kg)		0.61	0.56	0.69	0.67	0.72	0.85	0.75	0.77	0.72	0.76	0.74	0.74	0.69	0.61	0.48	0.49
有机质/(g/kg)		14.7	13.7	16.8	16.4	20.0	17.5	17.2	17.9	10.4	18.6	17.3	15.3	9.2	14.9	6.4	7.5
综合评价结果		二级	二级	二级	二级	二级	二级	二级	二级	二级	二级	二级	二级	二级	二级	二级	二级

4.6 本章小结

基于程海4个监测断面（东岩村、湖心、半海子和河口街）近40年的水环境监测数据，分析了程海主要水质指标的变化趋势以及水位、水质指标之间存在的相关关系。主要结论如下：

（1）程海现状各水期水质均较差，为劣Ⅴ类，超标项目是pH值和氟化物，根据历史资料分析，pH值和氟化物指标较高的原因主要是天然背景值较高，同时也受到程海水量长期持续性减少，水体浓缩作用的影响。如果pH值和氟化物不参评，程海满足水功能区（程海永胜渔业、工业用水区）Ⅲ类水质目标要求。从营养状况来看，程海属中营养，但存在一定的富营养化风险。程海沉积物满足土壤环境质量二级标准。

（2）从年内变化看，汛期程海pH值、氟化物、溶解氧、水温、透明度、总氮浓度大于非汛期，非汛期高锰酸盐指数、氨氮、总磷、叶绿素a、总碱度、总硬度、重碳酸根离子浓度大于汛期。1993—2000年仙人河补水期间，程海除总碱度、总硬度出现显著下降趋势外，其他指标变化趋势不明显。

从空间上看，程海水体pH值、氟化物、溶解氧、氨氮、钠离子、透明度有自北向南逐渐减小的趋势；总氮、总磷浓度湖心相对较低；南部碳酸根离子浓度相对较高；水温、高锰酸盐指数、电导率、总碱度、总硬度等空间差异不明显。

沿水深方向看，随着水深的增加溶解氧和pH值逐渐减小，而电导率则随着水深的增加逐渐增大。从空间分布看，湖区pH值、电导率空间差异不明显，但北部湖区表层水体溶解氧小于南部湖区，底层水体溶解氧空间差异不明显。

（3）程海水位、敏感水质指标之间存在一定的相关关系：①程海水位与pH值、氟化物呈中度负相关，与总碱度、总硬度呈显著负相关；②程海pH值与水温、溶解氧、氟化物呈轻度正相关，与叶绿素a、钠离子、重碳酸根离子、总碱度、总硬度呈中度正相关；③程海氟化物与pH值呈轻度正相关，与钙离子呈轻度负相关；④非汛期程海叶绿素a与溶解氧呈显著正相关，汛期叶绿素a与总氮、总磷呈中度正相关；⑤程海总碱度与总硬度呈显著正相关。

第5章　程海水盐动态演化及其生态效应研究

本章重点分析程海水量和盐度的演变规律及其所带来的生态效应，主要研究内容包括：①构建高原内陆湖泊水盐平衡计算方法；②基于构建的水盐平衡模型，开展程海水盐平衡分项计算及合理性分析，并对程海长时间序列的水盐平衡演变规律进行研究；③针对程海水盐平衡演变规律，开展程海水盐动态演变成因分析和不确定分析研究；④以程海藻类为研究对象，开展程海水盐动态演变及其对生态系统影响研究。

5.1　程海水盐平衡模型构建

5.1.1　基础数据来源

由于程海缺乏连续的水文气象监测数据，河口街站成了该流域唯一一个具有连续水文气象数据的站点。同时，考虑到程海流域降水量和蒸发量的空间异质性并不明显，因此，本书选择河口街站的日值降水量、蒸发量和水位值作为程海水盐平衡的基础数据。湖泊取水数据来自2015年流域水资源管理部门环湖26个取水站的统计数据。程海降水、地表径流和地下水交换中所含的盐度通过实地采样监测和文献调研来获取，并利用YSI EXO2在程海不同区域开展垂向pH值监测工作。2006—2016年程海表层（0～2m）盐度和叶绿素a数据由云南省水文水利部提供。

5.1.2　水位-湖容关系曲线构建

程海水下地形高程信息来源于丽江市相关部门现场实测数据，采用Krigng插值方法转化为栅格数据模型（GRID），通过计算得到程海水位与湖面面积、水位与湖区库容关系曲线，结果如图5.1（a）所示。程海水下地形空间分布如图5.2（b）所示，可以看出，程海水下地形波动范围为1466.1～1502.0m，水下地形最深处出现在程海西部地区。

为了验证该水下实测地形数据的准确性以及插值效果的合理性，利用1970—2016年10期的Landsat影像数据以及丽江市相关部门提供的2006—2016年历年最高水位-湖面面积-湖体库容关系曲线进行湖面面积和湖体库容的相对误差计算，结果表明，多年平均湖面面积相对误差为1.58%，多年平均湖区库容相对误差为2.83%，因此，可以说明本书得到的水位-湖面面积-湖区库容曲线精度较高，可以用于后续的程海水量平衡分析及相关计算。

5.1.3　水盐耦合平衡模型构建

本书构建的高原内陆湖泊水盐耦合平衡数学模型包含两个质量平衡方程：一是水量平衡方程；二是盐度平衡方程。所构建的高原内陆湖泊水盐耦合平衡模型的允许相对误差要

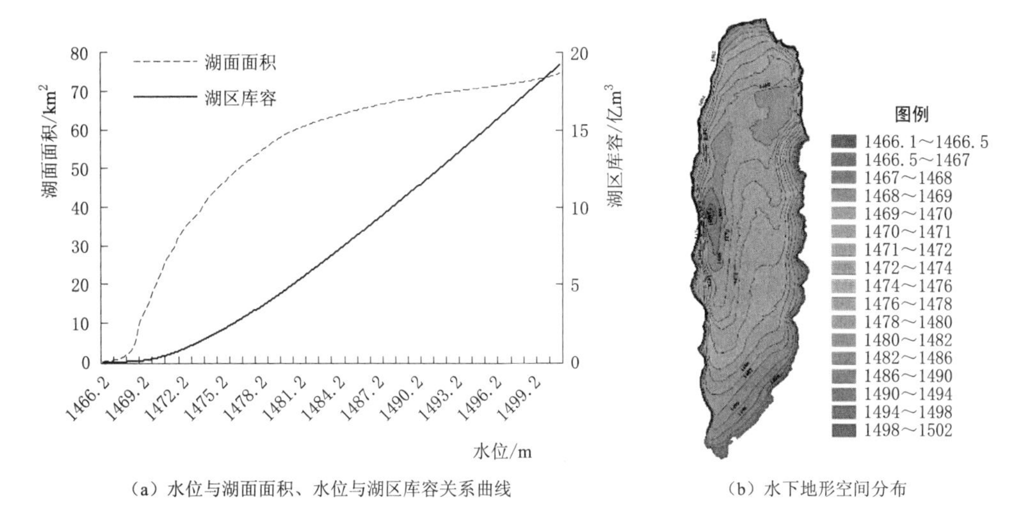

(a) 水位与湖面面积、水位与湖区库容关系曲线　　(b) 水下地形空间分布

图 5.1　程海水位与湖面面积、水位与湖区库容关系曲线与水下地形空间分布

小于 5%。具体构建方法如下所述。

5.1.3.1　水量平衡模型

湖泊出、入湖的水量差决定了湖泊的水量平衡，这种关系可用湖泊系统的水量平衡方程进行表示。降水、蒸发、地表径流和地下水交换是程海水量平衡的主要组成部分。为了提高水量平衡模型的计算精度，该水量平衡模型考虑了程海流域人类活动取用水。通过实地调研发现，程海流域的生活污水经管网进入污水处理厂后不进入程海，这部分退水不再考虑。因此，本书所构建的水量平衡模型为

$$\frac{\mathrm{d}V}{\mathrm{d}t}=Q_R+Q_G-Q_H+(P-E)A \tag{5.1}$$

式中：$\mathrm{d}V/\mathrm{d}t$ 为 t 时刻的水量平均变化量，万 m^3；Q_R 为流域地表径流入湖量，万 m^3；Q_G 为地下水交换量，万 m^3；Q_H 为人类活动消耗的水量，万 m^3；P 为单位面积降水量，mm；E 为单位面积蒸发量，mm；A 为在 t 时刻的湖泊面积，km^2。

当 $\mathrm{d}V/\mathrm{d}t$ 不等于 0 时，由于出湖水量大于入湖水量，程海水位持续下降，即 $\mathrm{d}V/\mathrm{d}t$ 小于 0。在这种情况下，水量会随着时间的推移而减少，湖泊面积会逐渐减少，蒸发造成的净损失也将减少，直到水位不低于极端最小水位的高度，从而导致入湖水量等于出湖水量，这一时期被称为湖泊水量平衡的过渡时期，此时，湖泊水位和湖面面积将作为相对稳定因子处理，湖泊多年平均水量变化值近似为 0。多年平均水量平衡方程为

$$Q_R+Q_G-Q_H+(P-E)A_s=0 \tag{5.2}$$

式中：A_s 为湖泊达到稳定状态时的湖面面积，km^2。

针对所构建的水量平衡模型，开展水量平衡分项的计算，包括入湖径流量、湖面降水量、湖面蒸发量、人类活动取用水量以及余项，具体如下所述。

1. 入湖径流量

程海流域无连续、有效的入湖河流水文监测数据，因此，如何获取比较准确的入湖河流流量数据一直是程海水量平衡研究的瓶颈。本书采用基于 SCS－CN 的 L－THIA 水文

模型对程海的地表入湖径流量进行模拟和推算。基于2016年程海南岸两条较大的入湖河流——马军河和季官河开展连续的日流量监测，用实测流量数据检验入湖径流量模拟的有效性。根据程海流域实际土地利用情况，将流域内的土地利用类型划分为中低建设用地、水体、农业用地、林地、灌草地和园地六大类。CN值的确定借鉴了SCS模型提供的CN值查询表以及国内相似自然条件下的研究成果。

本书重点分析2006—2016年近11年的程海入湖径流量的变化特征，对于长时间尺度的流量模拟，需要考虑土地利用变化对入湖径流量的影响。通过对2009年6月以及2015年6月二期的遥感影像数据进行解译，得到不同时期的土地利用类型面积百分比，如图5.2所示。可以看出，除水域外，程海流域2009年和2015年的土地利用类型主要以林地和灌草地为主，面积占比分别约为29%和24%，灌草地和工矿用地面积分别增加0.60%和0.69%，农业用地面积减少0.60%，其余土地利用类型面积占比基本保持不变。从总体来看，程海流域2006—2016年土地利用类型未发生显著变化。因此，本书采用2014年土地利用数据作为流量模拟的输入条件。

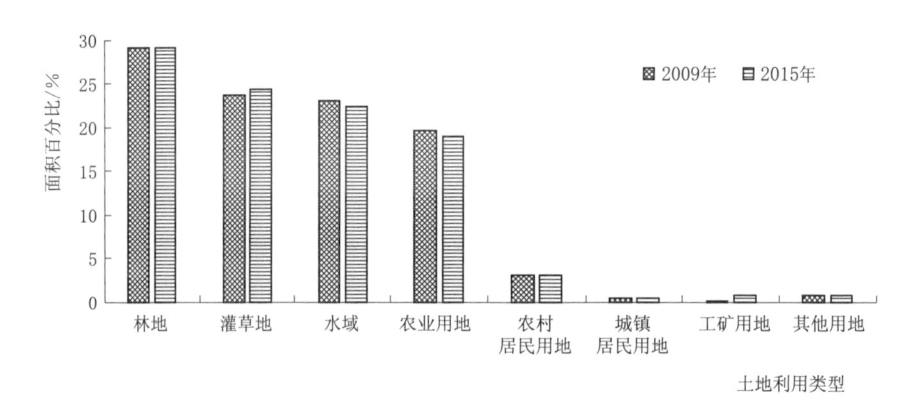

图5.2　不同时期的土地利用类型面积百分比

根据程海流域实际土地利用类型情况，将流域内的土地利用类型划分为中低建设用地、水域、农业用地、林地、灌草地五大类。根据SCS-CN模型提供的CN值查算表，结合国内相似自然条件下的研究成果以及程海流域调研的实际情况，进行CN值的校正和确定。

图5.3是2006—2016年程海地表径流量变化，可以看出，地表水入湖量呈现出不显著的上升趋势，变化倾向率为413.26mm/10a，未通过$\alpha=0.05$的显著性检验。多年平均地表水入湖量为1247.78万m^3，2015年地表水入湖量最大，为1922.46万m^3，2011年地表水入湖量最小，仅为581.66万m^3。

2. *湖面降水量*

河口街水位站位于程海流域南岸，是流域唯一具有连续气象监测的站点；采用该站点降水监测数据，根据程海水位-面积-库容关系曲线，计算得到不同年份的湖面降水量，如图5.4所示。可以看出，2006—2016年程海多年平均湖面降水量为5220.69万m^3，呈现出缓慢的上升趋势，变化倾向率为344.79万m^3/10a，未通过$\alpha=0.05$的显著性检验。2015年，程海面降水量最大，为6485.86万m^3，2011年，湖面降水量最小，为3317.35万m^3。

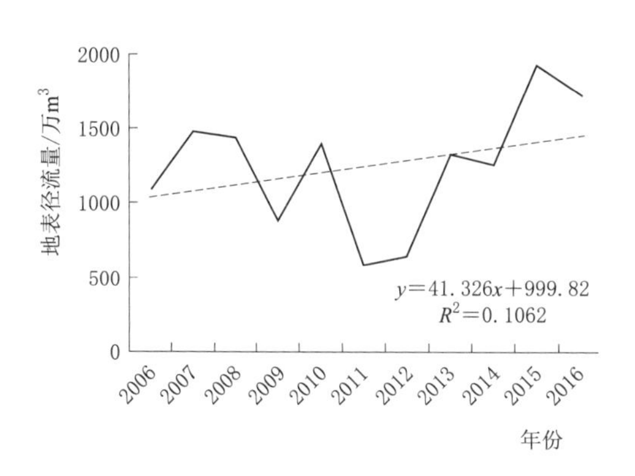

图 5.3　2006—2016 年程海地表径流量变化

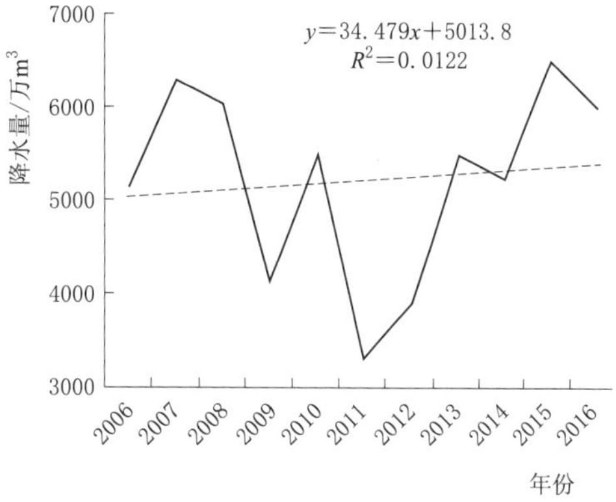

图 5.4　程海 2006—2016 年湖面降水量变化

3. 湖面蒸发量

蒸发数据采用河口街水位站 1970—2016 年逐日蒸发系列资料，河口街水位站采用 E601 蒸发皿进行蒸发量监测，考虑到水面蒸发应以 20m² 大型蒸发池蒸发量代替，需要对 E601 蒸发皿监测的蒸发量乘以折算系数转换为水面蒸发，全年和各月份折算系数参考《水利水电工程水文计算规范》（SL 278—2002）中提供的云南省滇池站全年数据，见表 5.1。依照河口街水位站实测的水位变化情况，根据水位-面积-库容关系曲线，计算得到程海湖面月蒸发量。

表 5.1　　E601 蒸发皿水面蒸发折算系数

月份												全年
1	2	3	4	5	6	7	8	9	10	11	12	
0.91	0.89	0.89	0.87	0.90	0.97	0.95	0.96	1.04	1.02	1.01	0.98	0.93

图 5.5 是程海流域湖面蒸发量年际变化分布图，在 2006—2016 年，程海的湖面蒸发量呈现出显著的上升趋势，变化倾向率为 1004.1 万 m³/10a，这种上升趋势通过了 $\alpha=0.05$ 的显著性检验。多年平均湖面蒸发量为 10251.25 万 m³，其中 2012 年湖面蒸发量最大，为 11264.08 万 m³，2007 年湖面蒸发量最小，为 8823.34 万 m³。

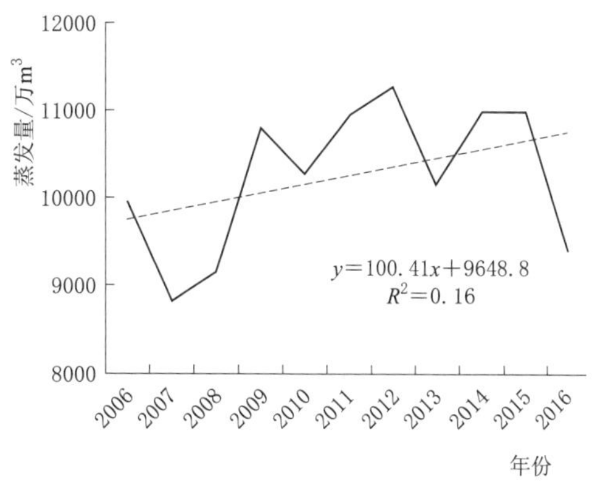

图 5.5　程海流域湖面蒸发量年际变化

4. 人类活动取用水量

2015 年 4 月，程海镇农业综合服务中心对程海周边的抽水站进行了调查。调查结果表明，程海周边共有 26 个抽水站，年抽取水量约为 484.68 万 m³。经调查，这些抽水站里抽的水主要用于程海流域的农田灌溉和螺旋藻企业生产。考虑到 2006—2016 年程海流域的土地利用未发生明显变化以及螺旋藻企业干粉生产能力较为稳定，因此将该年抽取水量作为程海流域年农田灌溉水量和螺旋藻企业生产年耗水量之和。

根据《云南省地方标准—用水定额》(GN53/T 168—2013)，流域内居民生活用水定额为 50L/(d·人)，综合耗水系数为 0.9，则流域内居民多年平均生活用水量为 59.1 万 m^3。大牲畜、猪、羊以及家禽的用水定额为 50L/(d·头)、25L/(d·头)、8L/(d·头)、1L/(d·头)，综合耗水系数取 1.0，则流域内多年平均畜禽养殖用水量为 88.5 万 m^3。以上两项目之和为流域内居民生活和畜禽养殖用水量，合计为 147.6 万 m^3。

5. 余项

本书所构建的水量平衡模型中余项主要为地下水交换量，地下水交换量受到降水、地形等因素的影响，此外，还受到湖区水位变化的影响。由于影响因素众多，目前对程海的地下水交换量还没有连续、有效地观测数据。因此，余项需要根据水量平衡模型以及其他分项进行计算。考虑到本书所使用的降水量、蒸发量、地表径流量均来源于实际观测值或经过观测值的校验，基本上能反映程海的实际情况，从而可以较为客观的反映程海的地下水交换量。地下水交换量的计算为

$$Q_G = \frac{dV}{dt} - Q_R + Q_H - (P - E)A \tag{5.3}$$

式中符号意义同前。

再进一步剖析，从 12 月至次年 4 月，降水量极少，地表径流几乎不可能发生。假定没有发生地下水交换，水量的变化与蒸发之间应该有绝对的线性关系。但是程海如果存在地下水交换的情况下，水量的变化主要受湖面蒸发和地下水交换的双重影响。利用 12 月到次年 4 月的湖泊水量变化和湖面蒸发量来验证地下水交换量的存在。湖泊水量变化与湖面蒸散量的关系如图 5.6 (a) 所示。除 12 月外，蒸发量的变化与蒸发量没有绝对的线性关系，因此，可以推断程海在枯水期也存在着地下水交换现象。程海可能存在大量地下水交换现象的主要几个因素如下：一是从大尺度上来看，程海地形相对较低，为汇水盆地；二是湖泊地形具有较高的水渗透性（湖岸多为砂岩、砂页岩和块状湖相沉积，部分地区含灰岩）；三是通过实地调研发现程海岸边存在许多地下水排放点。

此外，本书还进一步分析了程海地下水交换与湖面降水量之间的关系，如图 5.6 (b)

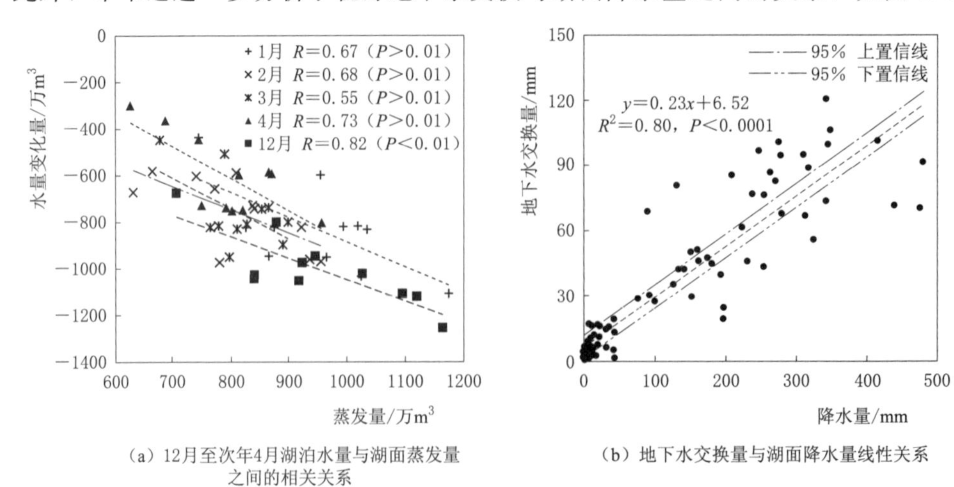

(a) 12月至次年4月湖泊水量与湖面蒸发量之间的相关关系

(b) 地下水交换量与湖面降水量线性关系

图 5.6 程海湖泊水量与湖面蒸发、地下水交换量与湖面降水量之间的相关性分析

所示，可以看出程海地下水交换与降水量之间呈现显著正相关，且存在 3 个月的滞后期。造成这一现象的主要原因是地下水流入湖泊是一个漫长的过程，往往滞后于降水的变化，且地下汇流过程一般根据其地质地理条件而发生。

5.1.3.2 盐度平衡模型

程海盐分的积累主要受地表径流和地下水交换、大气沉降（降水和尘埃）、人类活动耗水量和化学反应过程的影响。在平衡资料的可获取性和模型模拟精度这两方面因素后，程海的盐度平衡模型做出如下假设：一是考虑到程海流域大气质量相对较好，大气干沉降，即尘埃所携带的可溶性盐的数量忽略不计；二是湖泊水体中由于化学沉淀产生的不溶性盐量忽略不计；三是陆域进入到水体中的盐分完全均匀混合；四是人类活动取水的盐度等于湖泊水体盐度。

由于程海盐度通量计算所需的基础数据极度缺乏，本书基于上述构建的水量平衡模型，重点分析了地表径流、地下水交换、降水、人类活动耗水量所导致的湖泊盐度变化情况，因此，本书构建的盐度平衡模型为

$$\frac{dS}{dt}=Q_RC_R+Q_GC_G+PAC_P-Q_HC_{t-1} \tag{5.4}$$

式中：dS/dt 为 t 时刻湖泊盐度的平均变化量，mg/L；C_R 为地表径流所携带的盐度，mg/L；C_G 为地下水交换量所携带的盐度，mg/L；C_P 为降水中所携带的盐度，mg/L；C_{t-1}为$t-1$ 时刻湖泊水体平均盐度，mg/L；其他符号的含义已在上文中定义。根据在程海逐月监测结果显示，地表径流、地下水交换和降水所携带的盐度差异不大，故取逐月监测结果的平均值作为程海盐度平衡模型的输入条件，C_R、C_G 和 C_P 分别为 200mg/L、231mg/L 和 21mg/L。

5.2 程海多年水盐平衡分析及演变规律研究

5.2.1 程海水量平衡演变规律分析

5.2.1.1 年际变化

图 5.7 是 2006—2016 年程海历年水量平衡变化情况。多年平均湖体蓄水变化量为 −2889.59 万 m^3，说明程海处于水量亏缺状态。根据水量平衡模型计算得到：平均入湖水量为 7846.34 万 m^3，其中多年平均湖面降水量为 5220.69 万 m^3，占总入湖水量的 66.54%；多年平均入湖径流量为 1247.78 万 m^3，占总入湖水量的 15.90%。多年平均地表径流入湖量结果与李学辉等的研究成果接近。多年平均出湖水量为 10735.93 万 m^3，其中多年平均湖面蒸发量为 10251.25 万 m^3，占总出湖水量的 95.49%。地下水交换量以入湖为主，其多年平均值为 1377.87 万 m^3，占总入湖水量的 17.56%。其中，程海有较强的地下水活动主要有以下几个原因：①程海地势较低，是明显的汇水中心；②湖区底层具有较好的透水性；③沿岸地区分布有多个地下水溢出点和溢出带。

图 5.8 是 2006—2016 年程海入湖水量与出湖水量年际变化情况，可以看出，入湖水量略有下降趋势，而出湖水量却呈现出显著的上升趋势，变化倾向率为 2045.8 万 m^3/10a。可见，程海的湖泊水量变化的缺口呈现出逐步加大的变化趋势。

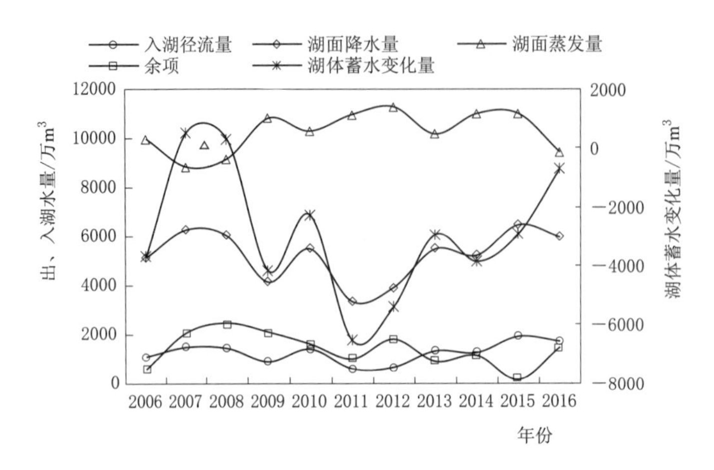

图 5.7　2006—2016 年程海历年水量平衡变化情况

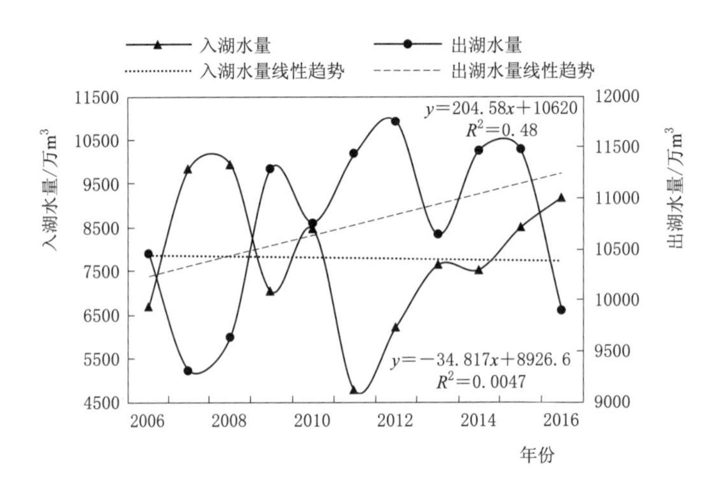

图 5.8　2006—2016 年程海入湖水量与出湖水量年际变化情况

图 5.9 为 2006—2016 年程海水量平衡分项多年平均值统计，在水量方面，多年平均输入水量（降水、径流量和地下水交换）和输出水量（蒸发和人类活动耗水量）分别为 8178 万 m^3 和 11123 万 m^3。多年平均湖泊降水量为 5210 万 m^3，占总输入水量的 63.72%；多年平均湖泊蒸发量为 10639 万 m^3，占总水量的 95.64%；流域地表径流入湖量为 1248 万 m^3，占总输入水量的 15.26%；地下水交换量为 1720 万 m^3，占总输入水量的 21.03%。程海多年平均水量变化量为 −2945 万 m^3，表明程海在这一时期处于水量亏缺状态。

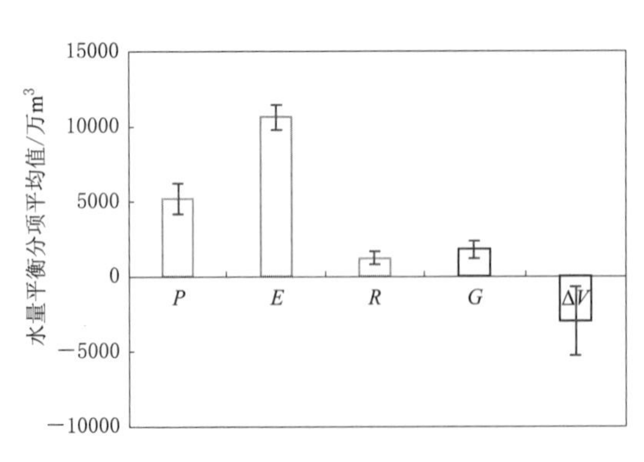

图 5.9　2006—2016 年程海水量平衡分项多年平均值统计

5.2.1.2 年内变化

图 5.10 是程海年内水量平衡分项以及湖泊水量变化情况。1—5 月，湖泊水量处于亏缺状态。入湖水量为 2116.82 万 m^3，包括湖面降水、入湖径流以及地下水汇流。出湖水量为 5590.60 万 m^3，包括湖面蒸发和人类活动取水。在该时段，程海处于降水匮乏时期，河道产流量很小，两者合计水量占入湖总水量的 25.35%；随着温度的升高，湖面蒸发量逐渐增大，占出湖总水量的 94.75%；湖泊水量虽然为负值但却有向正值发展的趋势，说明湖泊水量虽然在减少但亏缺量逐渐缩小，这主要是地下水入湖量在发挥作用，占入湖总水量的 74.65%。

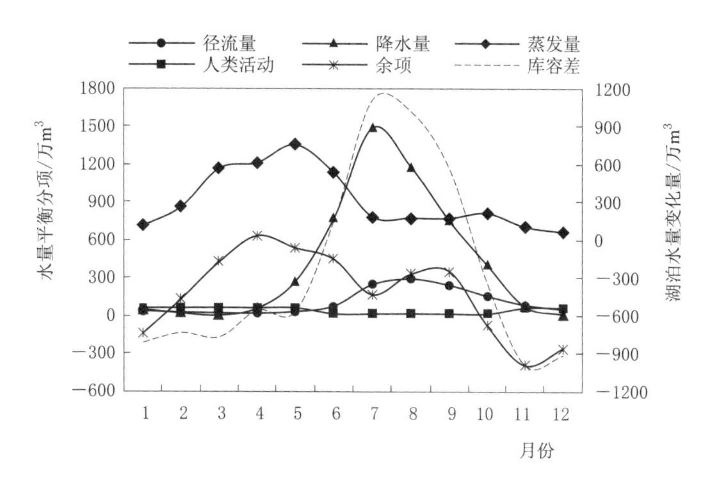

图 5.10 程海年内水量平衡分项以及湖泊水量变化情况

6—9 月，程海体蓄水量处于盈余状态，水位逐渐上升。入湖水量为 6346.64 万 m^3，包括湖面降水、入湖径流和地下水入湖量。出湖水量为 3514.16 万 m^3，包括湖面蒸发和人类活动取水。湖面降水量和河道产流量占入湖总水量的 79.67%，湖面蒸发量占出湖总水量的 98.29%，地下水入湖量占入湖总水量的 20.33%。

10—12 月，程海湖水量均为负值，说明水位逐渐回落，入湖水量为 781.94 万 m^3，包括湖面降水和入湖径流。出湖水量为 3042.00 万 m^3，包括湖面蒸发、地下水出湖以及人类活动取水。在该时段，湖面蒸发量和地下水出量分别占出湖总水量的 71.29% 和 24.39%。

5.2.2 程海盐度平衡演变规律分析

2006—2016 年，程海盐度呈现显著增加趋势，如图 5.11 (a) 所示，程海盐度时间序列在 $\alpha=0.05$ 的置信水平下通过了 F 显著性检验。2016 年程海盐度最大，为 1157mg/L，2009 年程海盐度最小，为 956mg/L，可以看出，程海逐渐由淡水湖向咸水湖过渡。程海盐度与水位呈现显著负相关关系，两者相关系数为 0.98 ($P<0.0001$)。说明了程海盐度变化与水位变化之间的具有密切相关关系，也进一步揭示了水位下降导致程海盐度会逐渐增加。

基于所构建的程海盐度平衡方程开展程海盐度模拟计算，图 5.11 (b) 展示了程海盐度观测值与模拟值之间的对比，结果表明，两者吻合度较好，平均相对误差为 1.59%。

从图 5.11（b）可以看出，2006—2008 年盐度模拟结果低于观测值，造成这样的结果原因是多样的：一是可能由于观测数据的不确定性，具体为某一特定月份采集的一个样本观测值可能不能充分代表月度的平均变化情况；二是本书所构建的湖泊盐度平衡模型没有考虑化学反应的影响。此外，还有许多其他因素会影响到模拟结果，如人类活动造成的环境污染、气候变化条件和与水平衡相关的误差，也会对模拟湖泊盐度值产生影响，这些因素很难量化，从而使研究复杂化。但总体来看，从程海盐度模拟的平均相对误差表明，所构建的程海盐度平衡模型总体模拟结果较好，相对误差控制在可接受范围内，证明了本书建立的盐度平衡模型是合理的。

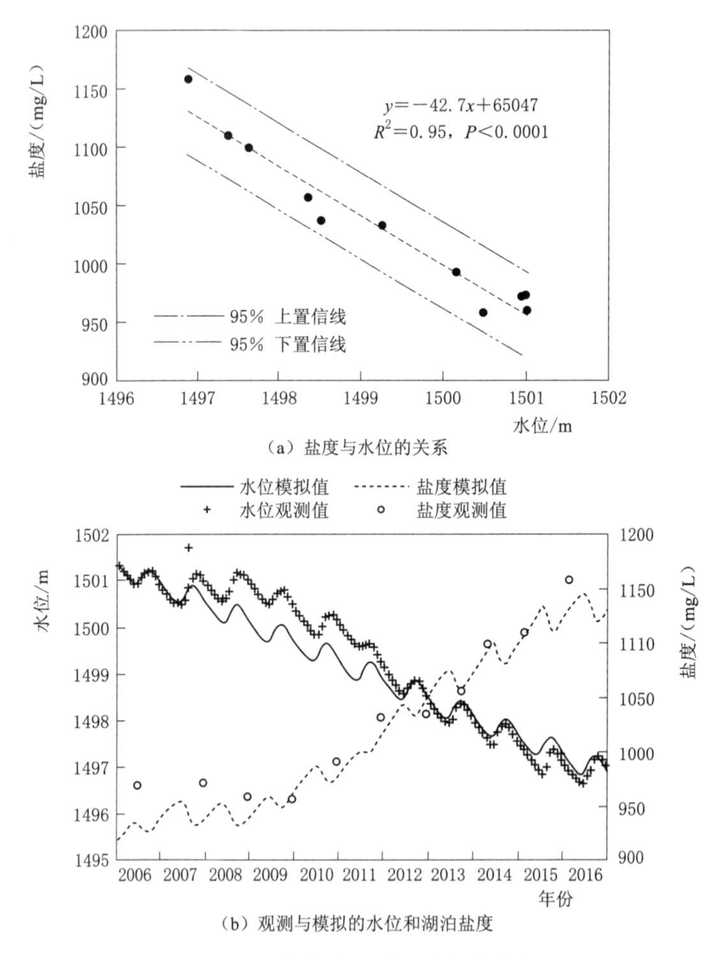

图 5.11 盐度与水位相关性分析与模拟过程

5.3 程海水盐平衡演变成因研究

5.3.1 程海水量变化影响因素分析

由于 2006—2016 年程海流域人类活动用水量相对比较稳定，因此，研究主要从自然因素角度定量化分析影响程海库蓄水变化量的因素。考虑到程海具有明显的丰枯交替变化特征，分别对程海丰水期（6—10月）和枯水期（11月至次年5月）的湖库蓄水变化量与入湖径流量、湖面降水量以及湖面蒸发量进行相关性分析，结果如图5.12和图5.13所示。

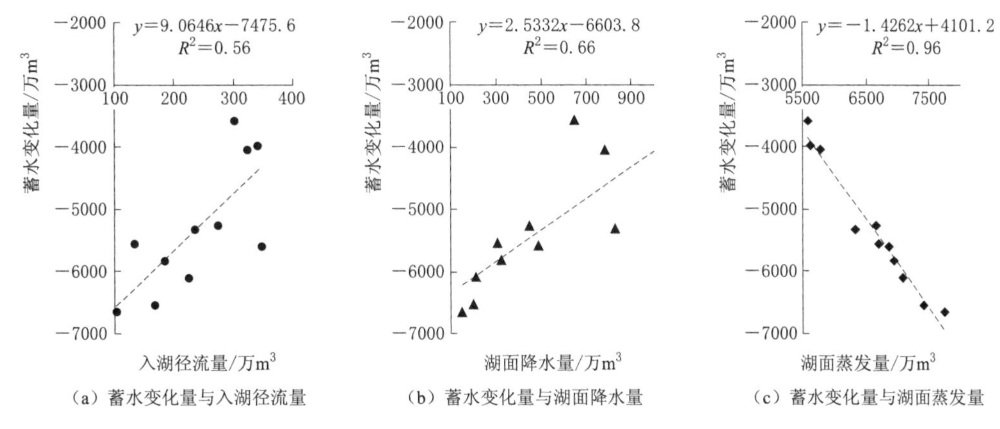

（a）蓄水变化量与入湖径流量　（b）蓄水变化量与湖面降水量　（c）蓄水变化量与湖面蒸发量

图5.12　枯水期程海蓄水变化量影响因素相关性分析

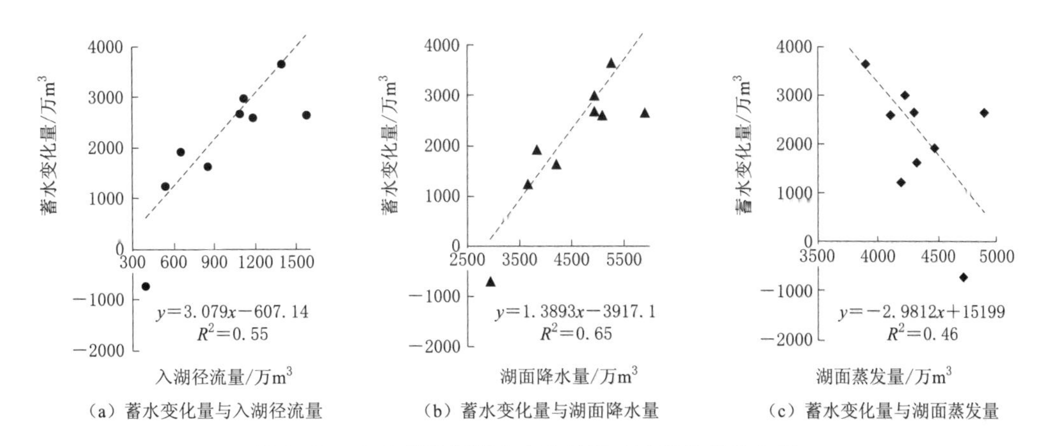

（a）蓄水变化量与入湖径流量　（b）蓄水变化量与湖面降水量　（c）蓄水变化量与湖面蒸发量

图5.13　丰水期程海蓄水变化量影响因素相关性分析

在枯水期，程海蓄水变化量与入湖径流量、湖面降水量以及湖面蒸发量之间的相关系数均通过了$\alpha=0.01$的置信区间检验，相关系数大小顺序为：$R_{蒸发}$（0.96）>$R_{降水}$（0.66）>$R_{径流}$（0.56），可以说明在枯水期湖面蒸发量对程海库蓄水变化量影响程度最大，其次为湖面降水量，入湖径流对程海库蓄水变化量影响程度最小。程海处于云南省干热河谷地区，具有明显的干湿季节变化特征。枯水期多年平均气温为14.5℃，最高气温为32.5℃，最低气温为4.5℃，气温普遍偏高；受热带大陆性气团的控制，北方冷气团不易入侵，造成了枯水期难以形成有效降水，因而云量和相对湿度都相对较小；在干热河谷地区，枯水期的风速要高于丰水期的风速，加之流域内全年日照充足，年平均日照时数2600～2900h，这些气象因素共同促成了程海在枯水期具有降水稀少、蒸发旺盛的特点。

在2006—2016年研究时段内，枯水期多年平均湖面降水量、入湖径流和湖面蒸发量为511.16万m^3、239.02万m^3和6597.86万m^3，湖面蒸发量是湖面降水量的12.83倍，与云南省其他干热河谷地区的气候特征相吻合。虽然程海流域有大小河流47条，但多数河流长度为5～12km，且多为季节性河沟，在枯水时期基本为断流状况，不能有效的补充程海水资源量。干热河谷独特的气候也造就了程海特殊的植被覆盖类型，程海多以成片草丛散生稀树、稀灌植被类型为主，对减少蒸散发和含蓄水资源的能力有限。此外，由于干热河谷多处在地质活动活跃地区，土壤的母质特性造成了该区域的荒漠化程度比较严重，土壤的储水和稳水性能均较差，程海流域土壤侵蚀面积为 150.1km^2，占流域陆域面积的 61.59%，远高于云南省平均水平。

在丰水期，程海库蓄水变化量与入湖径流量、湖面降水量以及湖面蒸发量之间的相关系数均通过了 $\alpha=0.01$ 的置信区间检验，相关系数大小顺序为：$R_{降水}$ (0.65)$>R_{径流}$ (0.55)$>R_{蒸发}$ (0.46)，可以说明在丰水期湖面降水量对程海库蓄水变化量影响程度最大，其次为入湖径流量，湖面蒸发对程海库蓄水变化量影响程度最小。在 2006—2016 年时段内，丰水期多年平均湖面降水量、入湖径流量和湖面蒸发量分别为 4612.93 万 m^3、1006.34 万 m^3 和 4262.57 万 m^3。由于在丰水期，程海流域的降水增多，云量和相对湿度也相应变大，湖面上层的空气流动性较差，造成了程海在丰水期蒸发量相比于枯水期偏小的现象。虽然程海在丰水期水量处于盈余状态（2419.39 万 m^3），但仍无法满足枯水期亏损的水量（−5308.98 万 m^3），这也符合程海近 10 年来水位持续下降的现状。

因此，总体来看，程海流域气候的暖干化造成了降水相对偏小而蒸发量相对旺盛的现象。以 2006—2016 年研究时段为例，多年平均湖面降水量为 5220.69 万 m^3，多年平均湖面蒸发量为 10251.25 万 m^3，湖面蒸发量几乎是湖面降水量的 2 倍，尤其是在 2011 年，二者的比例竟高达 3.30 倍。此外，程海流域属中亚热带高原季风气候，四季多风且以南风为主，年平均气温 19.1℃，最冷月平均气温为 8～11℃，气温普遍偏高。由于热带大陆性气团的控制，北方冷气团不易入侵，造成了每年 11 月至次年 5 月难以形成降水。同时，流域内日照充足，年平均日照时数 2600～2900h，加之云量较少，这些气象因素共同促成了湖面蒸发量旺盛。因此，程海流域所处的干热河谷区形成的降水偏小、蒸发偏大是造成程海水位持续下降的最主要原因之一。对程海而言，年蒸发量远大于年降水量导致程海水位持续下降，且年蒸发量与年降水量之差总体呈现上升的趋势（图 5.14 和图 5.15），程海水位可能会加速下降。

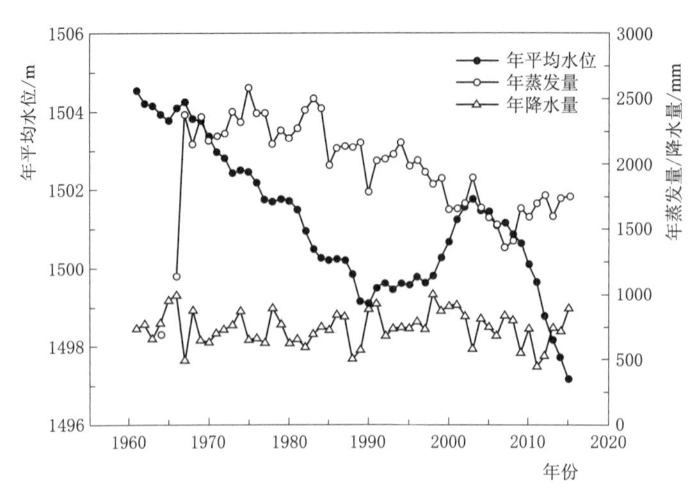

图 5.14 程海年平均水位、河口街站年蒸发量及年降水量变化

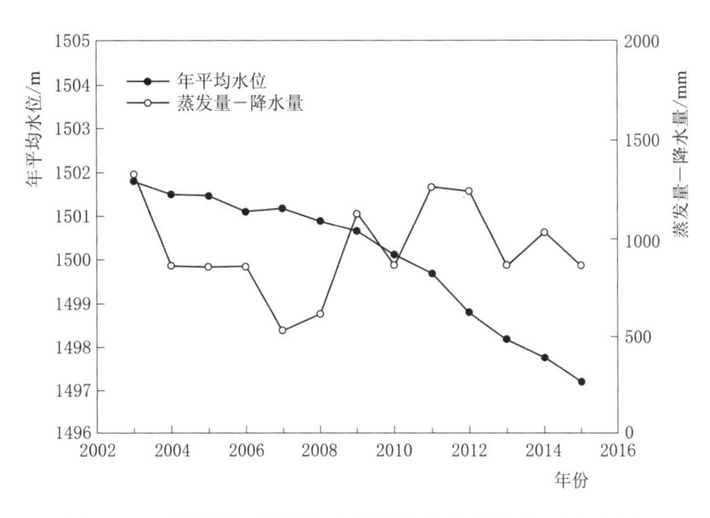

图 5.15 程海河口街站蒸发量与降水量之差随时间的变化

同时，入湖径流量也对程海水位变化有一定的影响，程海流域有大小河流 47 条，但多数河流长度为 5～12km，且多为季节性河沟，在枯水时期基本为断流状况。此外，程海流域植被稀少，水土流失现象严重，土壤侵蚀面积为 150.1km^2，占流域陆域面积的 61.59%。由于地表覆盖状况较差，造成了土壤涵养水分能力较低，丰水期，流域产汇流随降水暴涨暴落，枯水期，河道干枯。因此，入湖径流量不足也是导致程海水位下降的原因之一。

5.3.2 程海水盐平衡不确定性分析

5.3.2.1 河口街站蒸发数据的代表性问题

程海流域内河口街站位置处于程海西南角，鉴于河口街站为程海边唯一的蒸发站，在本书建立的水量平衡方程中，对程海水面蒸发暂时只能直接移用河口街站成果。但是湖面蒸发量主要与气温、水蒸气的饱和差、风速有关。显然和程海的实际蒸发量相比，河口街站月平均蒸发量可能偏大。造成程海河口街站的蒸发量有可能不能较好地代表程海的水面蒸发量。根据相关研究，这种偏差可能有如下几个原因：

（1）程海表面饱和度差可能小于河口街站所处位置的饱和度差。程海呈长条形南北走向，而程海流域盛行南风。这意味着水蒸气会沿着风向长时间在水面由南向北运动而不是被带离水面，亦即由于程海成条形且风向与其长轴方向一致，程海表面事实上总是被水蒸气所笼罩，导致水蒸气的饱和差比陆面处小，从而导致蒸发量也比陆面（河口街）小。

（2）程海表面气温可能低于河口街站的气温。水面蒸发与气温关系紧密，图 5.16 反映了程海河口街站气温和实测蒸发量之间显著的相关关系，一般 12 月或 1 月气温最低，蒸发量也最小。蒸发是一种相变，会吸收大量潜热，从而有导致气温降低的效果。由于程海特殊地貌形态及其与主导风向之间的匹配关系，这种影响可能被强化，从而导致湖面蒸发量事实上小于河口街站。

因此，对程海这样的特殊形态的湖泊，应认真研究气象站实测蒸发量与湖面蒸发之间的关系，相关规范［《水利水电工程水文计算规范》（SL 278—2002）］所提供的参数在该流域适用性可能较低；有必要在程海周边设立更有代表性的气象监测站。

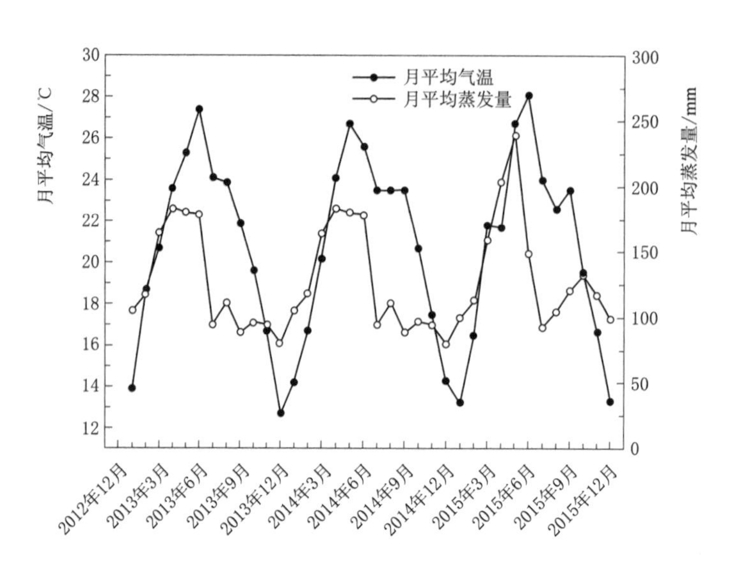

图 5.16 程海河口街站月平均气温及月平均蒸发量

5.3.2.2 地下水交换量的不确定性问题

根据《中国湖泊志》(王苏民和窦鸿身，1998 年，第 377 页)，程海年地下水入湖水量为 0.631 亿 m^3。但该书未给出地下水入湖数据的来源。中国科学院南京地理研究所于 1981 年 5 月对永胜程海底地形进行观测后认为，程海之水多年来能基本保持平衡状态，主要靠东西两山的地下水补给。就目前的监测成果来看，也缺乏相应的地下水交换量监测数据。根据上述研究所言，程海的地下水交换量不仅受到流域降水量的影响，还受到程海水位变化的影响。此外，在年内的不同月份，地下水交换量也不尽相同，在丰水期，地下水以出湖为主，在枯水期，地下水以入湖为主。因此，程海的地下水交换量是其水量平衡中不确定的分项之一，本书将此作为余项，初步推导近十年的地下水交换量的取值范围，但其精确的量值还需要进一步的勘察和研究。

5.3.2.3 湖周取水量的不确定性问题

程海周的取水量既包括螺旋藻养殖生产、流域内村镇的生活用水，还包括湖周农田的灌溉。在 2015 年 4 月，永胜县程海镇农业综合服务中心对程海周边的抽水站进行了调查。调查结果表明，程海周边共有 26 个抽水站，除 4 家螺旋藻企业和 1 家私人抽水站有取水许可证外，其余均未办理取水许可证，年抽取水量约为 484.68 万 m^3，其中螺旋藻养殖企业抽水 31.38 万 m^3，湖周其他用水户单元合计取用水 453.30 万 m^3。抽水站及抽水量的具体调查与统计结果详见表 5.2。

螺旋藻企业年内各月取水总体上比较均匀，一般 3 月和 8 月略多（比平时多 50%）。螺旋藻企业年取水量为 31.38 万 m^3。因此，3 月和 8 月取水量可视为 3.6 万 m^3/月，其他月份为 2.4 万 m^3/月。

湖周城镇及农村年取水量为 453.30 万 m^3。这些取水量中，部分为生活用水，部分为农业灌溉用水。当前对二者的比例尚无相关数据。这里假定生活用水量占总取水量的

表 5.2　　　　程海各抽水站 2014 年取水量

编号	抽　水　站		抽水量/万 m^3	合计/万 m^3
1	海腰村	小铺抽水站	3.5	453.30
2		海腰南村抽水站	3.0	
3		海腰北村抽水站	3.0	
4		刘家湾村抽水站（1）	4.8	
5		刘家湾村抽水站（2）	2.2	
6		清德村抽水站	3.5	
7		半海北村抽水站	6.0	
8		半海南村抽水站	5.0	
9		秦家铺村抽水站	8.0	
10	星湖村	河北村抽水站	14.0	
11		欧阳村抽水站	17.0	
12		芮家村抽水站（a）	6.2	
13		芮家村抽水站（b）	8.4	
14		芮家村抽水站（c）	7.5	
15	东湖村	东湖村抽水站	35.0	
16	河口村	抽水站（a）	7.5	
17		抽水站（b）	210.0	
18	潘莨村	潘莨村托漂抽水站	25.2	
19		洱莨村抽水站	19.6	
20		潘浦村抽水站	35.2	
21		徐家园村抽水站	4.0	
22		兴义村抽水站	24.7	
23	螺旋藻企业	“保尔”公司抽水站	31.38	31.38
24		云南绿 A 公司（原施普瑞公司）抽水站		
25		蓝宝公司抽水站		
26		云海公司抽水站		
合计			484.68	

注　1. 根据所缴纳的水资源费可算出，程海周边 4 个螺旋藻生产企业 2014 年在程海的取水量为 31.3803 万 m^3（见永胜县水务局提供的《程海办证和收费情况说明》）。

2. 根据对程海周边螺旋藻生产企业的调研，螺旋藻生产企业（如丽江程海保尔生物开发有限公司）从程海取水时基本是各月平均取水，3 月和 8 月因为换池水取水量可能会比平时多 50%。

25%（90 万 m^3），月取水量的年内分布较为均匀，为 7.5 万 m^3；而占总取水量 75%的年灌溉用水（360 万 m^3）主要发生在灌溉期（与外流域水库对本流域的供水同步，为每年 12 月至次年 5 月底，为期 6 个月），月取水量为 60 万 m^3。

图 5.17　程海周边主要水库位置

此外，程海流域虽是封闭的湖盆，但流域内农业生产灌溉用水却不完全来自程海。流域外的羊坪水库、良峨水库、马场坪水库等水库每年在旱季为程海流域的农业生产供水（图 5.17）。永胜县水利局提供的资料表明，程海周边农业灌溉主要由羊坪水库、良峨水库、马场坪水库供给，供水时段一般为12月至次年5月底，供水时段内4—5月的供水量相对多一些。其中，羊坪水库年供水量一般为50万 m^3 左右，供水量较大时可达60万～80万 m^3；良峨水库年供水量为70万～80万 m^3，一般小于100万 m^3，主要供应程海东岸的浦米等地；马场坪水库年供水量为50万～60万 m^3，主要供应程海北部的黑伍等地。

综合起来看，三个水库在12月至次年5月底总共6个月内，对程海的农田灌溉用水供水量为170万～240万 m^3，平均可视为200万 m^3。按照年供水6个月（12月至次年5月底）计，供水量平均每月约33万 m^3。考虑到4—5月供水量相对较大，可认为从12月至次年3月，月供水量约30万 m^3；在4—5月，月供水量约40万 m^3。

本书针对湖周的取水量进行了大量的实地的调研工作，但是由于受到现有工作条件的制约等因素，在湖周取水量的确定方面还存在一定的局限性和不确定性。因此，在未来的工作中，流域内相关部门应开展更为广泛的水资源量调查和审核工作，完善相应的取用水量统计和规划工作。此外，还需要根据流域内的经济社会发展、人口增长实时的更新取用水资料。

5.4　程海水盐动态演变对其生态系统影响研究

淡水湖向盐湖的转变对湖泊环境有不利影响。水位的波动改变了湖泊的物理化学性质，导致生物物种的存在和丰度以及生态系统结构的变化。此外，水量的减少导致盐度的增加，造成湖泊盐碱化和流域沙漠化，造成区域环境问题。

盐度的变化影响浮游植物种类的存在和丰度，以及水生生态系统的 pH 值。通过对比王若南（1988）和董云仙（2011）报道的程海藻类调查结果，探究藻类种群的变化（图 5.18）。1988—2010年，硅藻门所占比例从63.7%下降到35.0%，下降了28.7%，与此同时，蓝藻门和绿藻门所占比例由33.1%增加到56.0%，增幅为22.9%。程海是一个典型的富营养化湖泊，具有蓝绿藻的群落结构。值得注意的是，在2010年的藻类调查中，没有观察到对环境变化非常敏感的轮藻，说明在过去的20年里，程海的水量和水质发生了显著的变化。

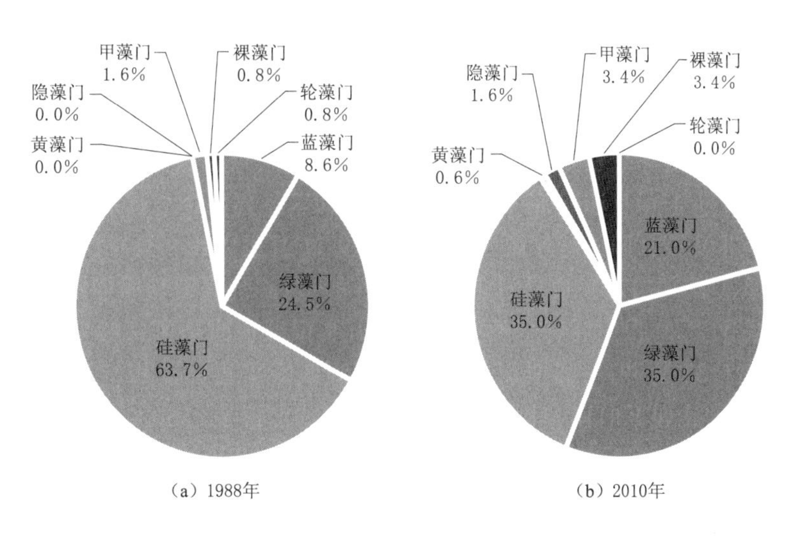

(a) 1988年　　(b) 2010年

图 5.18　程海 1988 年和 2010 年藻类种群变化

叶绿素 a 是水生态环境中被广泛接受的用于表征浮游植物丰度和初级生产者种群指数。本书研究了程海 8 月叶绿素 a 与同月湖泊盐度之间的关系（图 5.19），主要考虑了这一时期藻类的生长不受水温的限制（2006—2016 年平均水温为 25.5℃）。结果表明，叶绿素 a 与湖泊盐度呈显著正相关（$P<0.001$），相关系数为 0.86。因此，叶绿素 a 随着盐度的增加而增加。这一现象表明，目前湖泊的盐度值处于藻类生长的适宜范围。藻类细胞具有较高的氮磷消耗效率和较高的代谢速率，可以促进藻类的生长。但当盐度继续上升，超过藻类耐盐适宜范围时，藻类生长受到抑制。从图 5.19（a）可以看出，2014 年叶绿素 a 水平异常。由于 2014 年水温相对较低（19.5℃），水温成为限制藻类生长的主要因素，但总体而言，当前湖泊盐度显著促进藻类生长。

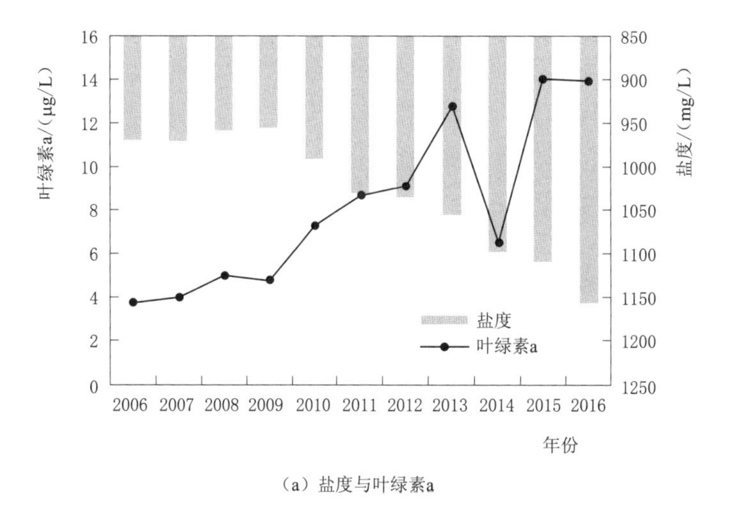

(a) 盐度与叶绿素a

图 5.19（一）　2006—2016 年程海叶绿素 a、pH 值和盐度的变化

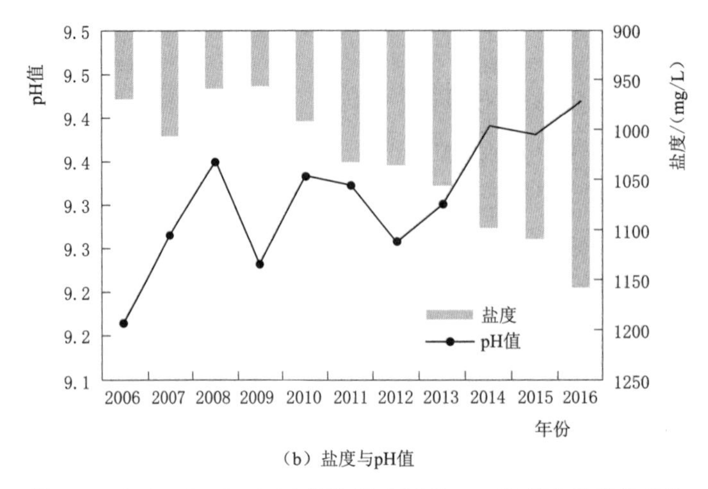

（b）盐度与pH值

图 5.19（二） 2006—2016 年程海叶绿素 a、pH 值和盐度的变化

由于程海内的自然条件相对稳定，浮游植物光合作用对该水生生态系统的 pH 值变化影响较大。由图 5.19（b）可知，程海盐度变化与 pH 值呈显著正相关关系，说明盐度变化通过影响藻类生长间接影响该水生生态系统的 pH 值。程海上层蓝藻生长繁殖时，强烈的光合作用降低了水体中的二氧化碳浓度，间接导致 pH 值升高。

5.5 本章小结

（1）1970—2016 年，程海水位和水量分别减少 6.4m 和 44400 万 m^3，平均减少速率分别为 0.07m/a 和 536 万 m^3/a。盐度从 2006 年的 970mg/L 上升到 2016 年的 1157mg/L，整体上呈现显著上升趋势。

（2）10 月至次年 5 月，程海蓄水变化量处于亏损状态，尤其是在 10 月至次年 1 月，地下水可能呈现出渗漏量大于入湖量的特征；2—5 月，地下水入湖量可能大于渗漏量，地下水交换量对于缓解水位下降具有重要作用；6—9 月，程海库蓄水变化量处于盈余状态，湖面降水量和入湖径流对于维持水位稳定具有重要作用，暖干气候可能是近几十年来程海湖水位下降的主要原因。

（3）所构建的水盐平衡模型可靠性结果表明，水位和湖泊盐度观测值与模拟值的平均相对误差分别为 0.02%和 1.59%，证明了模型的可行性，说明该模型可为高原内陆湖泊水盐演化演变趋势分析提供了一种可靠有效的工具。

（4）程海河口街站的逐日蒸发量数据的代表性、地下水交换量以及湖周取水量的不确定性是影响程海水量平衡研究结果准确与否的主要因素。因此，湖区气象站点的数量、设置的位置等都有待优化，对于湖周取水应开展更为广泛的调查。根据已建立的程海水量平衡方程，考虑湖区未来经济社会发展带来的需水量的增加以及程海水资源可持续利用的角度，可初步认为：若维持程海现有年平均水位基本不变，程海的亏水量为 2889.59 万～4026.97 万 m^3。

（5）程海湖水量的减少直接导致湖泊盐度的增加，也间接影响了程海湖浮游植物的种群类型和丰度，以及湖泊的 pH 值。这一结果将有助于理解淡水湖转化为盐水湖过程中所产生的不利影响。

第 6 章　程海流域入湖污染负荷解析及其控制对策研究

程海流域污染源主要包括点源、非点源两大类。点源污染包括工业废水污染和集镇生活污染，非点源污染包括农村生活污染、畜禽养殖污染、土地利用污染以及大气沉降污染。程海流域缺乏长时间系列水文、水质监测数据，且该流域地处高海拔区域，地形波动较大，相关基础研究较少，针对该现状，本书在对入湖污染负荷进行分析和计算时，完成以下三项工作：①建立一种适用于缺资料地区、简单、实用且符合研究区特点的流域非点源污染负荷估算方法；②分析流域非点源污染负荷的空间分布特征并进行污染源解析；③讨论不同非点源污染防控情景对入湖污染负荷的削减作用。在研究中，非点源氮磷污染分为溶解态和颗粒态。通过分析讨论，寻找影响流域非点源入湖污染负荷主要的污染源和最为有效的非点源污染防控措施，以期能够为管理决策者在程海流域非点源污染源防治方案制定方面提供有用的信息和理论支持。

另外，仙人河引水期间存在一定的外流域引水污染负荷，但本书分析时段为 2002 年仙人河引水停止后，故暂不考虑该部分负荷。同时，根据第 4 章对程海沉积物质量的分析结果表明，目前湖泊沉积物主要环境指标符合土壤环境质量标准，未受到明显污染，本书中暂未考虑。对于银鱼养殖这个比较关心的问题，经过现场实地调查和相关部门提供的资料，自 1988 年从江苏的太湖引进短吻银鱼受精卵移植到程海进行放养成功后，形成规模产量自行繁殖，每年 4 月、8 月、9 月、12 月开湖捕 4 次，没有使用围隔、饵料投放，也没有再次引进短吻银鱼受精卵移植方式养殖程海银鱼。考虑到银鱼养殖是自然生长，不需要饵料投放，因此银鱼养殖不是造成程海内源污染的主要原因，本书暂未考虑银鱼养殖对于程海的污染负荷。

6.1　程海流域入湖污染负荷研究方法

6.1.1　点源污染负荷计算方法

污染负荷核算采用《第一次全国污染源普查城镇生活源排污系数手册》，综合考虑城镇居民生活和服务业（包括住宿、餐饮、居民服务等行业）的排污量，以及旅游业排污量与城镇居民之间的关系，折合成常住城镇人口人均综合排污当量核算污染排放量，排污系数见表 6.1。

表 6.1　集镇生活源产污系数

系　数	产生量/[kg/(p・d)]	COD/[g/(p・d)]	TN/[g/(p・d)]	TP/[g/(p・d)]	NH_3-N/[g/(p・d)]
生活污水	130	65	12	1	8.3
生活垃圾	0.5	50	2.5	1.0	1.65

根据《全国水环境容量核定技术指南》，分别考虑污染物到达入湖距离（流程）、排污渠道的类型以及当地气温三类因素计算入湖量，见表 6.2。

表 6.2　　点源污染入湖量参数取值与计算方法

参　　数		修　正　系　数
污染源入湖流程（L）	$L \leqslant 1$km	1.0
	1km$<L\leqslant$10km	0.9
	10km$<L\leqslant$20km	0.8
	20km$<L\leqslant$40km	0.7
	$L>$40km	0.6
入湖渠道	未衬砌明渠	0.6～0.9
	衬砌暗管	0.9～1.0
气温	<10℃	0.95～1.0
	10～30℃	0.8～0.95
	>30℃	0.7～0.8
入湖污染量	入湖量＝点源排放量×距离修正系数×渠道修正系数×气温修正系数	

6.1.2　面源污染负荷计算方法

通常，非点源中的氮磷污染物分为溶解态和颗粒态两种状态。其中溶解态污染物溶解在水中，具有水溶性特征，通常通过降雨径流携带至河网，主要来自不同土地类型积累的背景污染和农村生活污染；颗粒态污染物通常来自土壤背景，其污染过程表现为土壤流失。非点源总污染负荷可表示为

$$W=W_{dis}+W_{abs} \tag{6.1}$$

式中：W 为非点源污染负荷总量，t/a；W_{dis} 为溶解态污染负荷总量，t/a；W_{abs} 为颗粒态污染负荷总量，t/a。

在本次研究中，基于流域 DEM 特征，结合现场调查，将程海流域划分为 29 个子流域（图 6.1），并在该基础上，采用改进的输出系数模型计算程海流域的溶解态污染负荷入湖量，采用基于 RUSLE 的固态污染负荷方程计算程海流域的颗粒态污染负荷入湖量。

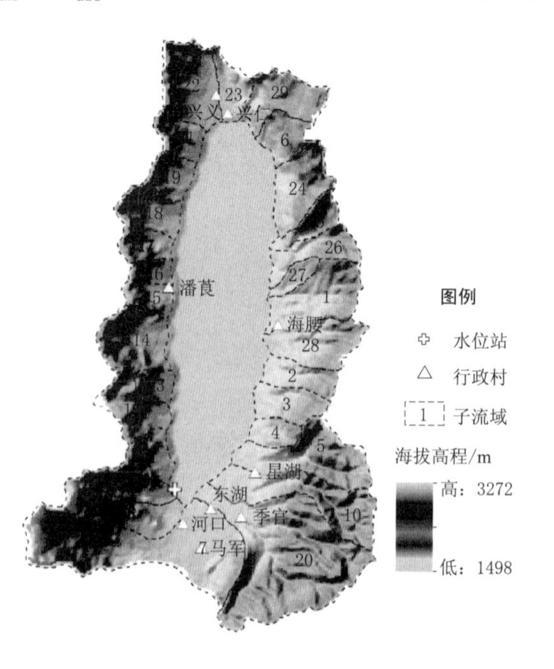

图 6.1　程海流域子流域划分

6.1.2.1　改进的输出系数模型

20 世纪 70 年代初期，输出系数模型通过建立湖泊营养化与土地利用之间的关系，定量的分析土地利用对湖泊营养化的影响（Carpenter S. R.，1998）。但在应用初期，该模型只适用于土地利用类型较为单一的流域进行非点源污染分析，这种局限性造

成了分析结果与实际情况有较大的差异。为了弥补这一缺陷，输出系数模型在实际应用中不断完善和推广。其中最为重要的进展是 Johnes 在以往成果的基础上发表了较为全面和系统地输出系数模型。该模型不仅将土地利用类型进行精细的划分，还加入了牲畜养殖、农村居民生活等因素，并考虑到大气沉降的影响，同时建立了不同污染类型的输出系数。输出系数模型（Export Coefficient Model，ECM）利用黑箱原理，避开了非点源污染发生的复杂过程，且在实际应用中体现出较好的精度，能够反映出不同类型非点源污染负荷的时空分布特征，适用于资料缺乏的流域非点源污染研究。

经典的输出系数模型为（Johnes P J，1990）

$$L=\sum_{i=1}^{n}E_i[A_i(I_i)]+P \tag{6.2}$$

式中：L 为营养物质的流失量，kg/a；E_i 为对 i 营养源的输出系数，kg/(hm^2 · a) 或 kg/(ca · a)；A_i 为第 i 类土地利用类型总面积，hm^2；I_i 为第 i 种营养源的营养物质输入量，kg；P 为由降雨输入的营养物总量，kg/a。

降水产生的营养物输入量与研究区域的单位面积营养物质沉降率有关，可表示为（Winter J，1999）

$$P=da\lambda \tag{6.3}$$

式中：d 为研究区域内某种营养物质在单位面积上的沉降率，kg/(hm^2 · a)；a 为研究区域的面积，hm^2；λ 为径流系数。

λ 的计算方法为

$$\lambda=\frac{R}{P}\times 100\% \tag{6.4}$$

式中：R 为研究区域的年均径流深度；P 为研究区域的年降水量，mm。

降水和地形是非点源污染产生、输移的重要影响因素，两者均对非点源污染起关键作用（Yong Li，et al，2006）。Johns 输出系数模型由于缺乏对降水、地形影响方面的表征，使得该模型在降水空间分布不均、地形起伏较大的地区，存在着一定的局限性，暴露出在非点源污染分析过程中灵敏度不高、准确度不足的缺点。因此，如果将降水和地形因子加入输出系数模型中去，可得到更符合受地形、降水影响地区的非点源污染模型。在 Johnes 输出系数模型的研究基础上，引入降水和坡度影响因子，提出改进的输出系数模型，改进后的模型结构为

$$L=\sum_{i=1}^{n}\alpha\beta E_i[A_i(I_i)]+P \tag{6.5}$$

式中：α 为降水影响因子；β 为地形影响因子；其他参数含义同前。

选择合适的降水量指标来考虑降水对非点源污染流失的影响是至关重要的。本书主要从降水的年际差异和空间分布两个方面进行指标的选取。

6.1.2.2 修正的通用土壤流失模型

颗粒态氮磷流失计算采用固态污染物负荷方程，土壤侵蚀量则利用修正的 RULSE 土壤侵蚀通过方程得到，颗粒态氮（简称 AN）、颗粒态磷（简称 AP）入湖负荷模型为（Mushtak，2003；Angima S D，2003；SANJAY K JAIN，1998）

$$W_{XF}=\lambda_{XF}(\sum_{u=1}^{U}X_uA_uC_s\eta) \tag{6.6}$$

式中：W_{XF}为颗粒态污染入湖总量，t/a；λ_{XF}为流域泥沙输送比（无量纲）；u为土地利用类型；X_u为第u类土地利用类型的土壤年侵蚀模数，t/(km^2 • a)，可通过下式进行计算；A_u为第u类土地利用类型面积，km^2；C_s为土壤中氮、磷背景质量分数，%，根据中国土壤数据库第二次土壤普查农田肥力数据进行查询获取；η为氮、磷污染物富集率（无量纲），参考金沙江流域的养分富集比研究成果，取程海流域氮、磷的富集率为1.35和1.28。

RUSLE因形式简单、因子意义明确，是目前应用最广泛的土壤侵蚀模型，其形式为

$$X_u=RK_uLSP_uC_u \tag{6.7}$$

式中：R为降雨侵蚀动力因子；K_u为第u类土地利用的土壤可侵蚀因子；LS为坡度坡长因子；P_u为第u类土地利用的水土保持因子；C_u为第u类土地利用的植被覆盖因子。

6.1.3 关键参数确定

6.1.3.1 降雨影响因子α

相关研究表明，降雨量对溶解态氮（简称DN）、溶解态磷（简称DP）的流失量有较为显著的影响，降雨强度主要对产量时间及养分浓度出现峰值的时间有一定的影响，而降雨历时则会对污染物的流失量影响较大。因此，选取合适的降水量指标来体现对溶解态污染负荷的影响显得尤为重要。本书从降雨的年际差异和空间分布两个角度来考虑降雨对溶解态污染物负荷的影响。

在降雨年际差异方面，主要考虑不同年份的降雨条件下溶解态污染入湖量的变化。首先获取流域多年降雨数据和污染负荷入湖量资料，通过回归分析，建立流域年平均降雨量r与溶解态污染物入湖量L的相关关系为

$$L=f(r) \tag{6.8}$$

式中：r为流域年平均降雨量，mm；L为溶解态污染物年入湖量，kg。

将流域多年平均降雨量r_{ave}代入式（6.8）得到多年平均降雨条件下的溶解态污染物年入湖量L_{ave}；因此，降雨年际差异影响因子α_t表示为

$$\alpha_t=\frac{f(r)}{f(r_{ave})} \tag{6.9}$$

式中：α_t为降雨年际差异影响因子；r_{ave}为流域多年平均降雨量，mm。

在降雨空间分布方面，主要考虑在某一年份中，流域不同地区因降雨不同而造成的溶解态污染差异，本书通过降雨量的空间分布来体现，降雨空间分布影响因子α_s表示为

$$\alpha_s=\frac{R_j}{R_{ave}} \tag{6.10}$$

式中：α_s为降雨空间分布影响因子；R_j为流域内不同地区j的年降雨量，mm；R_{ave}为流域平均年降雨量，mm。

降雨影响因子α是降雨年际差异影响因子α_t和空间分布影响因子α_s的乘积，其表达式为

$$\alpha=\alpha_t\alpha_s=\frac{f(r)}{f(r_{ave})}\cdot\frac{R_j}{R_{ave}} \tag{6.11}$$

根据前面所述，首先建立流域降水量与溶解态污染物入湖量的相关关系 $f(r)$，来表征在不同年份降水条件下的非点源污染的变化。由于经济条件和水文站点的布设，历史上程海流域没有有效的污染物入湖量监测数据，周玉良等通过 SCS 模型计算出流域逐年入湖的溶解态非点源负荷量，并基于湖泊营养物参照状态模型，验证了其结果的有效性，本书参考该研究成果，建立程海流域年平均降雨量 r 与 DN 和 DP 污染物入湖量 L 的相关关系为

$$\left.\begin{aligned}L_{DN}&=0.0013r^2-1.5781r+718.27\quad(R^2=0.8726)\\L_{DP}&=0.0004r^2-0.4806r+219.37\quad(R^2=0.8766)\end{aligned}\right\} \tag{6.12}$$

式中：L_{DN}为 DN（溶解态氮）年入湖量，kg；L_{DP}为 DP（溶解态磷）年入湖量，kg。

根据程海流域 1985—2016 年的降雨数据，得到程海流域年平均降雨量 r_{ave} 为 702.47mm，继而得到 r_{ave}降雨条件下溶解态氮、磷的年入河量，因此，溶解态氮、磷的年际差异影响因子为

$$\left.\begin{aligned}\alpha_{tDN}&=\frac{0.0013r^2-1.5781r+718.27}{251.21}\\\alpha_{tDP}&=\frac{0.0004r^2-0.4806r+219.37}{79.15}\end{aligned}\right\} \tag{6.13}$$

式中：α_{tDN}为溶解态氮的降雨年际差异影响因子；α_{tDP}为溶解态磷的降雨年际差异影响因子。

加上对降雨空间分布的考虑，溶解态氮、磷的降雨影响因子的表达式为

$$\left.\begin{aligned}\alpha_{DN}&=\alpha_{tDN}\alpha_{sDN}=\frac{0.0013r^2-1.5781r+718.27}{251.21}\cdot\frac{R_j}{\overline{R}}\\\alpha_{DP}&=\alpha_{tDP}\alpha_{sDP}=\frac{0.0004r^2-0.4806r+219.37}{79.15}\cdot\frac{R_j}{\overline{R}}\end{aligned}\right\} \tag{6.14}$$

式中：α_{DN}为溶解态氮的降雨影响因子；α_{DP}为溶解态磷的降雨影响因子。

通过计算，程海流域 2014 年降水对溶解态氮的影响值为 0.82～0.88，对溶解态磷的影响值为 0.79～0.90，其空间分布整体呈现由西南向东北递减的趋势（图 6.2）。

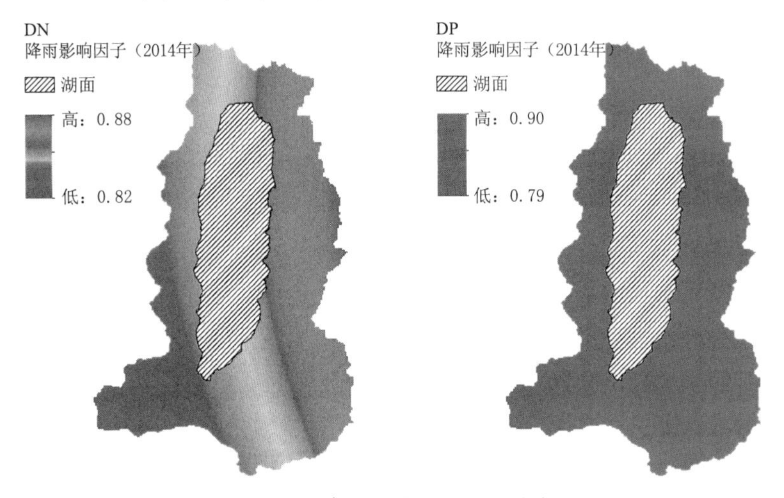

图 6.2　降雨影响因子空间分布

6.1.3.2 地形影响因子 β

由于目前现有的模型主要针对不同土地利用类型以及面积等要素进行了考虑，缺乏表征下垫面因子中的坡度对非点源的影响。坡度是影响坡面产污的重要因素，其主要通过影响径流量来影响其携带的溶解态氮、磷流失量，坡度对坡面径流的影响是坡度对溶解态氮、磷污染负荷影响的关键所在。因此，坡度对溶解态氮、磷污染的影响可转化坡度与径流量的关系。大量研究证实，坡度与坡面径流量呈正相关关系，径流量可以表示为坡度的幂函数与常量的乘积。因此，建立坡度与溶解态氮、磷污染流失量的关系式为

$$L=c\theta^{d} \tag{6.15}$$

式中：L 为污染负荷；c、d 为常量。

坡度影响因子 β 主要反映不同地区因坡度起伏造成的溶解态氮、磷污染空间差异，主要通过溶解态氮、磷污染负荷与坡度的相关关系来体现，坡度影响因子 β 的表达式为

$$\beta=\frac{L(\theta_i)}{L(\theta_{\mathrm{ave}})}=\frac{\theta_j^d}{\theta_{\mathrm{ave}}^d} \tag{6.16}$$

式中：θ_j 为流域内不同地区 j 的坡度，(°)；θ_{ave} 为全流域的平均坡度，(°)。

根据已有的相关实验数据和其他文献研究成果对流失量公式的参数进行确定，可以得到 c 为 0.1881，d 为 0.6104。溶解态氮、磷污染负荷与坡度的相关关系为

$$L=0.1881\theta^{0.6104} \quad (R^2=0.8973) \tag{6.17}$$

根据 DEM 数据，基于 GIS 中的 Slope 模块，得出程海流域的平均坡度为 13.30°，因此，程海流域非点源污染 TN、TP 的地形影响因子 β 为

$$\beta=\frac{0.1881\theta^{0.6104}}{L(13.30)}=\frac{0.1881\theta^{0.6104}}{0.9128}=0.2060\theta^{0.6104} \tag{6.18}$$

通过计算可以得到程海流域的地形影响因子值为 0～2.34，整体呈现西高东低的分布态势，这与程海流域西部地区坡陡谷深、东部地区坡度较缓以及南部地区地势平坦的地理分布特征相吻合，如图 6.3 所示。

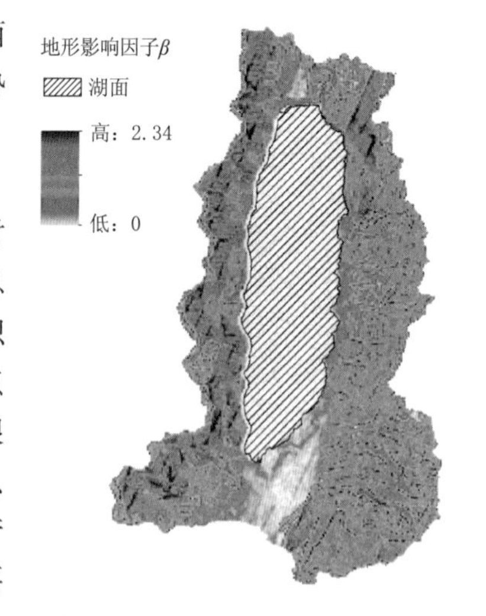

图 6.3 地形影响因子（2014 年）

6.1.3.3 污染源输出系数

在输出系数模型中，污染物的输出系数是指单位时间内、某种土地利用方式或某种营养源输出的污染物总负荷的标准估值。输出系数多采用单位时间、单位面积上的负荷量表示。确定合理的输出系数是成功估算非点源污染物输出负荷量的关键。影响输出系数的因素很多，流域内的地形地貌、水文、气候、土地利用类型、土壤类型和结构、植被以及管理措施等都会输出系数产生较大的影响。程海流域农业非点源污染归纳起来主要包括农村生活、畜禽养殖、土地利用和大气沉降四种类型。其中农村生活包括农村生活污水、生活垃圾以及粪便排放；畜禽养殖分为大牲畜、猪、羊和家禽；土地利用类型分为耕地、林地、草地、建设用地和未利用土地；在非点源污染方面，大气沉降也是一个重要的污染源，相关研究表

明，大气沉降对于森林中的营养物质积累起到了很大的促进作用。非点源污染物输出系数一般有三种途径：研究文献、实验结果和水文统计方法。三种方法各有优缺点：①文献法相对于另外两种方法简易、方便、耗时较好，但准确度相对低；②实验方法准确度最高，但需要大量的投资和时间；③水文统计法反映了影响物迁移的水文机理，比文献法具有更高的准确性，但是需要大量的水文和水质数据，这在发展中国家的小流域很难获得。由于监测资料的短缺，本研究主要采用文献法结合调查数据对输出系数进行确定。

农村生活的输出系数反映了当地农村人口对生活污水及废弃物的利用和处理水平。通过《2014年永胜县统计年鉴》、云南省污染源普查办公室提供资料及现场调研得到，程海流域总人口3.36万人，汇水区所涉及的人口绝大部分为农村居民。在溶解态氮方面，生活污水、生活垃圾以及粪便排放的污染负荷输出系数分别为0.219kg/(ca・a)、0.642kg/(ca・a)、1.278kg/(ca・a)；在溶解态磷方面，生活污水、生活垃圾以及粪便排放的污染负荷输出系数分别为0.033kg/(ca・a)、0.256kg/(ca・a)、0.219kg/(ca・a)；在COD方面，生活污水、生活垃圾以及粪便排放的污染负荷输出系数分别为2.19kg/(ca・a)、12.81kg/(ca・a)、5.48kg/(ca・a)；在NH_3-N方面，生活污水、生活垃圾以及粪便排放的污染负荷输出系数分别为0.183kg/(ca・a)、0.384kg/(ca・a)、0.402kg/(ca・a)。

随着集约化畜禽养殖量的高速发展，畜禽养殖排放的大量粪尿成为农村的新兴非点源污染物，给生态环境造成了潜在的危机。通过文献比较分析与专家咨询，重点参考永胜县人民政府编写的程海生态环境保护总体实施方案（2016—2020）中的畜禽粪便产排系数和生态环境部推荐的畜禽养殖排污系数表，畜禽粪便产排系数见表6.3。畜禽饲养周期则根据生态环境部公布的数据确定，大牲畜取365d，猪取199d，羊取365d，家禽取210d，计算得到各畜禽养殖类型溶解态氮磷污染负荷输出系数，其中在溶解态氮方面，大牲畜、猪、羊以及家禽的污染负荷输出系数分别为6.680kg/(ca・a)、0.796kg/(ca・a)、1.132kg/(ca・a)、0.011kg/(ca・a)；在溶解态磷方面，大牲畜、猪、羊以及家禽的污染负荷输出系数分别为0.548kg/(ca・a)、0.200kg/(ca・a)、0.402kg/(ca・a)、0.006kg/(ca・a)；在COD方面，大牲畜、猪、羊以及家禽的污染负荷输出系数分别为54.750kg/(ca・a)、11.940kg/(ca・a)、4.380kg/(ca・a)、0.315kg/(ca・a)；在NH_3-N方面，大牲畜、猪、羊以及家禽的污染负荷输出系数分别为0.986kg/(ca・a)、0.478kg/(ca・a)、0.329kg/(ca・a)、0.001kg/(ca・a)。

表6.3　　畜禽粪便产排系数

项　目	污染物类型	大牲畜	猪	羊	家　禽
粪便产量/[kg/(ca・d)]	粪	15	2	1.23	0.12
	尿	10	3.3	0.62	—
污染排放当量/[g/(ca・d)]	TN	18.3	4	3.1	0.05
	TP	1.5	1	1.1	0.03
	COD	150	60	12	1.5
	NH_3-N	2.7	2.4	0.9	0.005

鉴于无程海流域的土地利用输出系数试验数据，因此程海流域各种土地利用类型的输出系数，系参考国内相似自然条件下的其他地区的研究结果，同时结合研究区的污染物输出特征，对参考值进行修正，确定本研究土地利用的输出系数。作为长江上游地区的一部分，程海流域在水文、地形和种植作物类型上与相邻近区域的差异不大，本书重点参考了关于长江上游地区以及西南地区的研究成果。由于程海是典型的深水湖泊，历史以来水体没有遭受过严重污染，长时间内氮、磷营养物质富集在底泥中，底泥污染的可能性不大，故程海湖水面的 TN、TP 的输出系数取值为 0。同时，关于 NH_3-N 的输出系数的相关文献较少，结合已有文献中关于氮与氨氮的比例，取 TN 输出系数的 60%作为 NH_3-N 的输出系数。不同土地利用类型的参考输出系数值和本文的具体取值结果见表 6.4。

表 6.4　　文献调研中各土地利用类型输出系数

参考文献	研究区域	污染物	输出系数值/[kg/(hm²·a)]				
			耕地	林地	草地	建设用地	未利用土地
丁晓雯（2007）	长江上游地区	TN	45.1	12.8	0.6	11.2	14.9
刘瑞民（2006）	长江上游地区	TN	29.0	2.38	10.0	11	14.9
		TP	0.9	0.15	0.2	0.24	0.51
马亚丽（2013）	四川泸县	TN	29.0	3.58	6	11.2	14.9
		TP	6.0	0.6	2	0.24	0.51
任玮（2015）	云南滇池流域	TN	23.2	2.5	6	13.0	13.4
		TP	1.61	0.15	1.65	0.50	0.51
魏新平（2012）	四川白鹿河流域	TN	28.83	3.58	6.03	13.28	11.47
		TP	5.93	0.57	1.18	2.75	10.63
杨立梦（2014）	四川芒溪河流域	TN	17.04	2.83	NA[1]	NA	11.0
郝旭（2013）	云南昆明云龙水库	TN	32	2.8	6.4	NA	NA
		TP	2.25	0.15	0.36	NA	NA
马广文（2012）	长江上游地区	TN	29	2.4	10	11.0	14.9
		TP	0.9	0.2	0.2	0.2	0.5
本研究取值		TN	27.0	4.11	7.20	11.78	13.64
		TP	2.93	0.30	0.93	0.79	2.14
		NH_3-N	16.2	2.47	4.32	7.07	8.18

注　NA 代表无数据。

大气沉降中的输出系数参考国内相似自然条件下其他地区的研究成果，N 的大气沉降率为 6.82kg/(hm²·a)（陆海燕，2010），P 的大气沉降率为 0.23kg/(hm²·a)（任玮，2015）。根据《云南省地表水资源》径流深等值线成果，从多年平均径流深等值线图读取地表径流量，程海多年平均径流深为 213.0mm。

综上所述，通过文献阅读以及现场调研的方式确定各类型溶解态污染源的输出系数，汇总其值见表 6.5。

表 6.5　　各类型溶解态污染源的输出系数

污染源		溶解态氮输出系数	溶解态磷输出系数	COD 输出系数	NH_3-N 输出系数
农村生活 /[kg/(ca·a)]	生活污水	0.219	0.033	2.19	0.183
	生活垃圾	0.642	0.256	12.81	0.384
	粪便排放	1.278	0.219	5.48	0.402
畜禽养殖 /[kg/(ca·a)]	大牲畜	6.680	0.548	150	2.7
	猪	0.796	0.199	60	2.4
	羊	1.132	0.402	12	0.9
	家禽	0.011	0.006	1.5	0.005
土地利用 /[kg/(hm^2·a)]	农业耕地	27.00	2.93	—	16.2
	林地	4.11	0.30	—	2.47
	草地	7.20	0.93	—	4.32
	建筑用地	11.78	0.79	—	7.07
	裸地	13.64	2.14	—	8.18
大气沉降/[kg/(hm^2·a)]		6.82	0.23	—	—

输出系数模型模拟出来的结果是溶解态污染物的产生量，而流域内实际的观测值表征的是流域溶解态污染物的入湖量，是指溶解态污染物质在降水的冲刷下向河道输移过程中，污染物质会因为各种物理和化学反应逐渐衰减，形成入湖损失量。因此在考虑污染负荷在输移过程中的损失，引入入河系数 λ_r。溶解态污染负荷产生量和入湖量之间存在如下的关系：

$$L_r=\lambda_r L \tag{6.19}$$

式中：L_r 为非点源溶解态污染物入湖量；λ_r 为非点源溶解态污染物入湖系数；L 为非点源溶解态污染物产生量。

根据永胜县人民政府编写的《程海生态环境保护总体实施方案》，2014 年程海流域生活污水、生活垃圾、粪便排放以及畜禽养殖的收集及安全处置率分别为 20%、80%、45%、45%，考虑到排污渠道的类型以及当地气温等因素，马军、兴义村的平均入湖系数为 0.9，其他行政村为 1。DN 和 DP 在土地利用和大气沉降的流域平均入湖系数参考已有的研究成果，分别为 0.3 和 0.2（周怀东，2004）。

6.1.3.4　降雨侵蚀因子 *R*

降雨侵蚀因子值与降雨量、降雨强度、降雨历时、雨滴大小及雨滴下降速度有关，它反映了降雨引起土壤分离和搬运的动力大小（刘宝元，2001），本书利用 Wischemeier 经验公式，基于程海流域月降雨数据来计算降雨侵蚀力，该公式即考虑了年总降雨量，又考虑了降雨的年内分布，可以比较准确地反映出流域降雨对土壤侵蚀的贡献率，计算公式为

$$R=\sum_{i=1}^{12}1.735\times 10^{1.5\times \lg\frac{p_i^2}{p_u}-0.8188} \tag{6.20}$$

式中：R 为降雨侵蚀因子，MJ·mm/(hm²·h·a)；p_i 为各月平均降雨量，mm；p_u 为年平均降雨量，mm。根据对程海流域1985—2015年年降水量的突变结果可知，程海流域的年降水量在2006年发生突变。计算程海流域2006—2015年逐年的降雨侵蚀动力值，其波动范围为117.99～756.66MJ·mm/(hm²·h·a)（图6.4），并取其平均值作为降雨侵蚀因子 R 值，平均值为326.52MJ·mm/(hm²·h·a)。

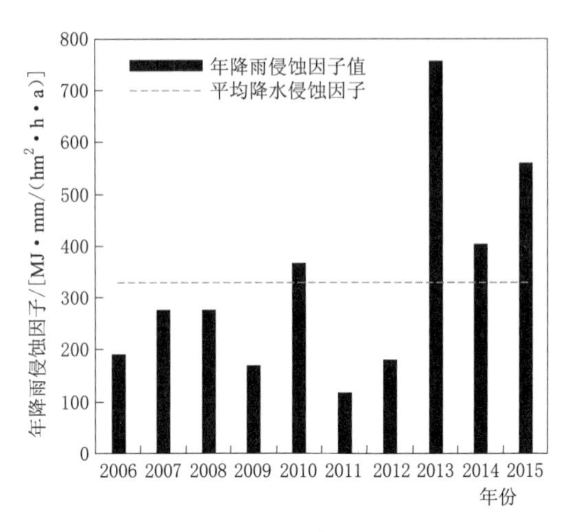

图6.4 2006—2015年降雨侵蚀时间变化

6.1.3.5 地形影响因子 *LS*

地形影响因子 LS 表示在其他条件均相同的情况下，某一给定坡度和坡长的坡面上土壤流失量与标准径流小区典型坡面上土壤流失量的比值。在流域尺度上，坡度和坡长等地形指标通过DEM来提取。本书的坡度提取是依据Van Remortel的计算方法，采用D8算法计算最大坡降方向；坡长提取采用Van Remortel提出的累计坡长法原理，即根据水流来向和流向关系，定义局部最高点作为坡长累计计算的起点，从高到低，通过不断寻找径流结束点的方式，利用多重循环和迭代方法，完成对累计坡长（沿着流水线方向各栅格坡长的和）的计算（Van Remortel R D，2004）。

地形影响因子 LS 采用Wischmeier和Smith提出的经验公式计算（Renard K G，1997）：

$$L=(\lambda/22.13)^m \tag{6.21}$$

式中：λ 为由DEM提取的坡长，m；22.13为22.13m标准小区坡度长；m 为坡长指数，满足：

$$m=\begin{cases}0.5 & ,a>5\% \\ 0.4 & ,3\%<a\leqslant 5\% \\ 0.3 & ,1\%<a\leqslant 3\% \\ 0.2 & ,a\leqslant 1\%\end{cases} \tag{6.22}$$

RUSLE模型允许的最大坡度为18%(10°)，而程海流域陆面坡度大于18%的土地面积达到了82.01%，因此本书借鉴刘宝元对坡度在9%～55%(5°～29°）的陡坡土壤侵蚀的研究，把坡度因子分段计算，即缓坡采用McCool坡度公式（McCool D K，1987），陡坡采用刘宝元的坡度公式（Liu B Y，1994），合并表示为

$$S=\begin{cases}10.8\sin\theta+0.03 & ,\theta<5^\circ \\ 16.8\sin\theta-0.5 & ,5^\circ\leqslant\theta<10^\circ \\ 21.9\sin\theta-0.96 & ,\theta\geqslant 10^\circ\end{cases} \tag{6.23}$$

式中：S 为坡度因子；θ 为坡度值，(°)。

使用上述方法，基于 ArcGIS 的 Spatial Analyst 分析模块，提取并计算程海流域的 LS 因子，计算结果如图 6.5 所示，波动范围为0～16.24，其高值区主要集中在程海流域西岸海拔较高的地区。

6.1.3.6 土壤侵蚀因子 K

土壤侵蚀因子是指单位降雨侵蚀力在标准小区上所造成的土壤流失量，该因子具有明确的物理意义和简便的测定方法。目前，获取土壤可侵蚀因子值的主要方法有：直接测定法、诺谟图法和公式法。直接测定值法被认定为最符合田间实际土壤对侵蚀力的敏感尺度，但是直接测定值所需的时间较长，经费多；诺谟图不仅需要较多参数，特别是土壤结构级别和土壤渗透级别在程海这样的小流域极难准确获得；而公式法则比较快捷，也较为准确。本书采用 Williams 等在 EPIC 模型中的方法，利用土壤有机碳和颗粒组成因子进行估算，计算公式如下（Willians J R，1990）：

$$K=\left\{0.2+0.3\exp\left[-0.0256S_d\left(1-\frac{S_i}{100}\right)\right]\right\}\times\left(\frac{S_i}{C_i+S_i}\right)^{0.3}\times\left\{1.0-\frac{0.25C_0}{C_0+\exp(3.72-2.95C_0)}\right\}\times\left\{1.0-\left[0.7\left(1-\frac{S_d}{100}\right)\right]\Big/\left[1-\frac{S_d}{100}+\exp\left(-5.51+22.9\left(1-\frac{S_d}{100}\right)\right)\right]\right\} \tag{6.24}$$

式中：S_d 为砂粒质量分数，%；S_i 为粉粒质量分数，%；C_i 为黏粒质量分数，%；C_0 有机碳质量分数，%。K 的美制单位为（sh. t · ac · h)/(100 · ac · ft · sh. t · in)，相当于国际制单位 0.1317(t · h)/(MJ · mm)。

通过 1∶100 万的土壤数据库，提取流域内表层土壤的砂粒、粉粒、黏粒以及有机碳质量分数属性值，计算土壤侵蚀因子 K，其空间分布如图 6.6 所示，波动范围为

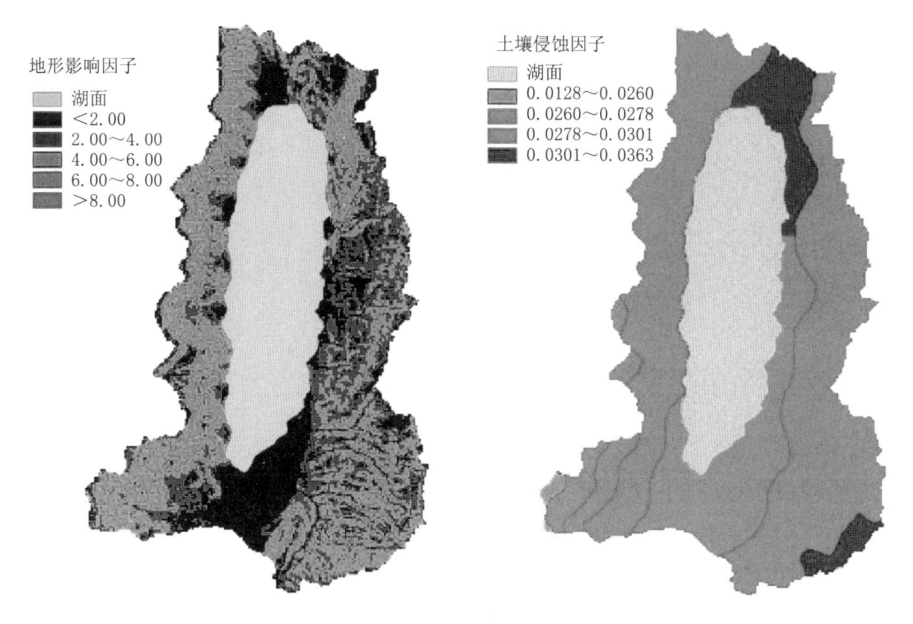

图 6.5 程海流域地形影响因子空间分布　　图 6.6 程海流域土壤侵蚀因子空间分布

0.013～0.036，土壤可侵蚀因子 K 按土壤类型从大到小排序为：紫色土＞红色石灰土＞褐红土＞黄棕壤＞棕壤＞红壤土＞黑毡土。

6.1.3.7 植被覆盖因子 C

植被覆盖因子是指在相同的土壤、坡度和降雨条件下，某一特定作物或者植被情况下土壤流失量与连续休闲的土地土壤流失量的比值。作为侵蚀动力的抑制因子，主要反映的是有关覆盖和管理变量对土壤侵蚀的影响，其值范围为 0～1，大小取决于具体的作物覆盖、轮作顺序及管理措施的综合作用等。区域植被覆盖度由归一化植被指数 $NDVI$ 进行计算。考虑到侵蚀的程度与降水密切相关，本书将各月份降水占全年降水的比例作为加权因子计算年均植被覆盖度，以便真实反映一年中植被覆盖对土壤侵蚀抑制作用的平均水平，植被覆盖因子 C 的空间分布如图 6.7 所示。计算公式为

$$c_i = (NDVI_i - NDVI_{soil,i})/(NDVI_{veg,i} - NDVI_{soil,i})$$

$$c = \sum_{i=1}^{12} \frac{P_i}{P} \cdot c_i \tag{6.25}$$

式中：c 为年均流域植被覆盖度，%；c_i 为第 i 月的流域植被覆盖度，%；$NDVI_{soil,i}$ 为第 i 月完全为裸土或无植被覆盖区域的 $NDVI$ 值，其经验值为 0.70；$NDVI_{veg,i}$ 则代表第 i 月完全被植被覆盖区域的 $NDVI$ 值，其经验值为 0。且有，当 $NDVI_i > 0.70$ 时，c_i 取值为 1；当 $NDVI_i < 0.05$ 时，c_i 取值为 0。

利用坡面产沙量与植被覆盖度之间的数学关系进行计算：

$$C = \begin{cases} 1 & , c = 0 \\ 0.6508 - 0.3436 \lg c & , 0 < c \leqslant 78.3\% \\ 0 & , c > 78.3\% \end{cases} \tag{6.26}$$

式中：c 为年均流域植被覆盖度，%。

6.1.3.8 水土保持因子 P

水土保持因子 P 是表示专门措施后的土壤流失量与顺坡种植的土壤流失量的比值，与植被覆盖因子 C 相似，水土保持因子 P 同样作为侵蚀力的抑制因子，主要反映了相应管理措施对土壤侵蚀量的影响，其取值范围为 0～1。水土保持措施越好 P 值越小。通过调查流域内不同土地利用类型采取的水土保持的措施以及参考临近流域相关研究成果，按照土地利用类型确定 P 值，其取值见表 6.6；水土保持因子空间分布如图 6.8 所示。

表 6.6 不同土地利用的 P 值

土地利用	城镇	旱田	水田	草地	园地	林地	水域	其他
P 值	0.50	0.7	0.68	0.65	0.60	0.9	0	1

6.1.3.9 泥沙输移比 λ_{XF}

泥沙输移比是指示流域水流输移侵蚀泥沙能力的指标，是决定流域出口颗粒态非点源污染物负荷的关键因子。相关研究表明，其取值范围为 0.1～0.4，参考长委会对长江流域的研究成果，取值为 0.28（李林育，2009）。由于每个土地单元所处的空间位置不同，

到流域出口的距离和高差不同，侵蚀的土壤被输移到出口的比例会有所差异。所以，对于每个栅格单元的泥沙输移比值，可根据栅格单元到最近河道的距离与高程差对平均泥沙输移比进行加权获取（龙天渝，2008）。

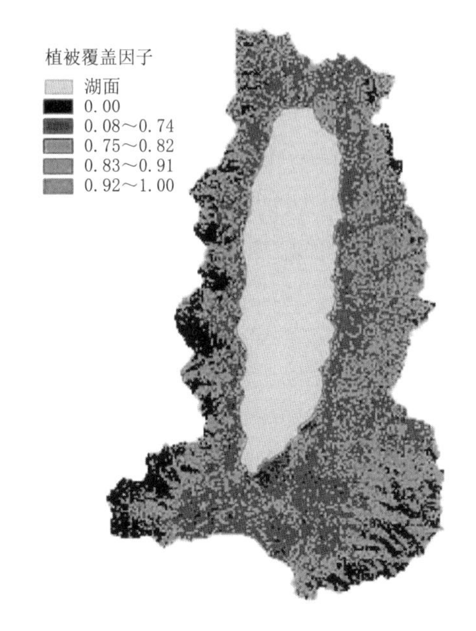

图 6.7　程海流域植被覆盖因子空间分布

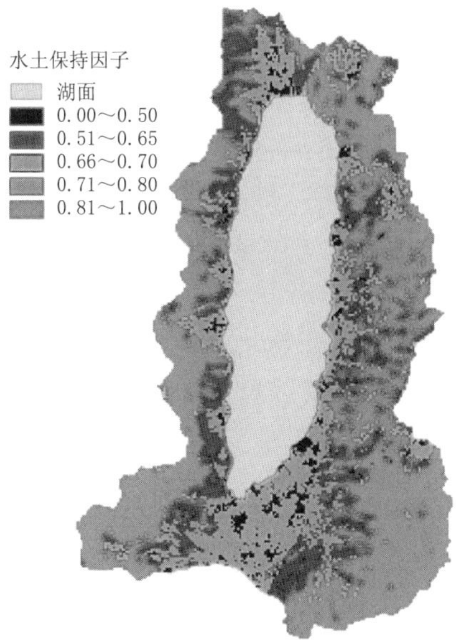

图 6.8　程海流域水土保持因子空间分布

6.2　程海流域入湖污染负荷变化特征

6.2.1　流域入湖污染负荷估算

6.2.1.1　点源入湖污染负荷

1. 工业废水污染

程海流域分布有工业企业 7 家，其中 5 家属于螺旋藻养殖与加工企业，1 家为银鱼产品加工，1 家为蔬菜、果品加工企业。在这些工业企业中，除列入丽江市重点工业污染源名单和由于环保设施不健全停产整顿外，其余 4 家螺旋藻养殖与加工企业正常生产过程中产生废水。螺旋藻养殖及加工企业生产废水主要是藻泥清洗水、藻泥脱水压滤水、废培养基和养殖池冲洗废水。经过多年的环保治理，4 家螺旋藻养殖与加工企业均采用了两段污水处理工艺对污水进行处理，其中前段为气浮和接触氧化工艺，后端为过滤和臭氧消菌工艺。近些年来，螺旋藻养殖与加工企业污水处理设施进行扩建升级，完善污水处理回用及治理设施，建设污染源在线监测系统，养殖废水经过处理后又进行回用，工业废水达标零排放率为 100%，并未向程海排放工业废水。

2. 城镇生活污染

芮家村作为程海镇镇政府所在地，是程海流域内唯一的集镇。根据云南省污染普查资料，2014 年该集镇常住人口有 1783 人。结合芮家村地理位置、河流和温度情况，距离修正系数为1、渠道修正系数为0.8、温度修正系数为0.9。

(1) 生活污水。根据《程海水污染综合防治"十二五"规划中期执行情况评估报告》，城镇生活污水收集处置率为50%。2014年，集镇污水产生量为8.46万t/a，主要污染物COD、TN、TP、NH_3-N排放量分别为35.15t/a、3.26t/a、0.36t/a和2.83t/a；集镇污水入湖主要污染物COD、TN、TP、NH_3-N入湖量分别为25.31t/a、2.35t/a、0.26t/a和2.04t/a，集镇生活污水污染负荷见表6.7。

表6.7 集镇生活污水污染负荷 单位：t/a

项目	COD	TN	TP	NH_3-N
污染物产生量	70.29	6.51	0.72	5.66
污染物排放量	35.15	3.26	0.36	2.83
污染物入湖量	25.31	2.35	0.26	2.04

(2) 生活垃圾。程海镇常住人口生活垃圾产生量325.40t/a，主要污染物COD、TN、TP、NH_3-N产生量为32.54t/a、1.63t/a、0.65t/a、1.07t/a，集镇生活垃圾污染负荷见表6.8。据《程海水污染综合防治"十二五"规划中期执行情况评估报告》，城镇生活垃圾收集处置率为100%，没有污染物入湖。

表6.8 集镇生活垃圾污染负荷 单位：t/a

项目	垃圾量	COD	TN	TP	NH_3-N
污染物产生量	325.40	32.54	1.63	0.65	1.07

6.2.1.2 面源溶解态氮磷入湖污染负荷

1. 土地利用

土地利用被认为是对自然生态系统影响最大的因素之一，它的变化不仅引起地表各种地理过程发生变化，同时也会使区域景观结构发生较大的变化。人类活动影响到土壤环境和水文循环的每个环节，加剧水体的非点源污染。研究土地利用对非点源污染的影响，对了解生态环境和土地资源的合理利用、治理和恢复生态环境具有一定的现实意义，也对人类土地利用规划提供科学依据。程海流域总面积为318.3km^2，其中湖泊面积占流域面积的23.92%，流域内土地利用类型较多，以林地面积相对最大，占总面积的24.36%，其次是草地和灌木林地，分别占总面积的14.93%、11.34%，再加上其他林地，以上四种土地利用类型占总面积的54.43%；旱地、水田以及园地的面积分别占总面积的8.90%、6.29%以及0.69%，合计15.88%；建筑用地占总面积的2.23%；此外，流域范围内还存在着3.53%的裸地和荒地。

选取校正后的卫星遥感数据、解译后得到2014年程海流域的土地利用类型数据，利用改进的输出系数模型，基于GIS的分区统计功能，计算出流域范围内不同土地利用类型的溶解态氮、磷负荷量及负荷强度。表6.9为不同土地利用现状下非点源污染溶解态氮、磷污染负荷。可以看出，不同土地利用类型下的溶解态氮、磷污染负荷量及负荷强度有较大的差异。在污染负荷量方面，农业耕地（旱地、水田以及园地）最大，这与流域内作物种植类型、化肥农药施用量有关，林地（有林地、灌木林地以及其他林地）、草地，这与林地、草地在土地利用面积中占据了较大的比重有密切关系；在负荷强度方面，农业耕地最大，其次为裸地、草地。具体从溶解态氮负荷来看，流域土地利用溶解态氮平均入湖负荷量为 5.837t/a，其中农业耕地中的旱地污染负荷量贡献最大，为 17.63t/a，占总负荷量的 30.19%，其次为草地、有林地，分别为 10.21t/a、10.17t/a，贡献比例分别为 17.49%和 17.42%，水田的负荷量也高于流域平均值，为 7.87t/a，贡献比例为 13.49%；流域土地利用溶解态氮平均入湖负荷强度为 2.759kg/(hm^2 · a)，园地、旱地、水田以及裸地的负荷强度均高于流域平均值。溶解态磷负荷情况整体与此类似，但也略有不同，流域土地利用溶解态氮平均入湖负荷量为 0.608t/a，其中旱地污染负荷量仍居首位，为 1.92t/a，贡献比达 31.49%，其次为草地、水田，分别为 1.31t/a、0.85t/a，贡献比例为 21.53%和 14.06%，有林地的负荷量也高于流域平均值，占 12.41%，其入湖负荷量为 0.75t/a；流域土地利用溶解态磷平均入湖负荷强度为 0.298kg/(hm^2 · a)，园地、旱地、裸地以及水田的负荷强度相对较大，均超过了流域平均值。

表 6.9　程海流域不同土地利用现状下非点源污染溶解态氮、磷污染负荷

土地利用	面积 /hm^2	面积百分比 /%	溶解态氮			溶解态磷		
			负荷强度 /[kg/(hm^2 · a)]	负荷量 /(t/a)	负荷百分比 /%	负荷强度 /[kg/(hm^2 · a)]	负荷量 /(t/a)	负荷百分比 /%
草地	4721.93	14.83	2.16	10.21	17.49	0.28	1.31	21.53
灌木林地	3609.57	11.34	1.33	4.79	8.20	0.10	0.36	5.87
旱地	2831.88	8.90	6.23	17.63	30.19	0.68	1.92	31.49
建筑用地	710.77	2.23	1.65	1.17	2.01	0.11	0.08	1.33
裸地	1123.79	3.53	2.97	3.34	5.72	0.46	0.52	8.58
水田	2002.85	6.29	3.93	7.87	13.49	0.42	0.85	14.06
有林地	7754.46	24.36	1.31	10.17	17.42	0.10	0.75	12.41
其他林地	1240.35	3.90	1.39	1.73	2.97	0.10	0.13	2.10
园地	220.56	0.69	6.62	1.46	2.51	0.73	0.16	2.61
水域	7613.84	23.92	0	0	0	0	0	0

从流域空间分布看，土地利用非点源污染入湖量主要集中在流域的南岸和北岸，其他依次为东岸和西岸（图 6.9）。南、北岸属于农业化程度较高的区域，其农业耕地面积分别占流域农业耕地面积的 54.87%和 19.37%，这势必会造成较多的农田化肥流失和农田固废污染现象的发生；而东、西岸的土地利用多以林地、草地为主，其污染负荷量相对较低。

2. 农村生活和畜禽养殖

利用上述确定的农村生活和畜禽养殖营养源输出参数，运用改进的输出系数模型分别估算出农村生活和畜禽养殖所带来的氮、磷污染负荷量，结果如图 6.10 所示。可以看出，农村生活污染带来的溶解态氮、磷负荷量分别为 27.16t/a 和 5.35t/a，畜禽养殖带来的溶解态氮、磷负荷量分别为 43.81t/a 和 7.91t/a。具体来看，对农村生活氮、磷污染负荷贡献最大的为居民粪便排放，其他依次为生活污水、生活垃圾；大牲畜的粪便排放对畜禽养

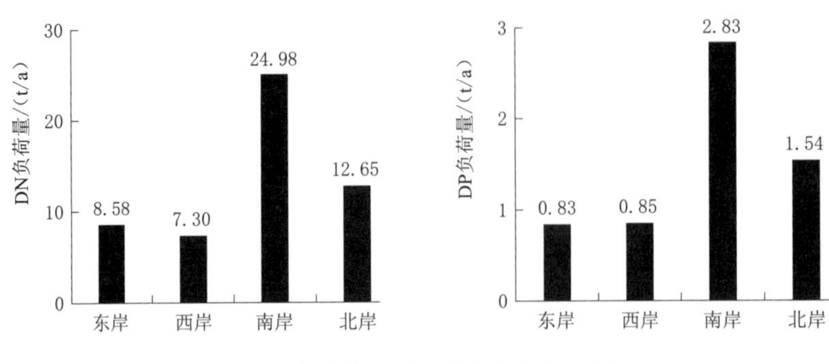

图 6.9 程海流域不同区域溶解态氮、磷负荷

殖氮、磷污染贡献率最大，其次为羊、猪养殖，家禽养殖贡献相对较小。这与流域内生活污水、生活垃圾以及粪便排放处理的程度不同以及畜禽养殖业的粗放型发展、养殖类型及规模有密切关系。从流域空间分布来看，农村生活和畜禽养殖氮、磷入湖负荷量主要来源集中在南岸和北岸，其他依次为西岸、东岸。其主要原因是南、北岸分别承担着流域56.70%和22.63%的人口负荷以及全流域56.40%和21.34%的畜禽养殖量，造成了较高的生活污水、垃圾以及畜禽粪便排放量。相比之下，流域东、西岸由于在人口、畜禽养殖量方面占有比例偏小，其溶解态氮磷入湖量也相对较低。

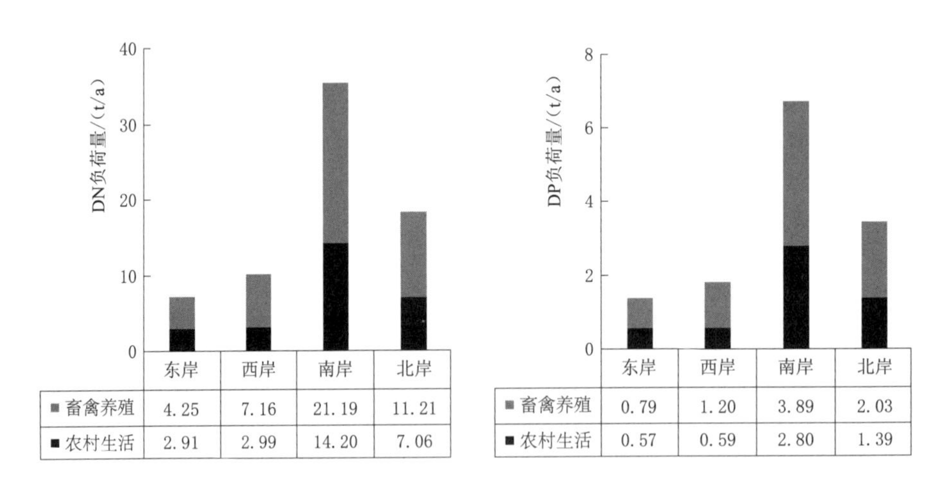

图 6.10 程海流域不同区域农村生活和畜禽养殖溶解态氮、磷污染负荷

3. 空间分布

综合考虑农村生活、畜禽养殖、土地利用、大气沉降带来的溶解态氮磷负荷以及水土流失中的溶解态部分。可以看出，入湖溶解态氮负荷量大约为159.440t，主要来源于土地利用输出负荷，其贡献比例达到36.61%，畜禽养殖贡献比例为33.70%，农村生活对溶解态氮贡献比例为17.02%，大气沉降和水土流失中的溶解态氮所占比例较小，仅为8.91%和9.98%；溶解态磷方面，其入湖负荷量大约为24.705t/a，贡献比例最大的为畜禽养殖输出负荷，占到了32.02%，土地利用和农村生活，贡献比例分别为24.62%和

21.66%，水土流失中溶解态磷部分贡献比例为20.32%，大气沉降贡献比例最小，仅为1.38%。从溶解态污染负荷入湖量的区域分布看，溶解态氮、磷入湖量主要集中在流域南岸，贡献比例分别为49.53%和50.31%，其他依次为北岸、西岸和东岸，具体结果见表6.10和表6.11。

表6.10 溶解态氮污染入湖负荷

污染源		东岸负荷量/(t/a)	西岸负荷量/(t/a)	南岸负荷量/(t/a)	北岸负荷量/(t/a)	合计	
						负荷量/(t/a)	百分比/%
农村生活		2.908	2.988	14.175	7.058	27.129	17.02
畜禽养殖		4.252	7.162	21.188	11.209	43.811	27.48
土地利用		8.879	8.154	28.169	13.168	58.370	36.61
大气沉降		2.836	1.607	7.355	2.412	14.210	8.91
水土流失溶解态		2.573	1.893	8.083	3.371	15.920	9.98
合计	负荷量/(t/a)	21.448	21.804	78.970	37.218	159.440	
	百分比/%	13.45	13.68	49.53	23.34		100

表6.11 溶解态磷污染入湖负荷

污染源		东岸负荷量/(t/a)	西岸负荷量/(t/a)	南岸负荷量/(t/a)	北岸负荷量/(t/a)	合计	
						负荷量/(t/a)	百分比/%
农村生活		0.573	0.589	2.797	1.391	5.350	21.66
畜禽养殖		0.793	1.196	3.892	2.030	7.911	32.02
土地利用		0.928	0.812	2.821	1.522	6.083	24.62
大气沉降		0.066	0.024	0.200	0.051	0.341	1.38
水土流失溶解态		0.784	0.596	2.720	0.920	5.020	20.32
合计	负荷量/(t/a)	3.144	3.217	12.430	5.914	24.705	
	百分比/%	12.73	13.02	50.31	23.94		100

从空间分布角度看，溶解态氮入湖负荷量为1.03～19.23t/a，平均值为5.482t/a，其入湖总量为158.47t/a，南岸的7号、20号流域溶解态氮入湖量较大，分别为18.42t/a和19.23t/a，占到了整个流域范围溶解态氮入湖量的11.55%和12.06%；其次为北岸的22号流域和西岸的14号流域，其溶解态氮入湖量分别为10.76t/a和8.11t/a；以及南岸的10号、8号、5号流域，其溶解态氮入湖量分别为7.98t/a、7.61t/a和7.59t/a。溶解态磷入湖量空间分布与此类似，其取值范围为0.15～2.90t/a，平均值为0.856t/a，其入湖总量为24.70t/a，南岸的7号、20号流域溶解态磷入湖量较大，分别为2.9t/a和2.85t/a，占到整个流域范围溶解态磷入湖量的11.74%和11.54%；其次为北岸的22号流域，其解态磷入湖量为1.69t/a。流域范围内溶解态氮、磷入湖负荷量空间分布如图6.11所示。

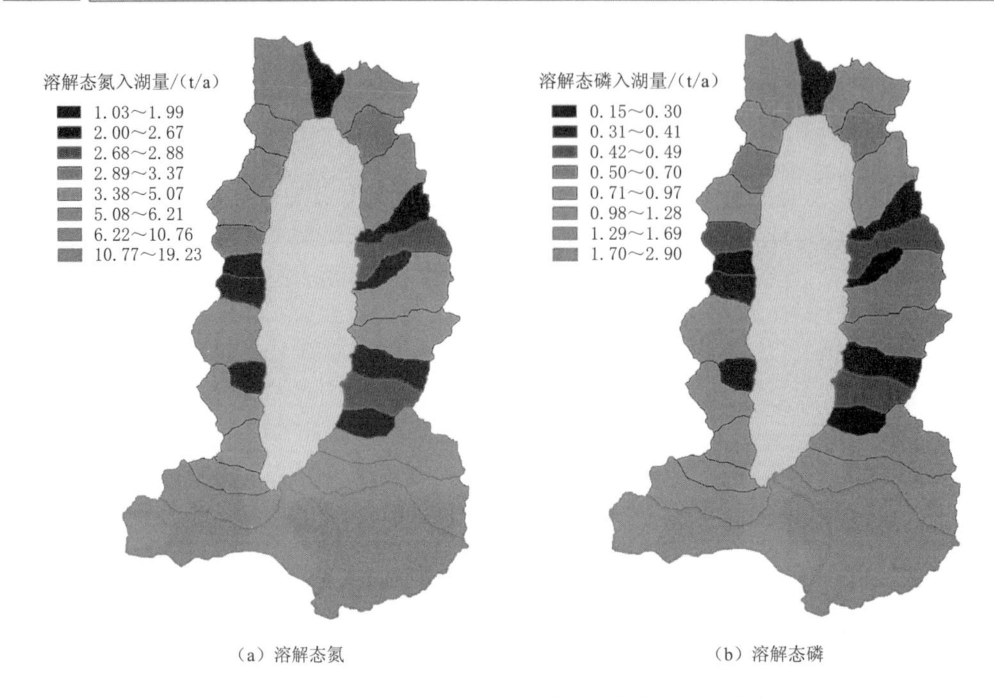

(a) 溶解态氮　　(b) 溶解态磷

图 6.11　程海流域溶解态氮、磷入湖负荷量空间分布

6.2.1.3　面源颗粒态氮磷入湖污染负荷

1. *程海流域颗粒态污染负荷入湖量*

利用土壤侵蚀模型因子确定方法，分别计算出降雨侵蚀动力因子（R）、土壤可侵蚀因子（K）、坡度坡长因子（LS）、植被覆盖因子（C）和水土保持因子（P），并利用GIS工具分别生成基于月降雨量的 R 因子图、基于土壤类型的 K 因子图、基于流域地形的 LS 因子图和基于土地利用类型和植被覆盖的 C 因子图和 P 因子图，再利用 Map Algebra 功能计算出不同子流域的土壤侵蚀量。最后利用固态污染负荷方程计算出颗粒态氮磷污染负荷量。

从表 6.12 可以看出，颗粒态氮入湖量主要来源于流域东岸，其入湖负荷量为 79.040t/a，贡献比例达到 39.38%；其次为流域北岸和南岸，其贡献比例分别为 24.57%和 22.27%，流域西岸对颗粒态氮贡献比例仅为 13.78%；磷方面，贡献比例最大的依然来源于流域东岸，其负荷量为 24.129t/a，占到总入湖量的 39.20%，其次流域南岸和北岸，贡献比例分别为 25.12%和 21.69%，流域西岸入湖量贡献比例相对较小，为 13.99%。

表 6.12　　程海流域不同方位颗粒态氮、磷污染入湖负荷量

区　域	颗　粒　态　氮		颗　粒　态　磷	
	负荷量/(t/a)	百分比/%	负荷量/(t/a)	百分比/%
东岸	79.040	39.38	24.129	39.20
西岸	27.663	13.78	8.609	13.99
南岸	44.703	22.27	15.459	25.12
北岸	49.321	24.57	13.353	21.69

从空间分布角度看，颗粒态氮入湖量的取值范围为 1.158～17.152t/a，平均值为 6.922t/a，其入湖总量为 200.727t/a，流域东岸的 1 号、28 号子流域（图 6.1）颗粒态氮入湖量较大，分别为 17.152t/a 和 14.946t/a，占到了整个流域范围颗粒态氮入湖负荷量的 8.54%和 7.45%，其次为流域东岸的 24 号、26 号以及北岸的 22 号子流域（图 6.1），其颗粒态氮入湖负荷量分别为 12.652t/a、11.663t/a 和 10.841t/a。颗粒态磷入湖量空间分布与此类似，其取值范围为 0.364～5.321t/a，平均值为 2.122t/a，其入湖总量为 61.55t/a，流域东岸的 1 号、28 号子流域（图 6.1）颗粒态磷入湖量依然较大，分别为 5.321t/a 和 4.608t/a，占到了整个流域范围颗粒态氮入湖负荷量的 8.65%和 7.49%，其次为流域南岸的 7 号，东岸的26 号、3 号以及北岸的 22 号、24 号子流域（图 6.1），其颗粒态氮入湖负荷量分别为 3.752t/a、3.562t/a、3.164t/a、3.300t/a 和 3.101t/a。流域范围内颗粒态氮、磷入湖负荷量空间分布如图 6.12所示。

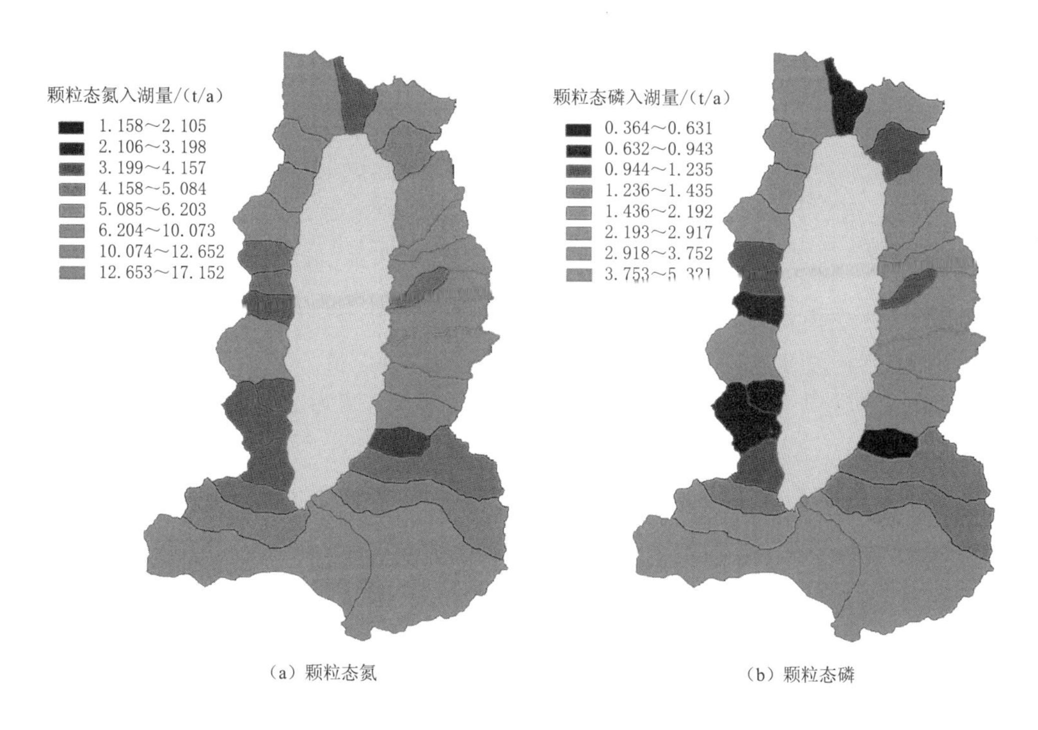

图 6.12 程海流域颗粒态氮、磷入湖负荷量空间分布

2. 空间分布特征

为了较为全面的分析颗粒态氮、磷污染物入湖负荷量的空间分布特征，本书基于 GIS 的分区统计功能，对不同海拔高度、坡度、土地利用类型以及坡向的颗粒态氮、磷入湖负荷量进行统计分析，分析结果见表 6.13～表 6.16。其中海拔高度分级采用综合自然分界法（natural break)，ArcGIS 的这种分类方法是利用统计学的 Jenk 最优化法得出的分界点，能够使各级的内部方差之和最小)；坡度分级采用《水土保持综合治理　规划通则》(GB/T 15772—2008) 中划分标准；根据流域中各栅格位置处表面朝向的罗马方向来定义

坡度方向，将全流域的坡向划分为45°～135°（半阳坡）、135°～225°（正阳坡）、225°～315°（半阴坡）以及315°～45°（正阴坡）四类。

流域范围内颗粒态氮平均入湖负荷强度为8.27kg/(hm^2 · a)，磷平均入湖负荷强度为2.54kg/(hm^2 · a)。表6.13是不同海拔高度区域颗粒态氮、磷污染物入湖负荷量，可以看出，大约42.18%流域面积的颗粒态氮、磷入湖负荷强度超过了流域平均值，这些区域主要集中在海拔高度1680～2090m的地方。虽然该区域面积占总流域的42.18%，但颗粒态氮、磷入湖量分别占流域总入湖量的56.06%和53.99%。因此，有必要在上述区域采取相应的措施来减少颗粒态污染物入湖量。

表6.13　　程海流域不同海拔高度区域颗粒态氮、磷污染物入湖负荷量

海拔/m	面积/hm^2	面积百分比/%	颗粒态氮			颗粒态磷		
			负荷强度/[kg/(hm^2 · a)]	负荷量/(t/a)	负荷百分比/%	负荷强度/[kg/(hm^2 · a)]	负荷量/(t/a)	负荷百分比/%
1464～1680	6233.32	25.70	6.24	38.629	19.24	1.87	11.555	18.77
1680～1884	5071.17	20.91	11.64	58.560	29.17	3.43	17.273	28.06
1884～2090	5157.82	21.27	10.55	53.982	26.89	3.12	15.960	25.93
2090～2323	3947.61	16.28	7.78	30.418	15.15	2.41	9.402	15.28
2323～2713	3094.34	12.76	5.54	16.937	8.44	2.12	6.465	10.50
>2713	745.93	3.08	3.11	2.201	1.10	1.27	0.895	1.45

表6.14是不同坡度区域颗粒态氮、磷污染物入湖负荷量。结果表明，随坡度增加，污染物入湖负荷强度也相应地显著增加。其中0°～5°、5°～8°和8°～15°三个坡度带的污染物入湖负荷强度均小于流域平均值。这是由于15°以下属于缓坡区域，且部分为经过一定程度梯田改造后的农业耕地和有林地。此外，植被在缓坡易于生长，林草覆盖度相对较高。因此，该缓坡区域污染物入湖负荷强度较低。15°～25°、25°～35°和大于35°三个坡度带的污染物入湖负荷强度均高于流域平均值，颗粒态氮、磷入湖量分别占流域总入湖量的68.99%和69.31%。这是由于坡度越陡，降雨产生的径流流速越大，侵蚀动力越强，使陡坡区域具有产生强度侵蚀的地形条件。同时，植被在陡坡生长困难，林草地的覆盖度相对较低。因此，陡坡区域的颗粒态氮、磷入湖负荷强度较大。不同坡度等级的颗粒态污染物入湖负荷量及强度分析显示，流域内15°以上的坡度带应作为颗粒态污染物入湖量治理的重点区域。

表6.14　　程海流域不同坡度区域颗粒态氮、磷污染物入湖负荷量

坡度	面积/hm^2	面积百分比/%	颗粒态氮			颗粒态磷		
			负荷强度/[kg/(hm^2 · a)]	负荷量/(t/a)	负荷百分比/%	负荷强度/[kg/(hm^2 · a)]	负荷量/(t/a)	负荷百分比/%
<5°	3757.17	15.49	1.61	5.980	2.98	0.49	1.843	2.99
5°～8°	1956.33	8.07	4.94	9.507	4.74	1.52	2.921	4.75

续表

坡度	面积/hm^2	面积百分比/%	颗粒态氮			颗粒态磷		
			负荷强度/[kg/(hm^2·a)]	负荷量/(t/a)	负荷百分比/%	负荷强度/[kg/(hm^2·a)]	负荷量/(t/a)	负荷百分比/%
8°～15°	5836.87	24.07	8.06	46.757	23.29	2.43	14.127	22.95
15°～25°	7063.95	29.13	9.47	66.600	33.18	2.87	20.149	32.74
25°～35°	4083.12	16.84	12.05	48.813	24.32	3.71	15.026	24.41
>35°	1552.57	6.40	15.18	23.070	11.49	4.92	7.484	12.16

表6.15是程海流域不同土地利用类型的颗粒态氮、磷污染物入湖负荷量。结果表明，草地、灌木林地和裸地的污染物入湖负荷强度高于流域平均入湖强度，其颗粒态氮、磷入湖量分别占流域总入湖量的54.28%和53.24%。从入湖负荷量看，有林地对颗粒态氮、磷入湖量贡献最大，分别为28.13%和28.68%，入湖负荷量分别为56.470t/a和17.651t/a。其次为灌木林地，其贡献比例分别为25.70%和25.99%，入湖负荷量分别为51.585t/a和15.996t/a。这主要是因为流域范围内的树种以云南松林和华山松林为主，均为次生林，森林质量差，物种较为单一，而水源涵养能力较强的中山湿性常绿阔叶林呈零星分布，所占面积较小，这种情况造成了虽然有林地、灌木林地面积相对较大，但并没有对颗粒态污染物的入湖负荷量及强度起到减缓作用；而流域内的草地多为自然生长的荒草地，虽然面积较大，但大部分为中、低覆盖度，因此草地的颗粒态污染物入湖负荷量及强度均相对较高；剩下的裸地、荒地都是石漠化较为严重的区域，具有立地条件差、土壤瘠薄干旱，造林绿化难度大等特点，加剧了水土流失、滑坡、崩塌和泥石流灾害带来的危害。不同土地利用类型的颗粒态污染物入湖负荷量及强度分析显示，草地、灌木林地以及裸地的入湖负荷强度较高，同时有林地的入湖负荷量相对较大，以上区域是颗粒态污染物产生的主要发生区，应作为今后颗粒态污染物防治的重点区域。

表6.15　程海流域不同土地利用类型的颗粒态氮、磷污染物入湖负荷量

土地利用类型	面积/hm^2	面积百分比/%	颗粒态氮			颗粒态磷		
			负荷强度/[kg/(hm^2·a)]	负荷量/(t/a)	负荷百分比/%	负荷强度/[kg/(hm^2·a)]	负荷量/(t/a)	负荷百分比/%
草地	4664.38	19.23	9.49	44.034	21.94	2.90	13.432	21.82
灌木林地	3662.03	15.10	14.18	51.585	25.70	4.40	15.996	25.99
旱地	2789.36	11.50	6.23	17.217	8.58	1.91	5.279	8.58
建筑用地	693.18	2.86	2.34	1.561	0.78	0.72	0.482	0.78
裸地	1133.26	4.67	12.03	13.330	6.64	3.02	3.343	5.43
水田	2061.11	8.50	3.69	7.510	3.74	1.12	2.290	3.72
有林地	7785.16	32.10	7.28	56.470	28.13	2.27	17.651	28.68
其他林地	1231.31	5.08	6.46	7.794	3.88	2.24	2.701	4.39
园地	231.08	0.95	5.95	1.226	0.61	1.83	0.376	0.61

表6.16是不同坡向颗粒态氮、磷污染物入湖负荷量。结果显示，半阴坡和正阳坡的颗粒态污染物入湖负荷强度高于流域平均值。从入湖负荷量来看，半阴坡和正阳坡的颗粒态氮、磷污染物入湖量分别占流域颗粒态入湖总量的61.34%和59.72%，而面积只占流域总面积的55.89%，这说明流域内的颗粒态污染物流失主要发生在正阳坡和半阴坡区域，且强度较高。发生这种现象的原因主要有两点：一是在半干旱地区，水分是植被生长的主要限制条件，正阳坡较阴坡光照时数长，土壤含水量较少，植被生长受到限制，地表覆盖稀少，容易发生水土流失，进而造成较大的颗粒态氮磷入湖负荷量；二是半阴坡主要集中在流域东岸，而东岸地区又属于流域颗粒态氮、磷污染物入湖负荷量较大区域，因而造成了半阴坡地区较大的入湖负荷量。不同坡向的颗粒态污染物入湖负荷量及强度显示，流域正阳坡和半阴坡区域是颗粒态污染物入湖治理的重要区域，尤其是正阳坡地区，不仅是颗粒态污染物防治的重点区域，而且还是林业生态建设的困难立地。

表6.16　　程海流域不同坡向颗粒态氮、磷污染物入湖负荷量

坡向/(°)	面积/hm^2	面积百分比/%	颗粒态氮			颗粒态磷		
			负荷强度/[$kg/(hm^2 \cdot a)$]	负荷量/(t/a)	负荷百分比/%	负荷强度/[$kg/(hm^2 \cdot a)$]	负荷量/(t/a)	负荷百分比/%
45°～135°	6281.31	25.90	7.93	49.025	24.42	2.58	15.967	25.94
135°～225°	5110.43	21.07	9.11	45.600	22.72	2.86	14.321	23.27
225°～315°	8442.71	34.82	9.29	77.517	38.62	2.69	22.433	36.45
315°～45°	4415.63	18.21	6.63	28.585	14.24	2.05	8.829	14.34

6.2.2　流域入湖污染负荷污染源解析

以氮、磷为例进行程海流域污染源解析。综合考虑溶解态氮、磷负荷及颗粒态氮、磷负荷，每年排入程海的氮负荷量大约为359.197t，其中溶解态氮负荷量为158.47t，颗粒态氮负荷量为200.727t，贡献比例分别为44.12%和55.88%；磷负荷量大约为86.25t，其中溶解态磷负荷为24.70t，颗粒态磷负荷为61.55t，其贡献比例分别为28.64%和71.36%。可以看出，在氮方面，溶解态氮和颗粒态氮对流域氮负荷的贡献比例几乎相当；在磷方面，流域磷主要来自颗粒态磷，溶解态磷所占比例相对较小。

从空间分布来看（图6.13），流域氮、磷平均入湖负荷量分别为11.804t/a和2.883t/a。在氮方面，流域南岸的7号和20号子流域氮入湖负荷量尤为突出，分别为26.217t/a和26.571t/a，占到整个流域范围氮入湖负荷量的7.30%和7.40%。在以上两个子流域氮入湖负荷量中，溶解态氮贡献比例为70.22%～72.37%，颗粒态氮贡献比例为27.63%～29.78%。很明显，在流域南岸重点子流域氮入湖量治理方面，应重点突出溶解态氮的防治工作。在磷方面，流域南岸的7号和20号、东岸的1号和28号以及北岸的22号子流域磷入湖负荷量较大，以上子流域磷入湖负荷总量为27.666t/a，占到整个流域范围磷入湖负荷量的32.08%。由于空间位置的不同，在以上子流域磷入湖负荷量中，溶解态磷和颗粒态磷的贡献比例也有所差异。其中，流域南岸的7号和20号子流域溶解态磷的贡献比例为45.93%～52.51%，颗粒态磷的贡献比例为47.49%～54.07%，东岸的1号和28号子流域溶解态氮的贡献比例为11.63%～11.98%，颗粒态磷的贡献比例为

88.02%～88.37%，而北岸的22号子流域中，溶解态磷的贡献比例为35.08%，颗粒态磷的贡献比例为64.92%。可见不同区域的重点子流域磷入湖量治理中侧重方面有所差异，但总体来看，颗粒态磷入湖量的防治是磷入湖量治理的工作重点。

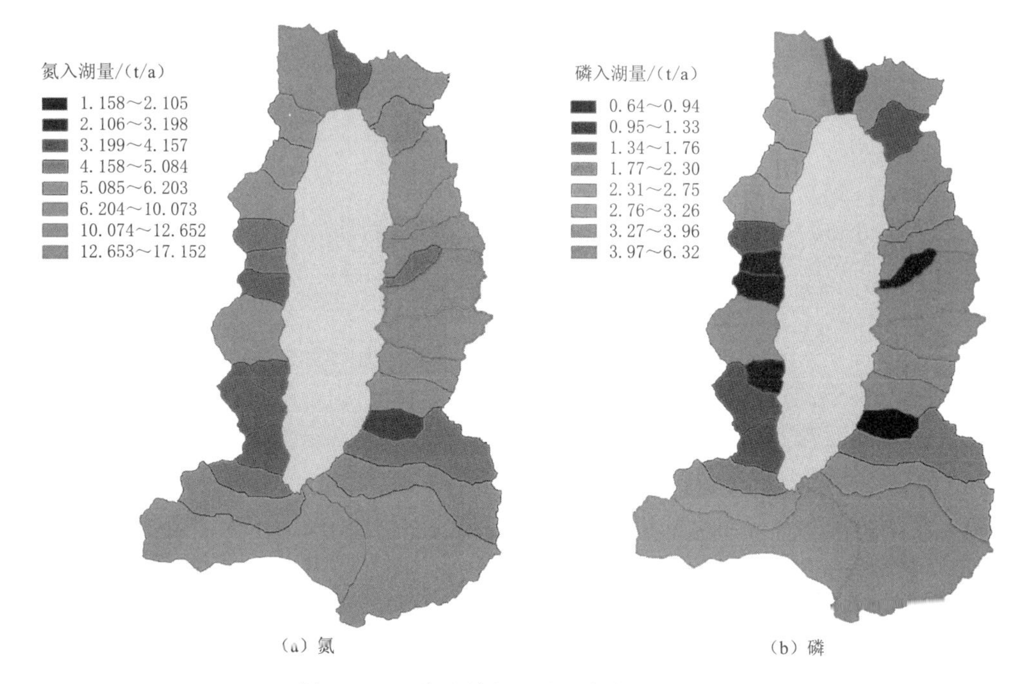

(a) 氮　　(b) 磷

图6.13　程海流域氮、磷入湖负荷空间分布

为进一步分析流域氮磷的负荷来源，把土地利用类型输出非点源污染负荷分为农田土地利用类型输出负荷和其他土地利用类型输出负荷两个部分，其中农田土地利用类型包括来自水田、旱地和园地的输出负荷，其氮磷污染物主要来源于农田化肥流失以及农田固废污染。利用上述结果对流域氮磷负荷来源进行分析。结果见图6.14和表6.17。

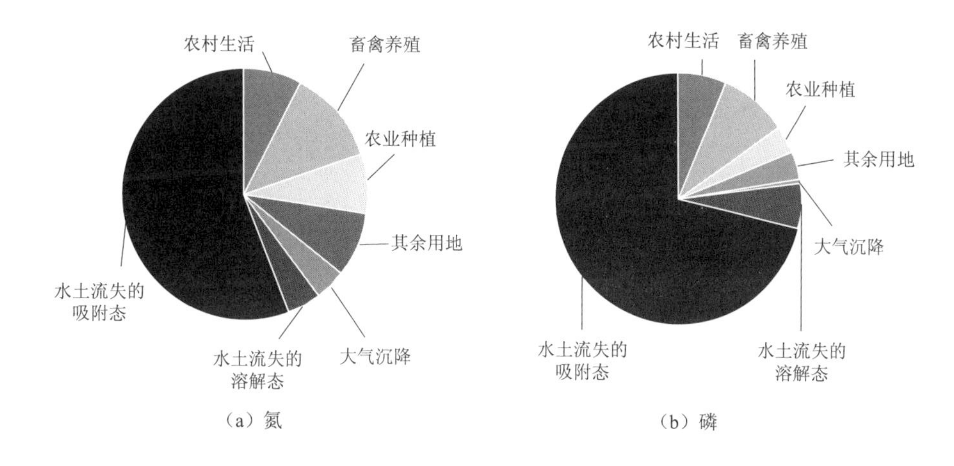

(a) 氮　　(b) 磷

图6.14　程海流域氮、磷入湖负荷贡献率

表 6.17　　程海流域氮、磷污染源负荷量及贡献百分比

污染源类型	氮		磷	
	负荷量/(t/a)	百分比/%	负荷量/(t/a)	百分比/%
溶解态	158.47	44.12	24.70	28.64
农村生活	27.16	7.56	5.35	6.20
畜禽养殖	43.81	12.20	7.91	9.17
土地利用	57.37	15.97	6.08	7.05
农业用地	27.289	7.60	2.965	3.44
其他土地利用类型	30.081	8.37	3.115	3.61
大气沉降	14.21	3.96	0.34	0.39
水土流失中的溶解态	15.92	4.43	5.02	5.82
颗粒态（水土流失）	200.727	55.88	61.550	71.36

可以看出，对流域氮贡献较大的污染源主要为水土流失中的颗粒态氮，其贡献比例为55.88%；其次为土地利用和畜禽养殖，贡献比例分别为15.97%和12.20%，在土地利用输出负荷贡献比例中，农田土地利用类型贡献比例为7.60%，其他土地利用类型贡献比例为8.37%；农村生活对氮的入湖量也有一定的贡献比例，贡献比例占到了7.56%；贡献比例最小的为大气沉降，仅为3.96%。在磷方面，各污染源的贡献比例大小顺序基本与氮类似，贡献最大的污染源依然为水土流失中的颗粒态磷，但相比于氮来说，颗粒态磷对流域磷入湖量的贡献比例高达71.36%；畜禽养殖输出负荷所占比重有所加大，其输出负荷贡献比例上升为第二位，其值为9.17%；其次为土地利用和农村生活，贡献比例分别为7.05%和6.20%，在土地利用输出负荷贡献比例中，农田土地利用类型和其他土地利用类型贡献比例分别为3.44%和3.61%；由于水土流失量较大，导致土壤侵蚀中的溶解态磷入湖量也相应增加，其贡献比例为5.82%；大气沉降的贡献比例最小，仅为0.39%。

综合对比氮磷的污染来源及其贡献比例可以看出，土壤侵蚀、土地利用以及畜禽养殖是影响程海流域氮磷负荷的重要污染源，累计贡献率为分别为127.24%、23.02%和21.37%，属于优先控制污染源。

程海所在的永胜县市云南省水土流失严重地区，程海流域则是重中之重。根据永胜县水务局提供的相关资料以及RUSLE计算结果分析，程海流域轻度以上水土流失面积150.1km^2，占陆地面价的61.59%，远高于云南省的平均侵蚀率水平，泥沙年流失量为52.76万t/a。在降雨期土壤和泥沙随雨水大量流失，土壤中的TN、TP等大部分溶解于水或以流失土粒为载体直接进入河道水体中，最终都将对程海的水质造成影响。

农田土地利用类型和其他土地利用类型对氮、磷入湖量的贡献比例基本一致，但农田土地利用类型和其他土地利用类型面积分别占全流域的15.96%和60.22%，很明显，农田土地利用类型的氮磷入湖负荷强度要远高于其他土地利用类型，导致出现这种现象的原因有两点：一是溶解态污染物质主要通过地表径流进行输移，而草地、林地等土地利用类型的植被覆盖对雨水冲刷、地表径流的形成具有一定的减缓和滞留作用，而农业耕地由于

翻耕播种、肥料施用，造成氮磷营养物质输出较大；二是程海流域单位面积农药、化肥施用量较大，据统计，在整个流域内农业耕地平均施肥量达 104.27kg/hm²，农田氮肥施用量为 40.04kg/hm²，磷肥可以达到 50.06kg/hm²。流域内以种植水稻、玉米为主，大蒜种植也是程海镇的主要产业之一，其化肥施用量较水稻高出一倍以上。目前中国农业生产中的氮肥的平均利用率为 30%～35%，磷肥为 10%～20%，尤其是水稻对化肥的有效利用率低，加之氮磷肥的使用不当会造成严重的化肥流失现象，随地表径流进入程海，导致流域内农业耕地的氮磷污染负荷普遍偏高。同时，流域内 37.3%的旱地分布在大于 15°的坡度区域，加剧了氮磷营养物质的流失。

近年来，随着程海流域畜禽养殖规模化的发展，畜禽养殖的污染问题也随之产生，程海流域农村居民点分散且规模较小，大都为山地村落，地形起伏较大，造成畜禽养殖粪便集中收集处理程度不高，很多地方都是直接排放，给环境带来严重影响，制约了畜禽业的可持续发展。尤其在目前来看，程海流域内的黑山羊养殖较多，且大部分为散养，粪尿等排泄物经降水冲刷作用下直接排入湖中，加之“一池三改”工程还未完工，导致畜禽养殖成为程海流域氮磷污染入湖负荷的一个重要来源。

6.2.3 流域入湖污染负荷计算与合理性分析

参考当地环保部门的相关资料，以 2009 年、2012 年以及 2014 年溶解态氮、磷入湖负荷数据来评价模型的合理性。图 6.15 是模拟值与观测值的对比分析。可以看出，溶解态氮的模拟值与观测值吻合较好，相对误差均在 10%以内，说明构建的溶解态氮输出系数模型基本合理。相比之下，溶解态磷的相对误差较大，其相对误差在−30%左右。但由于溶解态磷入湖负荷相对较小，所以在数值上相差不大。出现这种现象的原因有两方面：一方面是模型的改进对 DN 的灵敏度较高；另一方面是由于非点源磷污染主要以颗粒态存在，模型对溶解态磷部分的估算有一定的局限性。

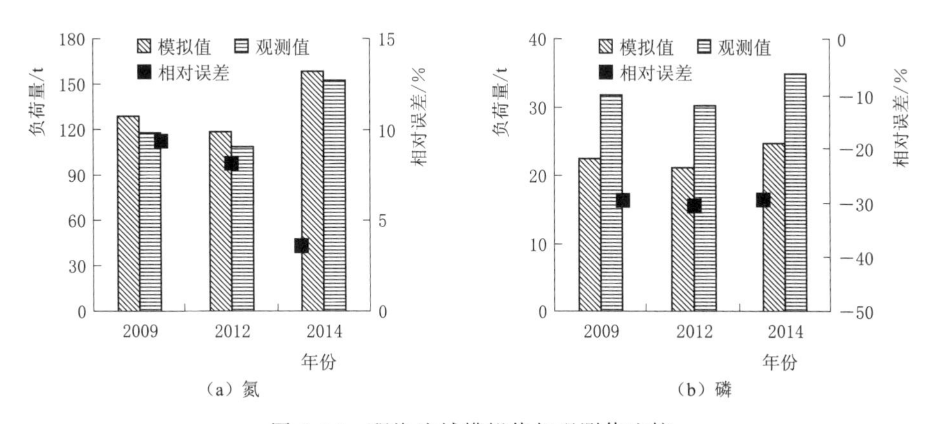

图 6.15 程海流域模拟值与观测值比较

程海流域水土流失和颗粒态污染物入湖量资料稀缺，据 RUSLE，计算得到流域的土壤侵蚀模数多年平均值为 2384t/km²，这与景可等绘制的全国土壤侵蚀模数等值线图中数值十分接近。据统计资料显示，全流域内颗粒态氮入湖量约为 197t/a，颗粒态磷入湖量约为 66t/a。本书通过固态污染负荷方程计算得到流域颗粒态氮入湖量为 200.727t/a，颗粒态磷入湖量为 61.550t/a，与统计值相比，其相对误差均在 10%以内，表明本书所构建的颗粒态污染物入湖估算模型符合实际情况。

6.3 程海流域入湖污染控制方案分析

6.3.1 程海流域入湖污染负荷防控分区划分

根据上文对程海流域非点源污染来源的解析结果，以流域土地利用现状为基础，根据土地利用开发强度、流域生态适宜性和生态脆弱性状况分析以及流域地形、村落人口分布情况，按照“控制—修复—保护”的原则，参考《云南省程海保护条例》(云南省人民代表大会常务委员会公告［第十三届］第二十号)，将程海流域综合划定为红线保护区、黄线控制区和蓝线修复区。红线保护区为湖泊保育区，黄线控制区以湖滨缓冲区外至山脚之间的坝区为主，山区为蓝线修复区（图 6.16）。

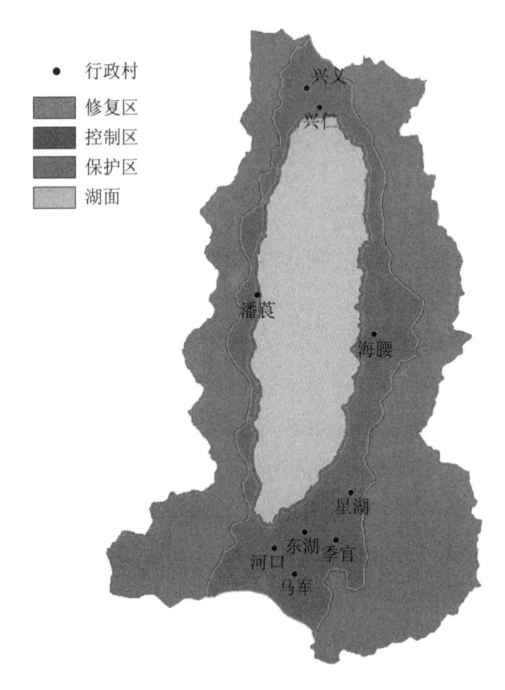

图 6.16 程海流域非点源污染防控分区

具体来看，建立红线保护区，其目的是构筑流域生态安全的基本格局，划分依据是参考了《云南省程海保护条例》的一级保护区范围，即为程海水体及程海最高运行水位 1501m 水位线外延水平距离 100m 内，面积为 8055.53hm^2，占程海流域面积的 25.31%。其中陆地面积为 475.45hm^2，水面面积为 7580.08hm^2，主要包括水体和湖滨带。黄线控制区是流域非点源治理的重点控制区，是红线保护区以外的居民用地和农业耕地相对集中的区域，涉及的国土面积为 8058.79hm^2，占程海流域面积的 25.32%。蓝线修复区为黄线控制区以外的流域，是流域水土流失治理的重点区域，其目的是强化流域非点源防治的安全屏障。涉及的国土面积为 16192.48hm^2，占程海流域面积的 50.91%。

从以上的分析结果和实地调研情况来看，流域内非点源问题突出主要体现在以下几个方面：①红线保护区内存在居民用地、农业用地以及畜禽养殖活动，污染物直接排入水体；②黄线控制区内的村落生活污水收集率低，污水随意排放严重，畜禽养殖粪便集中处理工程还未完工，农业以水肥高投入作物种植为主，种植结构有待优化且种植区域大多以斜坡耕作；③蓝线修复区内植被覆盖度欠佳，缺乏有效防治水土流失、滑坡崩塌和泥石流等自然灾害的工程措施，水土流失现象尤为严重。

6.3.2 程海流域入湖污染负荷削减方案确定

根据程海流域非点源污染治理分区结果，充分考虑不同区域的非点源污染治理要求和污染源特征，针对不同的分区提出不同的治理措施，最后进行治理效果评估，用以探求治理措施的合理性。综合来看，流域非点源治理措施主要归纳为畜禽养殖和农村生活污染治理、土地利用与农田化肥流失治理和水土流失治理三个方面。

1. 畜禽养殖和农村生活污染治理

从前文的结果可知，畜禽养殖已成为流域内非点源氮、磷污染入湖负荷的重要来源，同时，农村生活污染也在污染物入湖负荷量中占据了一定的比例。这种现象发生的主要原因是流域内经济发展和生活相对落后，居民生活污水集中收集处理程度不高，居民片面地追求养殖数量和经济效益，导致在畜禽养殖规模不断扩大的同时却未能对畜禽养殖产生的粪尿、污水进行集中处理而就地排放。本节以流域内 2014 年末人口量为基准确定人口，人口增长率参照近 5 年的年平均人口增长率来确定（为 2.79‰），认为在现状发展条件下，到 2020 年时流域内总人口为 34170 人，比 2014 年人口增长 567 人；同时考虑到经济发展要求，不过多地削减畜禽养殖量，本节结合流域未来发展规划，对农村生活和畜禽养殖污染治理设定以下两种方案：

方案一：削减流域内 10%的畜禽养殖量；建立粪尿污水集中处理厂，将流域内粪便处理率提高到 40%，农村生活污水处理率提高到 60%，生活垃圾处理率维持现状。

方案二：削减流域内 20%的畜禽养殖量；建立粪尿污水集中处理厂，将流域内粪便处理率提高到 60%，农村生活污水处理率提高到 75%，生活垃圾处理率提高到 85%。

2. 土地利用与农田化肥流失治理

土地利用治理主要根据非点源污染治理分区，有针对性地改变现有土地利用类型，将高输出的营养源转变为低输出的营养源。农田化肥流失治理主要考虑旱地、水田以及园地的溶解态氮、磷污染。本书是以不同营养源的输出系数形式来表达流域溶解态氮、磷负荷量，因此从减少农田土地利用类型的输出系数角度着手设置治理方案，即从“源”的角度进行非点源污染控制：

方案一：农业用地施肥量削减 15%；红线保护区内退耕、退塘、退房，对现有的民房、耕地及企业迁出，将土地利用类型改为有林地；黄线控制区和蓝线修复区内的裸地、荒地改为有林地。

方案二：农业用地施肥量削减 30%；红线保护区内退耕、退塘、退房，对现有的民房、耕地及企业迁出，将土地利用类型改为有林地；黄线控制区和蓝线修复区内的裸地、荒地改为有林地；蓝线修复区内退耕还林，草地改为高密度草地。

3. 水土流失治理

进行水土流失治理是减少非点源特别是颗粒态污染物治理的主要措施，因此本节结合所建立的非点源污染负荷模型，从以下两个角度来进行水土流失治理：①从 RUSLE 方程中的水土保持措施因子着手，对黄线控制区中的农业耕地实行等高耕作、带状耕作、实行 25°以下坡耕地改梯和≥25°坡耕地退耕还林等措施，防止泥沙或泥沙携带运移的其他污染物流失，也可以通过这些措施增加渗透和减少地表径流，通过减少土壤侵蚀量达到减少非点源污染的目的，以上措施是从“源”的角度进行控制；②从固态污染负荷方程中的泥沙输移比着手，对全流域尤其是东岸水系及冲沟上游进行坡面加固，建立固床坝以及泥石流排导槽等工程，在水系中下游因地制宜建立沉沙涵、塘、库、堰、坝等工程措施，进行拦水拦沙。通过改变水沙和营养盐的输移路径达到减少非点源污染的目的，即从“汇”（或者说“输运”）的角度进行非点源污染控制。

方案一：将相应土地利用类型的水土保持因子 P 减少 50%。

方案二：将流域泥沙输移比的值减少 50%。

对不同畜禽养殖和农村生活污染情景（现状、方案一、方案二）、土地利用与农田化肥流失治理情景（现状、方案一、方案二）、水土流失治理情景（现状、方案一、方案二）进行组合，并按代表性和实施的难易程度选取了 8 种情景进行分析。将各组合情景下的畜禽养殖和农村生活污染、土地利用与农田化肥流失以及水土流失治理数据输入到溶解态、颗粒态氮磷污染物计算模型中，模拟治理情景前后氮和磷入湖量的变化，情景方案设置见表 6.18，不同典型情景下不同区域污染负荷量及氮、磷变化趋势如图 6.17 所示。

表 6.18　　典型情景设置

情景	畜禽养殖和农村生活污染治理	土地利用与农田化肥流失治理	水土流失治理
0	现状	现状	现状
1	方案一	现状	现状
2	方案二	现状	现状
3	现状	方案一	现状
4	现状	方案二	现状
5	方案二	方案一	现状
6	方案二	方案二	现状
7	方案二	方案二	方案一
8	方案二	方案二	方案二

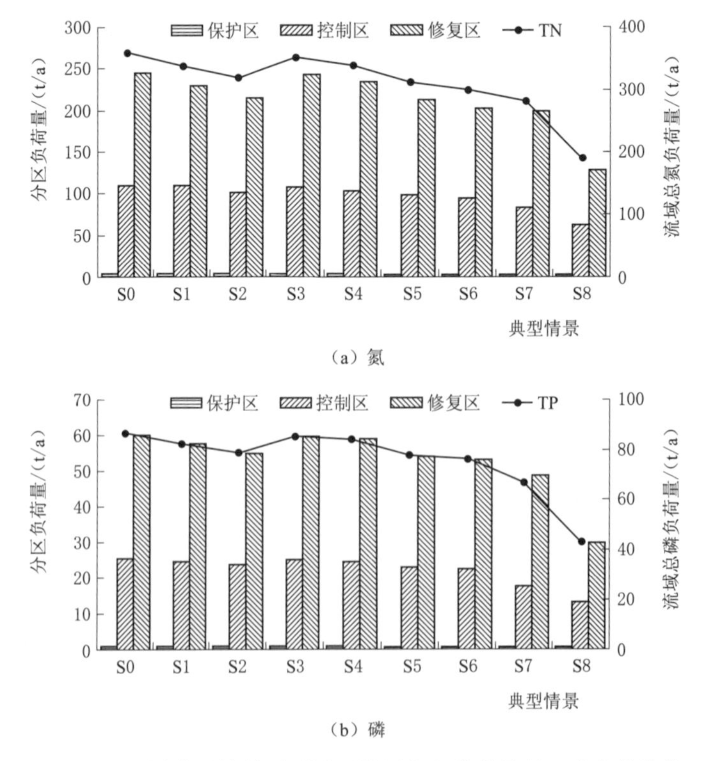

图 6.17　不同典型情景下不同区域污染负荷量及氮、磷变化趋势

通过情景分析，情景 8 效果最显著，在畜禽养殖和农村生活污染、土地利用与农田化肥流失以及水土流失治理均实行方案二时，流域氮入湖负荷量减少 47.11%，磷入湖负荷量减少 50.03%。其中红线保护区的氮入湖负荷量减少 56.40%，磷入湖负荷量减少 51.83%；黄线控制区氮入湖负荷量减少 44.44%，磷入湖负荷量减少 48.93%；蓝线控制区氮入湖负荷量减少 48.16%，磷入湖负荷量减少 50.47%。

具体来看，若只进行畜禽养殖和农村生活污染治理可使流域氮、磷入湖负荷分别降低 11.23%和 8.73%（实施方案二）；若只进行土地利用与农田化肥流失治理，氮、磷入湖负荷可分别下降 5.52%和 2.98%。相比来看，畜禽养殖和农村生活污染治理的效果要好于土地利用与农田化肥流失治理的效果。虽然土地利用是流域内第二大污染源，但由于流域内土地利用类型分布较多，只有大约 50%的土地利用污染来源于农田耕地，其余来源于分布在人烟稀少地区的林地、草地等土地利用类型，加之流域内坡陡流急，土壤氮、磷本底值较高，因此从治理的难易角度来看，对流域内土地利用类型进行全面的治理存在一定的难度。流域内畜禽养殖和农村生活污染治理水平相对较低，尤其是畜禽养殖污染在入湖负荷量中占有一定的比重，此外，程海流域生态环境保护总体实施方案中对农村生活污水、生活垃圾的处理率都做了明确的规定，粪便集中处理配套工程目前也在修建，很明显，畜禽养殖和农村生活污染治理最易实施，且效果比较明显。但是，土地利用和化肥流失治理是从“源”的角度出发，畜禽养殖和农村生活污染治理是从“汇”的角度出发，因此需要两者并重，在提高污水、垃圾以及粪便的处理率的同时，加大科学施肥力度，人工造林，提高流域植被覆盖度。

情景 7 和情景 8 分别从两个角度对水土流失进行治理，对比两种水土流失治理情景的削减率可知，两种情景均对磷的削减程度大于对氮的削减程度。单从削减率的角度分析，泥沙输移比减半的削减效果比旱地、水田、园地以及裸地、荒地 P 值减半的效果明显，但是从水沙及营养盐被拦截后所处的位置来看，后者的长远效果要明显，因为对农田耕地实行坡改梯、等高耕作以及保护性耕作使得泥沙和营养盐就地沉积，农田土壤的肥力基本没有降低，而采用沉沙涵、塘库堰坝等拦水拦沙工程措施使得流失的泥沙和营养盐沉积在这些储水工程里，会造成储水工程淤积和水体污染。

6.4 本章小结

本书重点分析了程海流域点源和非点源的污染现状情况，点源污染包括工业废水污染和集镇生活污染，非点源污染为农村生活污染、畜禽养殖污染、土地利用污染、大气沉降污染以及水土流失污染。通过采用改进的输出系数模型和 RUSLE 程海流域非点源进行评估和污染源解析，并寻求非点源污染治理的最佳管理措施。

(1) 以 2014 年作为典型年份进行分析，程海流域非点源污染主要污染物 COD、TN、TP、NH_3-N 入湖量分别为 764.63t/a、359.20t/a、86.25t/a、53.65t/a。COD 污染负荷入湖量主要来自农村生活和人畜粪便，占总入湖量的 86.13%，其次是水土流失，占总入湖量的 13.87%；在 TN 方面，溶解态氮和颗粒态氮对流域氮负荷的贡献比例几乎相当，其中溶解态氮负荷量为 158.47t/a，颗粒态氮负荷量为 200.727t/a，贡献比例分别为

44.12%和55.88%；在TP方面，流域磷主要来自颗粒态磷，溶解态磷所占比例相对较小，其中溶解态磷负荷为24.70t/a，颗粒态磷负荷为61.550t/a，其贡献比例分别为28.64%和71.36%。NH_3-N主要来自农田污染，占总入湖量的72.51%，其次是人畜粪便，占总入湖量的17.61%，再次是农村生活，占总入湖量的9.86%。

（2）程海流域氮、磷污染入湖负荷的空间变化特征分析结果显示，在土地利用方面，农业耕地对流域非点源氮、磷污染入湖负荷贡献最大，这主要是因为不合理的施肥方式以及落后的耕作技术。流域南岸是溶解态氮、磷污染入湖负荷的重点治理区域，这与流域的人口、经济分布相匹配。流域东岸是流域颗粒态污染入湖负荷的重点治理区域。具体看，在海拔1680～2090m、坡度在15°以上，处于半阴坡和正阳坡的草地、灌木林地以及裸地是颗粒态污染物的重点防控区域。总体来看，土壤侵蚀、土地利用以及畜禽养殖是流域非点源氮、磷入湖负荷的主要来源。

（3）通过情景分析认为，若削减20%的畜禽养殖量，粪便、污水、垃圾的处理率分别提高到60%、75%和85%，农业用地施肥量削减30%，保护区内土地利用均改为有林地，控制区和修复区内的荒地改为有林地，修复区内退耕还林，草地改为高密度草地，在流域尤其是东岸的重点区域实行水土保持措施，综合采用这些措施后可使流域TN入湖负荷减少47.11%，TP入湖负荷减少50.03%。

第7章 程海水环境模拟分析及环境容量研究

7.1 程海水环境模型及容量计算模型构建

7.1.1 EFDC 模型简介

本章使用 EFDC 软件，建立程海水动力和水质模型，作为研究程海水环境时空分布与演变的基本工具，并使用这一工具评估引水对程海水环境的影响。

程海水动力水质模型基于 EFDC（Environment Fluid Dynamics Code）模型构建。EFDC 是一开源的地表水模拟系统，包括水动力、泥沙、污染物、水质 4 个模块，这 4 个模块统一封装在一套源代码中。EFDC 最初开发于 1988 年，由美国弗吉尼亚海洋研究所和威廉玛丽大学海事科学学院（Virginia Institute of Marine Science at the College of William and Mary，VIMS）的 John M. Hamrick 博士根据多个数学模型集成开发。后由美国环境保护局（EPA）继续资助开发研究。模型可用于模拟一维、二维和三维的流场、物质输运（包括温度、盐度和泥沙）、水质过程及富营养化过程，适用于河流、湖泊、水库、河口、海洋和湿地等地表水生态系统水动力、水温、水质、泥沙富营养化数值模拟。

7.1.2 程海水动力模型构建

7.1.2.1 水动力模型原理

1. 控制方程

（1）运动方程。控制方程组中，运动方程为

$$\frac{\partial(mHu)}{\partial t}+\frac{\partial(m_yHuu)}{\partial x}+\frac{\partial(m_xHvu)}{\partial y}+\frac{\partial(mwu)}{\partial z}-Hv\left(mf+v\frac{\partial m_y}{\partial x}-\frac{\partial m_x}{\partial y}\right)$$

$$=-m_yH\frac{\partial(g\zeta+p)}{\partial x}-m_y\left(\frac{\partial h}{\partial x}-z\frac{\partial H}{\partial x}\right)\frac{\partial p}{\partial z}+\frac{\partial}{\partial x}\left(\frac{mA_y}{H}\frac{\partial u}{\partial z}\right)+Q_u \tag{7.1}$$

$$\frac{\partial(mHv)}{\partial t}+\frac{\partial(m_yHuv)}{\partial x}+\frac{\partial(m_xHvv)}{\partial y}+\frac{\partial(mwv)}{\partial z}+Hu\left(mf+v\frac{\partial m_y}{\partial x}-u\frac{\partial m_x}{\partial y}\right)$$

$$=-m_xH\frac{\partial(g\zeta+p)}{\partial y}-m_x\left(\frac{\partial h}{\partial x}-z\frac{\partial H}{\partial x}\right)\frac{\partial p}{\partial z}+\frac{\partial}{\partial x}\left(\frac{mA_v}{H}\frac{\partial v}{\partial z}\right)+Q_v \tag{7.2}$$

$$\frac{\partial p}{\partial z}=-gH\frac{\rho-\rho_0}{\rho_0}=-gHb \tag{7.3}$$

(2) 连续方程。控制方程组中，连续方程为

$$\frac{\partial(m\zeta)}{\partial t}+\frac{\partial(m_y Hu)}{\partial x}+\frac{\partial(m_x Hv)}{\partial y}+\frac{\partial(mw)}{\partial z}=0 \tag{7.4}$$

$$\frac{\partial(m\zeta)}{\partial t}+\frac{\partial\left(m_y H\int_0^1 u\mathrm{d}z\right)}{\partial x}+\frac{\partial\left(m_x H\int_0^1 v\mathrm{d}z\right)}{\partial y}=0 \tag{7.5}$$

$$\rho=\rho(p,S,T) \tag{7.6}$$

2. 紊流模型

采用 Mellor 和 Yamada 提出，后经 Galperin 修正的二阶封闭紊流模型求解垂向涡黏系数和垂向扩散系数。

$$A_v=\varphi_v ql=0.4(1+36R_q)^{-1}(1+6R_q)(1+8R_q)ql \tag{7.7}$$

$$A_b=\varphi_b ql=0.5(1+36R_q)^{-1}ql \tag{7.8}$$

$$R_q=\frac{gH}{q^2}\frac{\partial b}{\partial z}\frac{l^2}{H^2} \tag{7.9}$$

式中：q 为紊动强度；l 为紊流混合长度；R_q 为 Richarson 数；φ_v、φ_b 为稳定性函数，分别反映垂向密度分层对垂向混合的抑制和促进作用。

3. 数值格式

采用二阶精度空间有限差分法（结合有限体积法和有限差分法）求解动力学方程，在水平和垂直方向采用六面体的交错网格，如图 7.1 所示。

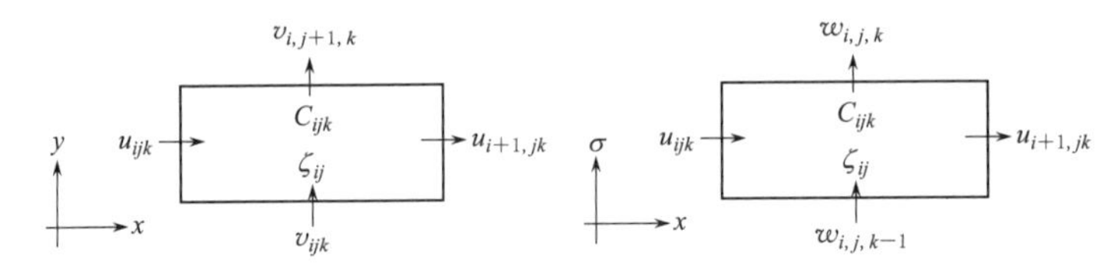

图 7.1 网格主要变量布置

垂直网格边界投影到水平方向，并在正交坐标系（x，y）形成正交曲线网格，在垂直方向上，即（x，z）和（y，z）坐标系中，将具有 z 值相同的网格作为计算层。将水平动量方程转变为

$$\begin{aligned}&\partial_t(mH_u)+\partial_x(m_yH_{uu})+\partial_y(m_xH_{vu})+\partial_z(mwu)-(mf+v\partial_x m_y-u\partial_y m_x)Hv\\&=-m_yH\partial_x p-m_yHg\partial_x\zeta+m_yHgb\partial_x h-m_yHgbz\partial_x H+\partial_z(mH^{-1}A_v\partial_z u)+Q_u\end{aligned} \tag{7.10}$$

$$\begin{aligned}&\partial_t(mH_v)+\partial_x(m_yH_{uv})+\partial_y(m_xH_{vv})+\partial_z(mwv)+(mf+v\partial_x m_y-u\partial_y m_x)Hu\\&=-m_xH\partial_y p-m_xHg\partial_y\zeta+m_xHgb\partial_y h-m_xHgbz\partial_y H+\partial_z(mH^{-1}A_v\partial_z v)+Q_v\end{aligned} \tag{7.11}$$

假设网格中心的变量和垂直方向上的变量为常数，在网格内表面和边界上的变量是线性分布，可以得出下列方程：

$$\begin{aligned}&\partial_t(mH_{\Delta_k}u_k)+\partial_x(m_yH_{\Delta_k}u_ku_k)+\partial_y(m_xH_{\Delta_k}u_kv_k)\\&+(mwu)_k-(mwu)_{k-1}-(mf+v_k\partial_x m_y-u\partial_y m_x)_{\Delta_k}Hv_k\\&=-0.5m_yH_{\Delta_k}\partial_x(p_k+p_{k-1})-m_yH_{\Delta_k}g\partial_x\zeta+m_yH_{\Delta_k}gb_k\partial_x h\\&-0.5m_yH_{\Delta_k}gb_k(z_k+z_{k-1})\partial_x H+m(\tau_{xz})_k-m(\tau_{xz})_{k-1}+(\Delta Q_u)_k\end{aligned} \tag{7.12}$$

$$
\begin{aligned}
&\partial_t(mH_{\Delta_k}v_k)+\partial_x(m_yH_{\Delta_k}u_kv_k)+\partial_y(m_xH_{\Delta_k}v_kv_k)\\
&+(mwv)_k-(mwv)_{k-1}+(mf+v_k\partial_xm_y-u_k\partial_ym_x)_{\Delta_k}H_{u_k}\\
=&-0.5m_xH_{\Delta_k}\partial_y(p_k-p_{k-1})-m_xH_{\Delta_k}g\partial_y\zeta+m_xH_{\Delta_k}gb_k\partial_yh\\
&-0.5m_xH_{\Delta_k}gb_k(z_k+z_{k-1})\partial_yH+m(\tau_{yz})_k\\
&-m(\tau_{yz})_{k-1}+(\Delta Q_v)_k
\end{aligned}
\tag{7.13}
$$

其中，Δ_k 是六面体网格的垂直高度，而湍流剪切力的定义为

$$(\tau_{xz})_k=2H^{-1}(A_v)_k(\Delta_{k+1}+\Delta_k)^{-1}(u_{k+1}-u_k) \tag{7.14}$$

$$(\tau_{yz})_k=2H^{-1}(A_v)_k(\Delta_{k+1}+\Delta_k)^{-1}(v_{k+1}-v_k) \tag{7.15}$$

将计算区域按垂向分为 K 层，那么由网格内表面到外表面的静力学方程为

$$p_k=gH(\sum_{j=k}^{k}\Delta_jb_j-\Delta_kb_k)+p_s \tag{7.16}$$

相应的，连续性方程式（7.4）变换为

$$\partial_t(m_{\Delta_k}\zeta)+\partial_x(m_yH_{\Delta_k}u_k)+\partial_y(m_xH_{\Delta_k}v_k)+m(w_k-w_{k-1})=0 \tag{7.17}$$

垂直离散的动量方程数值求解通过分别求解整合了外表面重力波的外模方程和基于外模计算结果的内模方程。

结合式（7.12）、式（7.13）及式（7.17）构成外模求解方程为

$$
\begin{aligned}
&\partial_t(mH_{\bar{u}})+\sum_{k=1}^{k}[\partial_x(m_yH_{\Delta_k}u_ku_k)+\partial_y(m_xH_{\Delta_k}v_ku_k)-H(mf+v_k\partial_xm_y-u_k\partial_ym_x)\Delta_kv_k]\\
=&-m_yHg\partial_x\zeta\quad m_yH\partial_xp_s+m_yHg\,b\partial_xh-m_yHg\left\{\sum_{k=1}^{k}[\Delta_k\beta_k+0.5\Delta_k(z_k+z_{k-1})b_k]\right\}\partial_xH\\
&-0.5m_yH^2\partial_x(\sum_{k=1}^{k}\Delta_k\beta_k)+m(\tau_{xz})_0+\overline{Q}_u
\end{aligned}
\tag{7.18}
$$

$$
\begin{aligned}
&\partial_t(mH_{\bar{v}})+\sum_{k=1}^{k}[\partial_x(m_yH_{\Delta_k}u_ku_k)+\partial_y(m_xH_{\Delta_k}v_ku_k)+H(mf+v_k\partial_xm_y-u_k\partial_ym_x)\Delta_kv_k]\\
=&-m_xHg\partial_y\zeta-m_xH\partial_yp_s+m_xHg\,\bar{b}\partial_yh-m_xHg\left\{\sum_{k=1}^{k}[\Delta_k\beta_k+0.5\Delta_k(z_k+z_{k-1})b_k]\right\}\partial_yH\\
&-0.5m_xH^2\partial_y(\sum_{k=1}^{k}\Delta_k\beta_k)+m(\tau_{yz})_k+m(\tau_{yz})_0+\overline{Q}_v
\end{aligned}
\tag{7.19}
$$

$$\partial_t(m\zeta)+\partial_x(m_yH\,\bar{u})+\partial_y(m_xH\,\bar{v})=0 \tag{7.20}$$

$$\beta_k=\sum_{j=k}^{k}\Delta_jb_j-0.5\Delta_kb_k \tag{7.21}$$

其中带有“—”的变量表示平均水深。外模求解变量为 ζ 水位，体积传输变量 $m_yH\,\bar{u}$、$m_xH\,\bar{v}$。

完成外模方程求解之后，再进行内模方程求解。式（7.12）、式（7.13）中每个水平速度有 K 个自由度，然而在外模式（7.18）、式（7.19）中通过下列两个求和等式能够有效地去除一个自由度。

$$\sum_{k=1}^{k}\Delta_ku_k=\bar{u} \tag{7.22}$$

$$\sum_{k+1}^{k}\Delta_k v_k=\overline{v} \tag{7.23}$$

求解内模方程有两个途径：①在刚性网格情形下使用外模方程解和自由表面坡降或者表面压力梯度，再以式（7.22）、式（7.23）进行分配从而求解式（7.12）、式（7.13）；②通过建立从速度均值中离散的速度分量的方程进行求解，而速度均值是通过式（7.12）、式（7.13）减去式（7.18）、式（7.19）获得。

以式（7.12）、式（7.13）除层厚Δ_k，并从$k+1$层网格单元的方程中减去k层网格单元的方程，然后除以两个网格层的平均厚度可得

$$\begin{aligned}&\partial_t[mH_{\Delta_{k+1,k}}^{-1}(u_{k+1}-u_k)]+\partial_x[m_yH_{\Delta_{k+1,k}}^{-1}(u_{k+1}u_{k+1}-u_ku_k)]+\\&\partial_y[m_xH_{\Delta_{k+1,k}}^{-1}(v_{k+1}u_{k+1}-v_ku_k)]+m_{\Delta_{k+1,k}}^{-1}\Delta_{\Delta_{k+1,k}}^{-1}[(wu)_{k+1}-(wu)_k]-\\&\Delta_{\Delta_k}^{-1}[(wu)_k-(wu)_{k-1}]-\Delta_{\Delta_{k+1}}^{-1}(mf+v_{k+1}\partial_xm_y-u_{k+1}\partial_ym_x)Hv_{k+1}-\\&(mf+v_k\partial_xm_y-u_k\partial_ym_x)Hv_k=m_yH_{\Delta_{k+1,k}}^{-1}g(b_{k+1}-b_k)(\partial_xh-z_k\partial_xH)-\\&0.5m_yH^2\Delta_{k+1,k}^{-1}g(\Delta_{k+1}\partial_xb_{k+1}+\Delta_k\partial_xb_k)+m\Delta_{k+1}^{-1}[\Delta_{k+1}^{-1}(\tau_{xz})_{k+1}-(\tau_{xz})_k]-\\&\Delta_k^{-1}[(\tau_{xz})_k-(\tau_{xz})_{k-1}]+\Delta_{k+1,k}^{-1}[(Q_u)_{k+1}-(Q_u)_k]\end{aligned} \tag{7.24}$$

$$\begin{aligned}&\partial_t[mH_{\Delta_{k+1,k}}^{-1}(v_{k+1}-v_k)]+\partial_x[m_yH_{\Delta_{k+1,k}}^{-1}(u_{k+1}v_{k+1}-u_kv_k)]+\\&\partial_y[m_xH_{\Delta_{k+1,k}}^{-1}(v_{k+1}v_{k+1}-v_kv_k)]+m_{\Delta_{k+1,k}}^{-1}\Delta_{k+1}^{-1}[(wv)_{k+1}-(wv)_k]-\\&\Delta_k^{-1}[(wv)_k-(wv)_{k-1}]-\Delta_{k+1,k}^{-1}(mf+v_{k+1}\partial_xm_y-u_{k+1}\partial_ym_x)Hu_{k+1}-\\&(mf+v_k\partial_xm_y-u_k\partial_ym_x)Hu_k=m_xH_{\Delta_{k+1,k}}^{-1}g(b_{k+1}-b_k)(\partial_yh-z_k\partial_yH)-\\&\Delta_k^{-1}[(\tau_{yz})_k-(\tau_{yz})_{k-1}]+\Delta_{k+1,k}^{-1}[(Q_v)_{k+1}-(Q_v)_k]\end{aligned} \tag{7.25}$$

$$\Delta_{k+1,k}=0.5(\Delta_k+\Delta_{k+1}) \tag{7.26}$$

剪切力式（7.14）、式（7.15）与网格内表面的速度差相关，式（7.24）～式（7.26）可以理解为包含$k-1$个速度差或者$k-1$个内表面剪切力的$k-1$个方程。式（7.24）～式（7.26）在计算机内部的数值求解此处不做详解。

在计算出水平速度分量后，可以利用连续性方程求解垂向速度w。通过式（7.17）除以Δ_k，再减去式（7.20）得

$$w_k=w_{k-1}-m^{-1}\Delta_k\partial_x[m_yH(u_k-\overline{u})]+\partial_y[m_kH(v_k-\overline{v})] \tag{7.27}$$

从$w_0=0$开始计算，并以此从第一层网格到表面，表面流速，即$k=K$时数值为零，可以证明满足限制式（7.22）和式（7.23）并符合边界条件。

7.1.2.2 水下地形构建与网格划分

鉴于在进行湖流监测时，定点测量点位距离程海岸边较近，为了较好地反映这一特点，在建立水动力学模型并使用2016年12月实测风场及流场资料进行验证时，采用了较为精细的网格，计算网格在平面上采用矩形网格，大小为200m×200m，研究范围内共1894个网格。垂向采用σ坐标，分为15层。鉴于在有风生流的情况下，湖泊水体在底部和表层各有一个速度边界层，为较好地识别速度边界层剖面，将垂向网格在表层和底层设为较密，而在中等水深时较粗。最后选定的垂向网格比例为（从底层至表层，%）：2.0、2.7、3.7、5.0、6.8、9.3、12.6、15.8、12.6、9.3、6.8、5.0、3.7、2.7、2.0。剖分后的网格如图7.2(a) 所示。

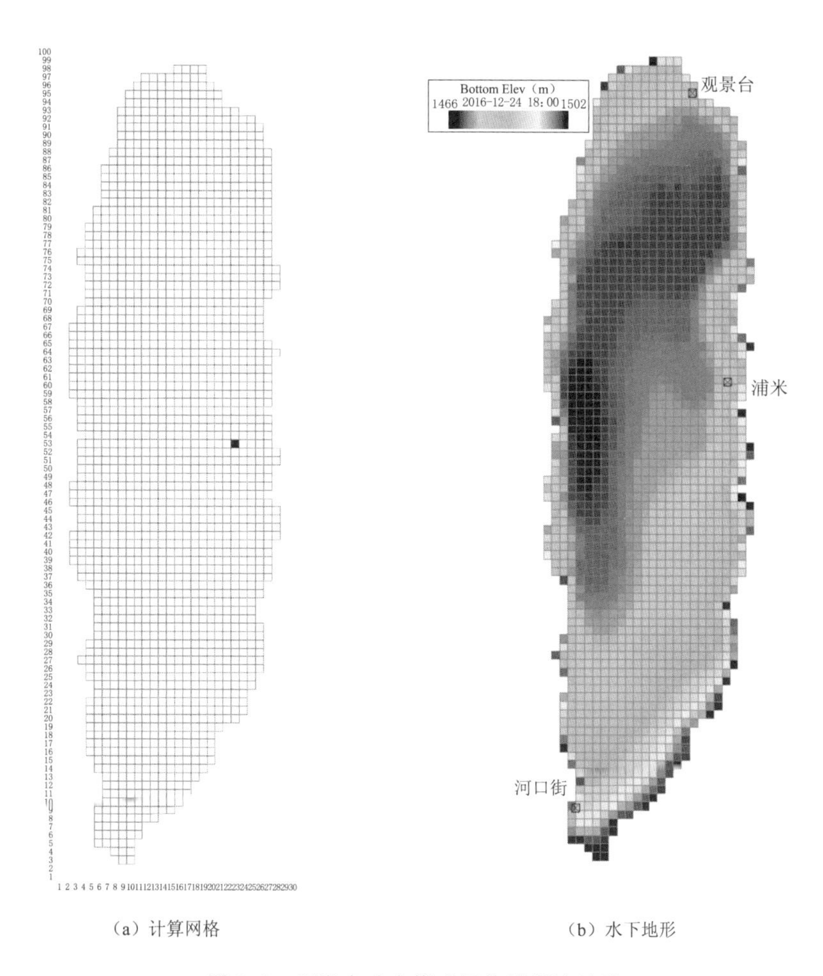

（a）计算网格　　（b）水下地形

图 7.2　程海水动力模型网格及湖泊地形

模拟范围内最深处高程为 1466.3m，最高处为 1498.4m，平均为 1475.3m。水下地形如图 7.2(b) 和图 7.3 所示。

7.1.2.3　边界及初始条件设置

1. 风场边界条件

程海为封闭性湖泊。湖流的驱动力主要为三个：①风场；②温度场；③入湖河流，其中前者是主要的。

采用从 2016 年 12 月 24 日22：00 至 2016 年 12 月 27 日 18：30 这一时间段内每半个小时一次的河口街、浦米以及观景台监测点的风速风向监测资料作为风边界条件，对风力作用下的程海流进行模拟。考虑到

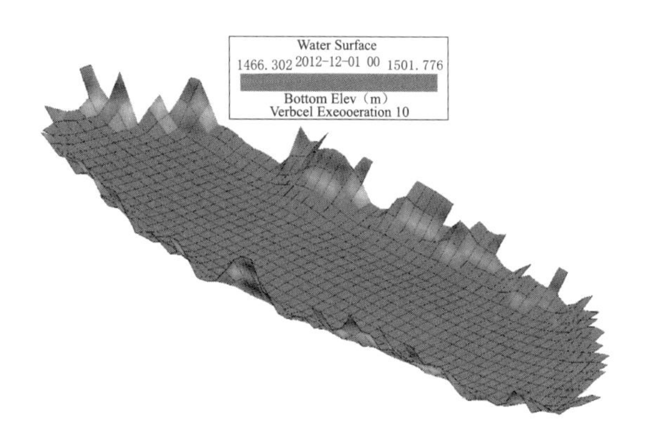

图 7.3　程海水下地形（三维）

对风力进行现场监测时风速仪的实际高度，在模拟时将风速点相对于湖面的高度设为5m。

程海为横断山区南北向的湖泊，东、西侧都是高山，南、北部为高程相对较低的垭口，这导致湖面风场的三维性很强，在单个点位测量的风速风向很可能难以代表整个湖面的风场。鉴于在开展湖流监测时已在湖周设有河口街、浦米及观景台等3个风速风向监测点，为提高风场边界条件的精度，在模拟中同时采用上述3个站点的风场数据，而直接作用于程海面特定位置的风速风向由其与这3个气象监测点的相对位置反距离加权插值决定。

模拟中，对3个气象监测点采用了几种不同的权重因子组合，将计算的程海流场结果与实测结果进行了比较。

情景1：以河口街监测点的权重为1，浦米及观景台监测点的权重为零。这等同于仅使用河口街的风速风向监测结果。

情景2：河口街、浦米以及观景台监测点风速风向权重相同。

各站的权重分布如图7.4所示。

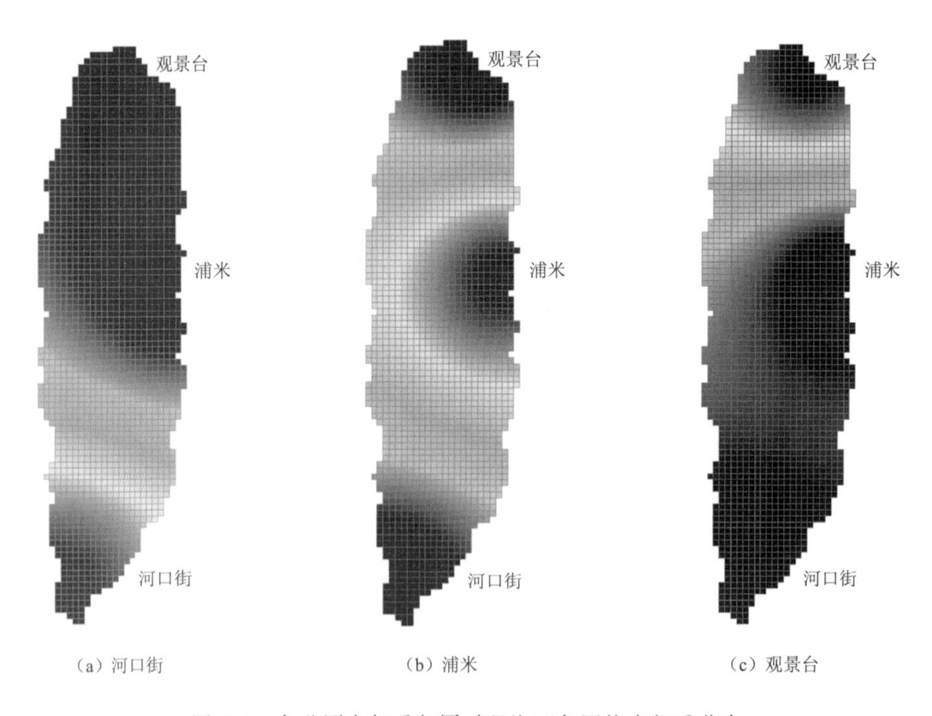

图7.4 各监测点权重相同时程海面各网格点权重分布

2. 初始水位

模拟时，采用24—27日的平均水位1496.99m作为模拟的初始水位。模拟期属于程海周河流的断流期，因此模拟时未考虑湖周入流。由于模拟期较短（不足3d），程海水位变化不大，模拟时也未考虑蒸发、降水等对程海水位的影响。

7.1.3 程海水质模型构建

7.1.3.1 水质模型原理

1. 盐度与温度控制方程

盐度传输方程为

$$\frac{\partial(mHS)}{\partial t}+\frac{\partial(m_y HuS)}{\partial x}+\frac{\partial(m_x HvS)}{\partial y}+\frac{\partial(mwS)}{\partial z}=\frac{\partial\left(\frac{mA_b}{H}\frac{\partial S}{\partial z}\right)}{\partial z}+Q_S \tag{7.28}$$

温度方程为

$$\frac{\partial(mHT)}{\partial t}+\frac{\partial(m_y HuT)}{\partial x}+\frac{\partial(m_x HvT)}{\partial y}+\frac{\partial(mwT)}{\partial z}=\frac{\partial\left(\frac{mA_b}{H}\frac{\partial T}{\partial z}\right)}{\partial z}+Q_T \tag{7.29}$$

以上式中：u，v 为曲线正交坐标系中 x 向和 y 向的流速；m_x、m_y 为度量张量对角分量的平方根，$m=m_x m_y$ 为度量张量行列式的 Jacobian 或平方根；w 为 σ 坐标下的垂向流速（拉伸、无量纲垂向坐标 z），w 与垂向物理速度 w^* 的关系为

$$w=w^*-z\left(\frac{\partial\zeta}{\partial t}+\frac{u}{m_x}\frac{\partial\zeta}{\partial x}+\frac{v}{m_y}\frac{\partial\zeta}{\partial y}\right)+(1-z)\left(\frac{u}{m_x}\frac{\partial h}{\partial x}+\frac{v}{m_y}\frac{\partial h}{\partial y}\right) \tag{7.30}$$

式中：H 为总水深，m，$H=h+\zeta$；A_b 为垂向紊动扩散系数；Q_S、Q_T 分别为盐度源汇项和温度源汇项。

2. pH 值控制方程与模型研发

湖水 pH 值影响水体金属盐和碳酸盐的形态和沉淀，是水化学研究中最重要的指标之一。程海是世界上天然生长螺旋藻的三大湖泊之一，而 pH 值对螺旋藻的生成有一定影响，螺旋藻最佳生长 pH 值范围是 8.3～11.0。因此，有必要开展程海 pH 值的模拟工作。

EFDC 模型代码中无 pH 值计算模块，但可为 pH 值模拟提供必要的水动力和水质数据。为此，本书依据 pH 值计算原理，在 EFDC 源代码基础上，开发了 pH 值计算模块，模拟了不同引水方案对程海 pH 值的影响。

pH 值受碱度和 CO_2 浓度影响，三者之间存在碳平衡，其计算原理如下：

(1) pH 值计算方程。pH 值计算采用 Kemp 提出的方法，该方法基于碳平衡，其计算方程为

$$[H^+]=\begin{cases}\dfrac{K_1([CO_2Acy]-K_2-K_w/K_1)}{[Alk]+K_1} & ,[Alk]>0\\ -K_1/2+0.5(K_1^2+4K_w+4K_1[CO_2Acy])^{1/2} & ,[Alk]=0\\ -[Alk] & ,[Alk]<0\end{cases} \tag{7.31}$$

式中：$[H^+]$ 为 H^+ 浓度，mol/L；$[Alk]$ 为碱度，mol/L；$[CO_2Acy]$ 为 CO_2 浓度，mol/L；K_1 为碳平衡的第一溶解常数；K_2 为碳平衡的第二溶解常数；K_w 为水的溶解常数。

$$\left.\begin{aligned}K_1&=10^{-6.68T^{-0.0151}}\\K_2&=10^{-10.889T^{-0.0168}}\\K_w&=10^{-14.905e^{-0.0025T}}\end{aligned}\right\}\tag{7.32}$$

式中：T 为水温，℃。

当得到湖水碱度和 CO_2 浓度后，即可根据式计算得到 pH 值。

（2）碱度和 CO_2 计算方程。碱度和 CO_2 浓度计算方程和温盐计算方程相似，为

$$\frac{\partial C}{\partial t}+\frac{\partial(uC)}{\partial x}+\frac{\partial(vC)}{\partial y}+\frac{\partial(wC)}{\partial z}=\frac{\partial}{\partial x}\left(K_x\frac{\partial C}{\partial x}\right)+\frac{\partial}{\partial y}\left(K_y\frac{\partial C}{\partial y}\right)+\frac{\partial}{\partial z}\left(K_z\frac{\partial C}{\partial z}\right)+S_C\tag{7.33}$$

式中：C 为水质变量浓度（水体碱度或 CO_2 浓度）；S_C 为单位体源汇项。

一般认为碱度为保守性物质，源汇项为零。CO_2 的源汇项主要有两项：与大气 CO_2 的交换；藻类光合/呼吸作用对 CO_2 的消耗/产生，计算公式为

$$S_C=S_{大气交换}+S_{藻类影响}\tag{7.34}$$

$$S_{大气交换}=K_r(CO_{2S}-CO_2)\tag{7.35}$$

$$S_{藻类影响}=-\sum_{x=c,d,g}\left[(1.3-0.3PN_x)P_x-(1-FCD_x)\frac{DO}{KHR_x+DO}BM_x\right]AOCR\cdot B_x\tag{7.36}$$

式中：$S_{大气交换}$ 为大气交换引起的 CO_2 源汇项；$S_{藻类影响}$ 为藻类引起的 CO_2 源汇项；K_r 为水体 CO_2 与大气交换速率；CO_{2S} 为水体饱和 CO_2 浓度；PN_x 为 x 藻类对铵的吸收偏好，c 表示蓝藻，d 表示硅藻，g 表示绿藻；P_x 为 x 藻类的生长速率；FCD_x 为 x 藻类的常数；DO 为溶解氧浓度；KHR_x 为 x 藻类的溶解氧半饱和常数；BM_x 为 x 藻类的新陈代谢速率；$AOCR$ 为呼吸作用中 CO_2 与碳之比；B_x 为 x 藻类的生物量。

B_x 等与藻类相关的参数均在水质模型中设置，在 CO_2 计算中需要计算的有 K_r 和 CO_2。采用相对分子量比率法，将溶解氧交换速率 $K_{r,DO}$ 转化为 CO_2 的 K_r，计算公式为

$$K_r=\left(\frac{32}{44}\right)^{0.25}K_{r,DO}\tag{7.37}$$

式中：32 为 O_2 的相对分子量，44 为 CO_2 的相对分子量；$K_{r,DO}$ 为溶解氧与大气交换速率。

CO_{2S} 采用 Kelly 提出的经验公式为

$$CO_{2S}=10^{[2385.73/(T+237)-17.5184+0.015164(T+273)]}\tag{7.38}$$

式中：T 为水温，℃。

（3）pH 值模型研发。由于 EFDC 模型无法计算 pH 值，本书根据上述 pH 值计算原理，对 EFDC 水动力和水质源代码进行修改，研发了基于 EFDC 的 pH 值模型，模型的结构如图 7.5 所示。

在 EFDC 水动力和水质模块的基础上，增加碱度求解模块、CO_2 求解模块和 pH 值求解模块等三个模块。EFDC 水动力和水质模块为碱度和 CO_2 模块提供流速等水动力以

及藻类等水质数据，碱度和 CO_2 求解完后，将碱度和 CO_2 浓度输入到 pH 值模块以计算 pH 值。

3. 水质变量对流扩散方程

水质变量的对流扩散方程为

$$\frac{\partial(m_x m_y HC)}{\partial t}+\frac{\partial(m_y HuC)}{\partial x}+\frac{\partial(m_x HvC)}{\partial y}+\frac{\partial(m_x m_y wC)}{\partial z}$$
$$=\frac{\partial\left(\frac{m_y HA_x}{m_x}\frac{\partial C}{\partial x}\right)}{\partial x}+\frac{\partial\left(\frac{m_x HA_y}{m_y}\frac{\partial C}{\partial y}\right)}{\partial y}+\frac{\partial\left(\frac{m_x m_y A_z}{H}\frac{\partial C}{\partial z}\right)}{\partial z}+m_x m_y HS_C \tag{7.39}$$

式中：C 为水质变量浓度；A_x、A_y、A_z 分别为 x 向、y 向和 z 向的紊动扩散系数；S_C 为单位体积源汇项；其余符号意义同前。

7.1.3.2 边界及初始条件设置

水动力模型主要考虑风场、流量边界。各类边界资料处理过程及结果如下。

1. 流量边界条件设置

程海入湖河流众多，有统计数据的有 32 条，但均为监测数据。本研究采用分布式流域水文模型确定不同河流的入湖流量，并根据各入湖河流集水面积、地理位置等因素，将 32 条入湖河流概化为 13 条，分别为：季官河、马军河、关地河、老龙箐河、刘家大河、王官河、东大河、大水口河、团山河、大朗河、青草湾河、北大河和干沟箐河。程海水动力水质模型流量边界条件见表 7.1。

2. 风场边界设置

风是湖流的重要驱动因子。程海呈南北走向，湖面狭长，盛行南风。风向是指风的来向，地面人工观测风向用十六方位表示，最多风向是指在规定时间段内出现频数最多的风向。所谓“十六方位图”如图 7.6 所示。

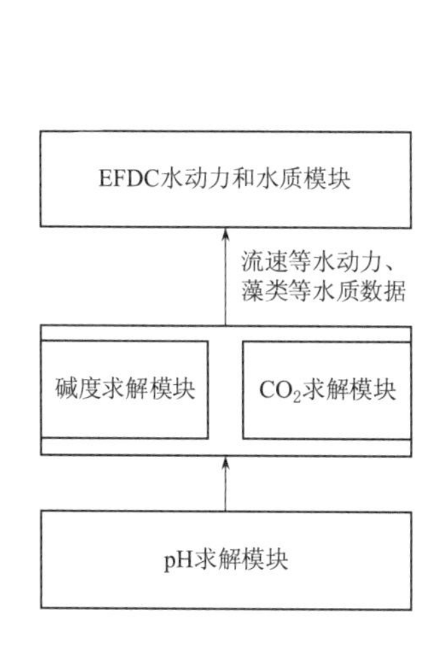

图 7.5 基于 EFDC 的 pH 值模型的结构

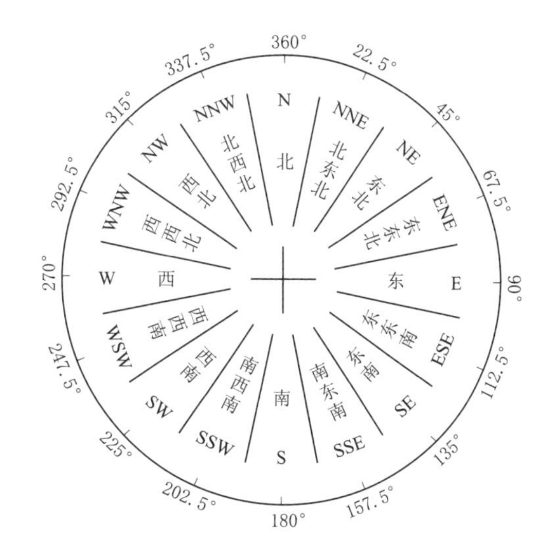

图 7.6 地面测风的“十六方位图”

表 7.1 程海水动力水质模型流量边界条件

日 期	入湖流量/(m³/s)												
	季官河	马军河	关地河	老龙箐河	刘家大河	王官河	东大河	大水口河	团山河	大朗河	青草湾河	干沟箐河	北大河
2012 年 12 月	0.029	0.026	0.017	0.017	0.008	0.012	0.007	0.011	0.023	0.009	0.012	0.014	0.020
2013 年 1 月	0.029	0.026	0.017	0.017	0.008	0.012	0.007	0.011	0.023	0.009	0.012	0.014	0.020
2013 年 2 月	0.030	0.026	0.017	0.017	0.008	0.012	0.007	0.011	0.023	0.009	0.012	0.014	0.020
2013 年 3 月	0.030	0.026	0.017	0.017	0.008	0.012	0.007	0.011	0.023	0.009	0.012	0.014	0.020
2013 年 4 月	0.031	0.027	0.018	0.017	0.008	0.012	0.007	0.012	0.024	0.009	0.012	0.015	0.021
2013 年 5 月	0.031	0.027	0.018	0.017	0.008	0.012	0.007	0.012	0.024	0.009	0.012	0.015	0.021
2013 年 6 月	0.335	0.291	0.194	0.189	0.089	0.136	0.081	0.128	0.263	0.097	0.131	0.161	0.227
2013 年 7 月	0.910	0.790	0.527	0.513	0.242	0.368	0.220	0.347	0.713	0.264	0.357	0.437	0.617
2013 年 8 月	0.497	0.432	0.288	0.280	0.132	0.201	0.120	0.189	0.389	0.144	0.195	0.238	0.337
2013 年 9 月	0.356	0.309	0.206	0.201	0.095	0.144	0.086	0.136	0.279	0.103	0.139	0.171	0.241
2013 年 10 月	0.117	0.102	0.068	0.066	0.031	0.047	0.028	0.045	0.092	0.034	0.046	0.056	0.079
2013 年 11 月	0.012	0.011	0.007	0.007	0.003	0.005	0.003	0.005	0.010	0.004	0.005	0.006	0.008
2013 年 12 月	0.029	0.026	0.017	0.017	0.008	0.012	0.007	0.011	0.023	0.009	0.012	0.014	0.020
2014 年 1 月	0.029	0.025	0.017	0.016	0.008	0.012	0.007	0.011	0.023	0.008	0.011	0.014	0.020
2014 年 2 月	0.029	0.025	0.017	0.017	0.008	0.012	0.007	0.011	0.023	0.009	0.012	0.014	0.020
2014 年 3 月	0.030	0.026	0.017	0.017	0.008	0.012	0.007	0.011	0.023	0.009	0.012	0.014	0.020
2014 年 4 月	0.031	0.027	0.018	0.017	0.008	0.012	0.007	0.012	0.024	0.009	0.012	0.015	0.021
2014 年 5 月	0.030	0.027	0.018	0.017	0.008	0.012	0.007	0.012	0.024	0.009	0.012	0.015	0.021
2014 年 6 月	0.519	0.451	0.301	0.293	0.138	0.210	0.126	0.198	0.407	0.151	0.203	0.249	0.352
2014 年 7 月	0.567	0.493	0.329	0.320	0.151	0.229	0.137	0.216	0.444	0.164	0.222	0.272	0.384
2014 年 8 月	0.477	0.415	0.277	0.269	0.127	0.193	0.115	0.182	0.374	0.138	0.187	0.229	0.323
2014 年 9 月	0.140	0.121	0.081	0.079	0.037	0.057	0.034	0.053	0.110	0.041	0.055	0.067	0.095
2014 年 10 月	0.069	0.060	0.040	0.039	0.018	0.028	0.017	0.026	0.054	0.020	0.027	0.033	0.047
2014 年 11 月	0.013	0.011	0.008	0.007	0.004	0.005	0.003	0.005	0.010	0.004	0.005	0.006	0.009
2014 年 12 月	0.029	0.025	0.017	0.016	0.008	0.012	0.007	0.011	0.023	0.008	0.011	0.014	0.020

云南省丽江市永胜气象站累年月最多方向及最多风向频率见表7.2。通过该表可以看出，在永胜地区，每年2—6月的主导方向为方位9（相对于正北顺时针方向的方位角为202.5°），每年7月的主导风向为方位8（相对于正北顺时针方向的方位角为180°）。程海离永胜气象站所在的永北镇不远，可认为其在2—7月主导风向为偏南风，方位角可按202.5°考虑。

表7.2　　云南省丽江市永胜气象站累年月最多方向及最多风向频率

月　　份	1	2	3	4	5	6	7	8	9	10	11	12
累年月最多风向（含静风）	17	9	9	9	9	9	8	17	17	17	17	17
累年月最多风向频率（含静风）/%	24	24	21	21	25	26	24	29	27	25	31	33
累年月最多风向（不含静风）		9	9	9	9	9	8					
累年月最多风向频率（不含静风）/%	23	24	21	21	25	26	24	18	20	22	20	21

在永胜站气象资料中，缺乏累年月平均风速资料。丽江气象站与永胜气象站相对较近，二站均有累年月极大风速及其风向。若此二站的累年月极大风速、风向都比较接近，则可依据丽江站的累年月平均风速资料推测永胜站的相应资料，甚至可直接将丽江站的累年月平均风速资料作为永胜站的相应资料。

由丽江、永胜两站累年月极大风速及永胜气象站风速如图7.7和图7.8所示。由此两图可知，丽江、永胜两站累年月最大风速、风向都比较接近，有理由推测其月平均风速也较为接近。永胜气象站的风速比丽江略小。考虑到程海湖面开阔，对风的影响较小，这里直接将丽江气象站的累年月平均风速作为程海所在区域的累年月平均风速。综上所述，模拟中采用的程海累年月平均风速及风向（采用累年月最多风向，即主导风向）。

综上所述，程海水动力水质模型风边界条件见表7.3，风玫瑰图如图7.9所示。

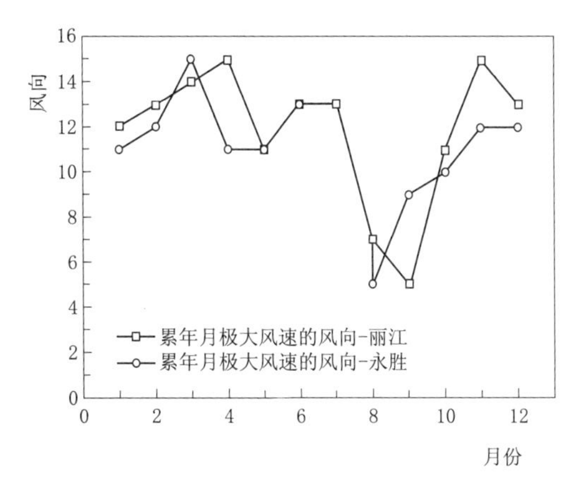

图7.7　丽江及永胜气象站累年月极大风速的风向比较

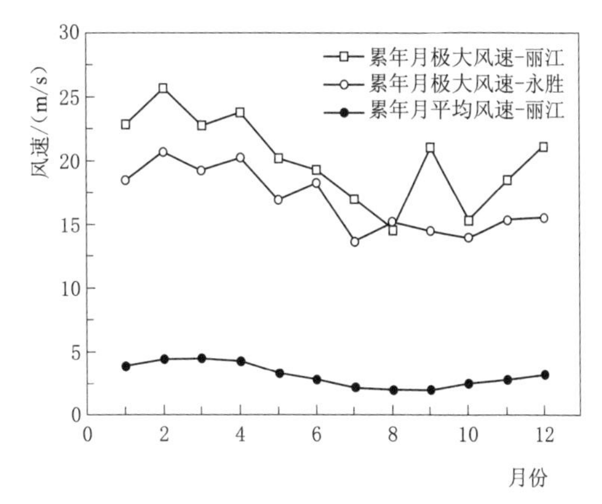

图7.8　丽江及永胜气象站风速

表 7.3　　程海水动力水质模型风边界条件

日　期	风　速/(m/s)	风　向/(°)	日　期	风　速/(m/s)	风　向/(°)
2012 年 12 月	3.2	0	2014 年 1 月	3.9	22.5
2013 年 1 月	3.9	22.5	2014 年 2 月	4.4	22.5
2013 年 2 月	4.4	22.5	2014 年 3 月	4.5	22.5
2013 年 3 月	4.5	22.5	2014 年 4 月	4.3	22.5
2013 年 4 月	4.3	22.5	2014 年 5 月	3.3	22.5
2013 年 5 月	3.3	22.5	2014 年 6 月	2.8	22.5
2013 年 6 月	2.8	22.5	2014 年 7 月	2.2	0
2013 年 7 月	2.2	22.5	2014 年 8 月	2.0	22.5
2013 年 8 月	2.0	22.5	2014 年 9 月	2.0	22.5
2013 年 9 月	2.0	22.5	2014 年 10 月	2.5	22.5
2013 年 10 月	2.5	22.5	2014 年 11 月	2.8	22.5
2013 年 11 月	2.8	22.5	2014 年 12 月	3.2	0
2013 年 12 月	3.2	0			

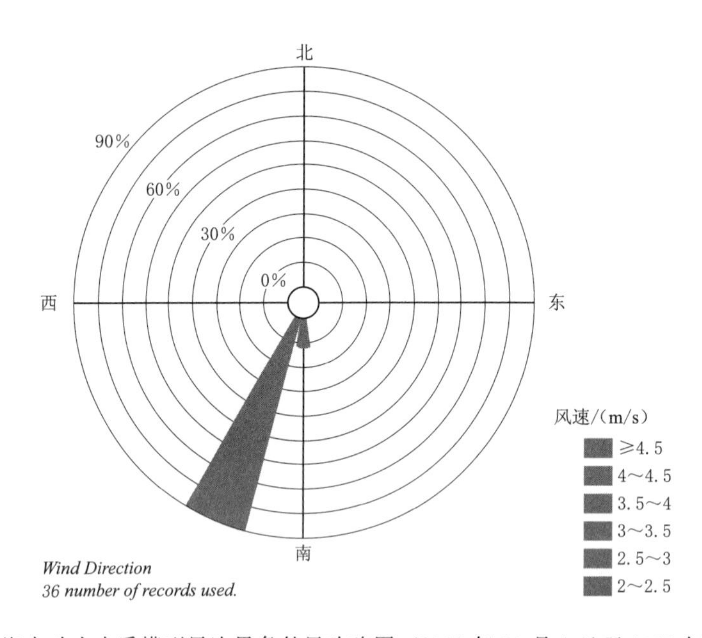

图 7.9　程海水动力水质模型风边界条件风玫瑰图（2012 年 10 月 1 日至 2015 年 8 月 31 日）

3. 水温边界设置

水温边界指入流水温。水温边界影响湖体水温，进而影响湖体水质，需予以考虑。现有实测资料仅为王官河、季官河、青草湾河、大朗河和团山河等 5 条河流，难以支撑水温及水质模拟。采用如下方法进行处理：有实测数据的采用实测数据；没有实测数据的类比附近其他河流及背景条件确定。程海水温边界条件见表 7.4。

表 7.4　　程海水质模型水温边界条件

日　期	水　温/℃												
	关地河	马军河	季官河	王官河	团山河	刘家大河	大水口河	大朗河	青草湾河	东大河	老龙箐河	北大河	干沟箐河
2012 年 12 月	14.0	14.0	14.0	14.0	14.0	14.0	14.0	14.0	14.0	14.0	14.0	14.0	14.0
2013 年 1 月	13.0	13.0	13.0	13.0	13.0	13.0	13.0	13.0	13.0	13.0	13.0	13.0	13.0
2013 年 2 月	14.0	14.0	14.0	14.0	14.0	14.0	14.0	14.0	14.0	14.0	14.0	14.0	14.0
2013 年 3 月	15.0	15.0	15.0	15.0	15.0	15.0	15.0	15.0	15.0	15.0	15.0	15.0	15.0
2013 年 4 月	17.0	17.0	17.0	17.0	17.0	17.0	17.0	17.0	17.0	17.0	17.0	17.0	17.0
2013 年 5 月	19.0	19.0	19.0	19.0	19.0	19.0	19.0	19.0	19.0	19.0	19.0	19.0	19.0
2013 年 6 月	20.0	20.0	20.0	20.0	20.0	20.0	20.0	20.0	20.0	20.0	20.0	20.0	20.0
2013 年 7 月	21.0	21.0	21.0	21.0	21.0	21.0	21.0	21.0	21.0	21.0	21.0	21.0	21.0
2013 年 8 月	23.0	23.0	23.0	23.0	23.0	23.0	23.0	23.0	23.0	23.0	23.0	23.0	23.0
2013 年 9 月	22.0	22.0	22.0	22.0	22.0	22.0	22.0	22.0	22.0	22.0	22.0	22.0	22.0
2013 年 10 月	17.0	17.0	17.0	17.0	17.0	17.0	17.0	17.0	17.0	17.0	17.0	17.0	17.0
2013 年 11 月	16.0	16.0	16.0	16.0	16.0	16.0	16.0	16.0	16.0	16.0	16.0	16.0	16.0
2013 年 12 月	14.0	14.0	14.0	14.0	14.0	14.0	14.0	14.0	14.0	14.0	14.0	14.0	14.0
2014 年 1 月	13.0	13.0	13.0	13.0	13.0	13.0	13.0	13.0	13.0	13.0	13.0	13.0	13.0
2014 年 2 月	14.0	14.0	14.0	14.0	14.0	14.0	14.0	14.0	14.0	14.0	14.0	14.0	14.0
2014 年 3 月	15.0	15.0	15.0	15.0	15.0	15.0	15.0	15.0	15.0	15.0	15.0	15.0	15.0
2014 年 4 月	17.0	17.0	17.0	17.0	17.0	17.0	17.0	17.0	17.0	17.0	17.0	17.0	17.0
2014 年 5 月	19.0	19.0	19.0	19.0	19.0	19.0	19.0	19.0	19.0	19.0	19.0	19.0	19.0
2014 年 6 月	20.0	20.0	20.0	20.0	20.0	20.0	20.0	20.0	20.0	20.0	20.0	20.0	20.0
2014 年 7 月	21.0	21.0	21.0	21.0	23.0	21.0	21.0	23.0	23.0	21.0	21.0	21.0	23.0
2014 年 8 月	23.0	23.0	23.0	23.0	22.0	23.0	23.0	23.0	23.0	23.0	23.0	23.0	23.0
2014 年 9 月	22.0	22.0	22.0	22.0	22.0	22.0	22.0	23.0	23.0	22.0	22.0	22.0	23.0
2014 年 10 月	17.0	17.0	17.0	17.0	17.0	17.0	17.0	17.0	17.0	17.0	17.0	17.0	17.0
2014 年 11 月	16.0	16.0	16.0	16.0	16.0	16.0	16.0	16.0	16.0	16.0	16.0	16.0	16.0
2014 年 12 月	14.0	14.0	14.0	14.0	14.0	14.0	14.0	14.0	14.0	14.0	14.0	14.0	14.0

4. 气象边界设置

气象边界条件包括气压、气温、相对湿度、降水、蒸发、短波辐射和云遮挡系数等 7 类。其中，气压、气温、相对湿度、降水、蒸发和云遮挡系数采用丽江气象站数据；短波辐射采用模型内部计算获取。降水、蒸发边界条件如图 7.10 所示，相对湿度边界如图 7.11所示，气温边界如图 7.12 所示，云遮挡系数边界条件如图 7.13 所示。

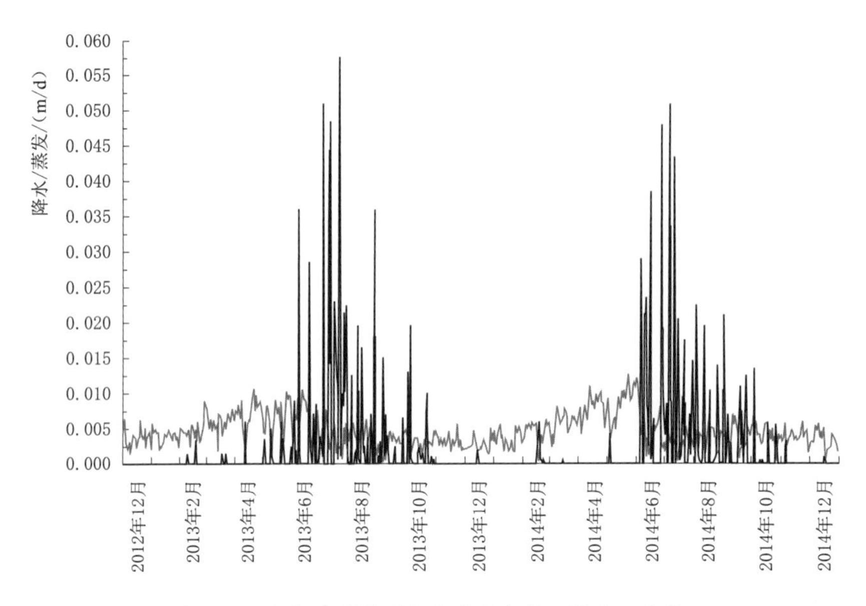

图 7.10 程海水质模型气象边界条件（降水、蒸发）

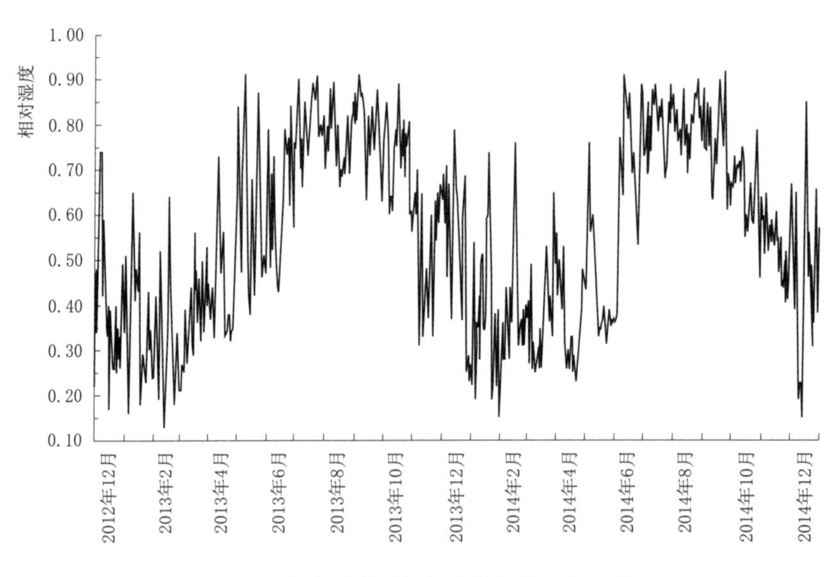

图 7.11 程海水质模型气象边界条件（相对湿度）

5. 水质边界

（1）入流边界。水质边界条件考虑 13 条入湖河流的入湖污染负荷，污染物包括溶解态氮、溶解态磷、颗粒态氮、颗粒态磷、氨氮、COD、碱度、CO_2 和氟化物。其中，氟化物入湖浓度根据《丽江市环境监测站检测报告》（2014 年 1 月至 2015 年 10 月、2016 年 1—6 月）确定，考虑到氟化物入湖浓度常年稳定，取已有监测值的平均值

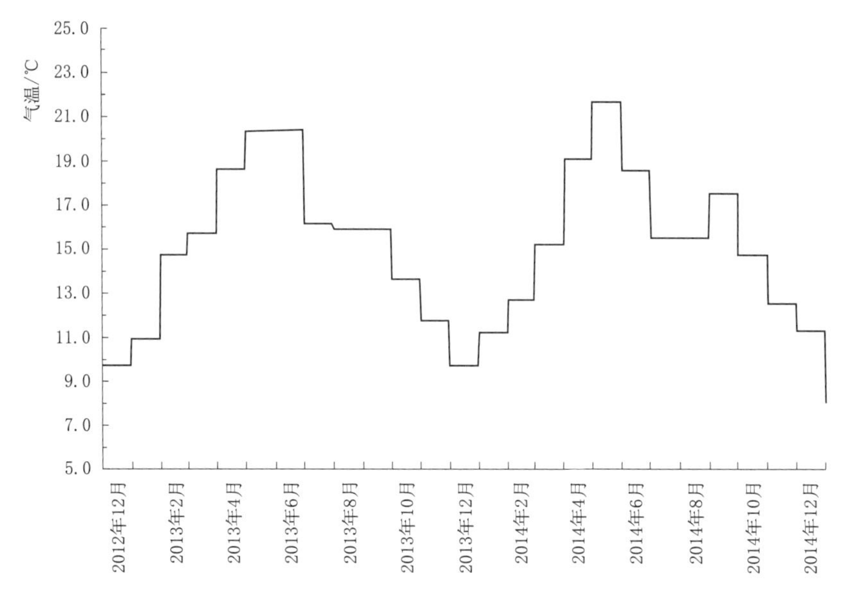

图 7.12 程海水质模型气象边界条件（气温）

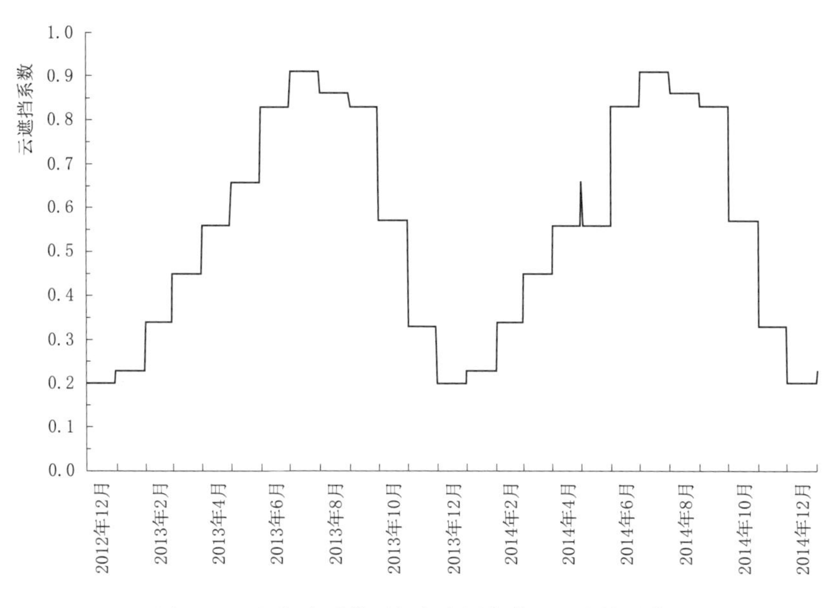

图 7.13 程海水质模型气象边界条件（云遮挡系数）

0.36mg/L 作为全部入湖河流的氟化物入湖浓度。其余污染物入湖浓度基于分布式非点源模型计算确定。pH 值根据碱度和 CO_2 计算得到，无须设置初始条件和边界条件。以入湖流量较大、对湖区水质影响较大的季管河为例，列出入湖污染物浓度，如图 7.14 所示。

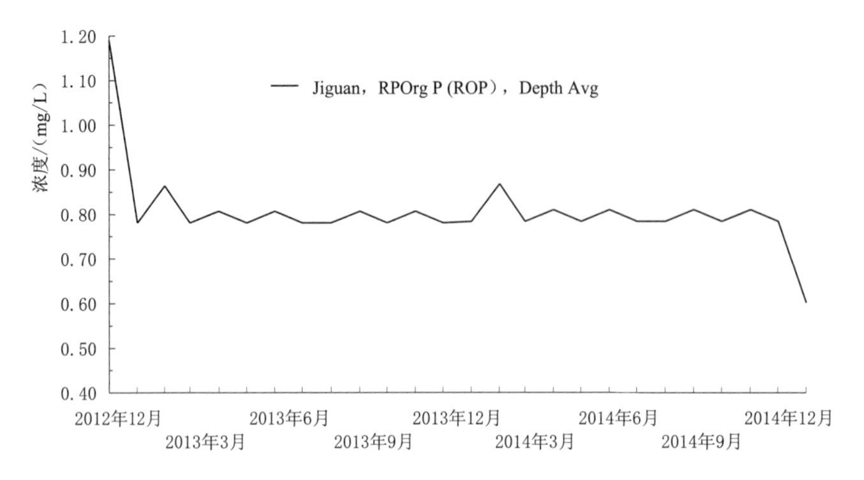

(a) 难溶解颗粒态有机磷

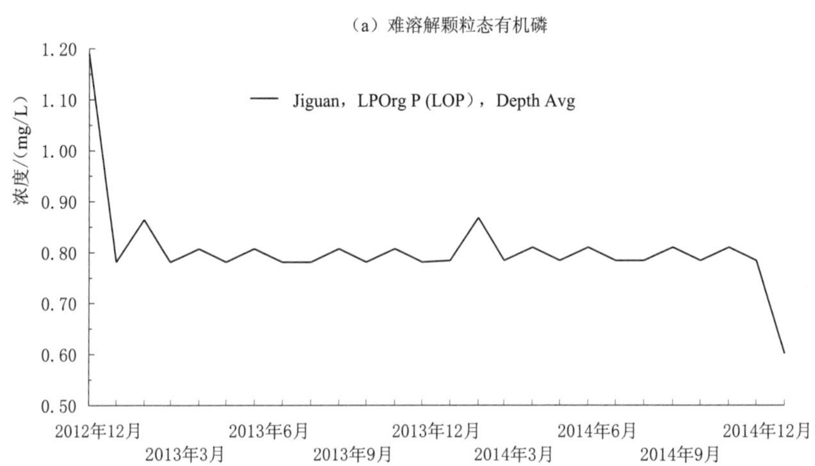

(b) 易溶解颗粒态有机磷

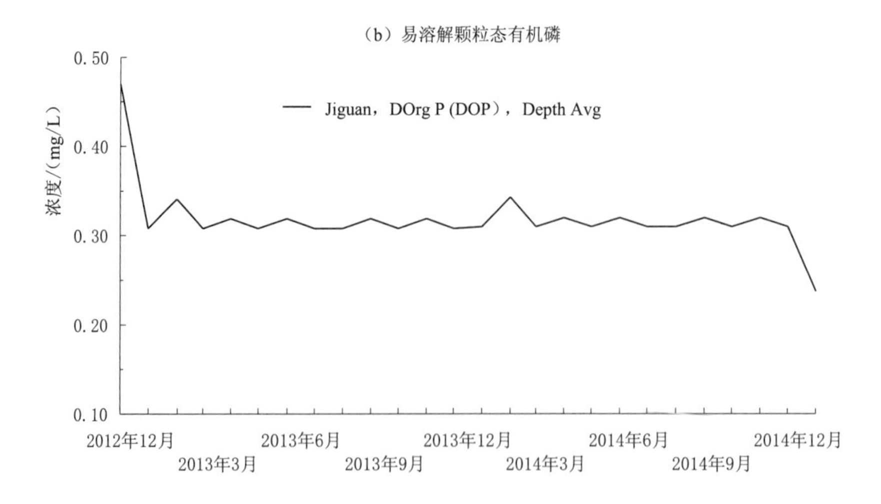

(c) 溶解态有机磷

图 7.14（一） 季官河水质边界条件

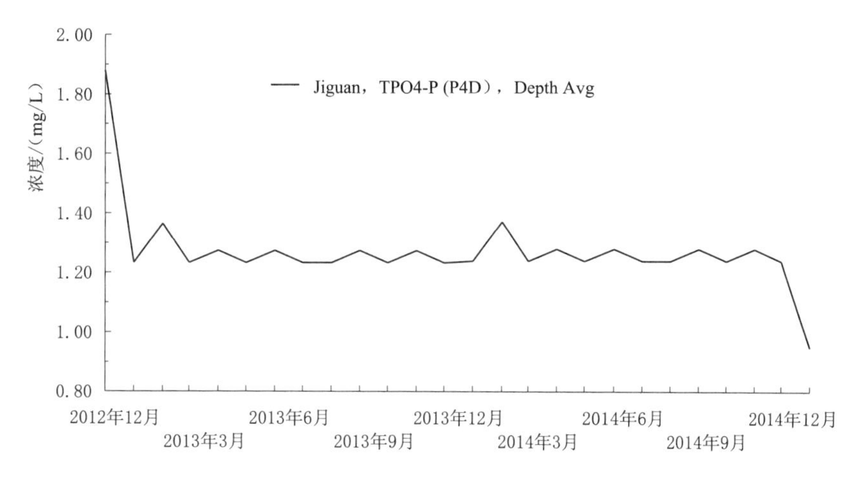

（d）总磷酸盐

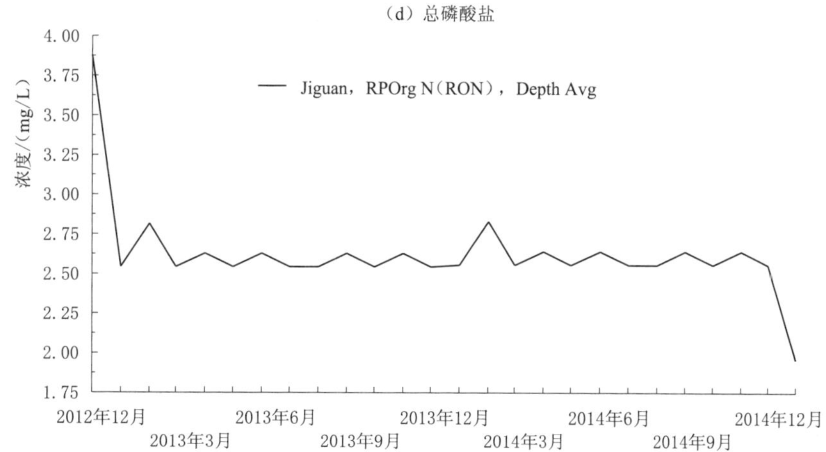

（e）难溶解颗粒态有机氮

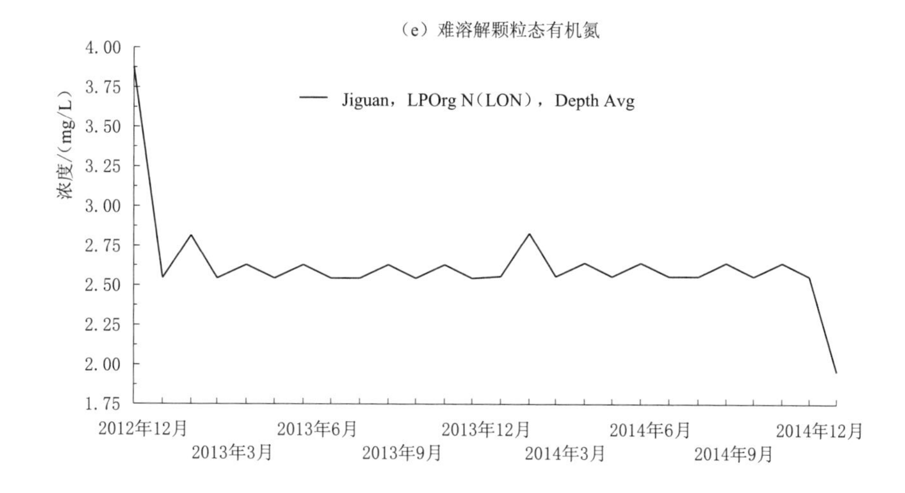

（f）易溶解颗粒态有机氮

图 7.14（二） 季官河水质边界条件

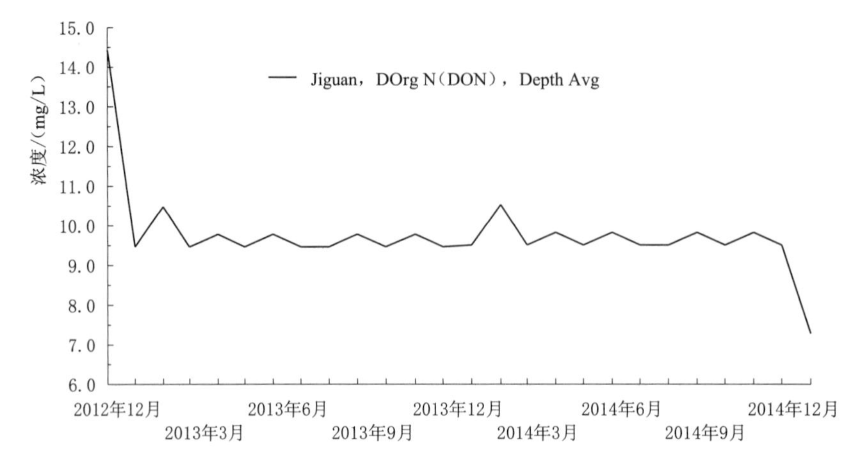

（g）溶解态有机氮

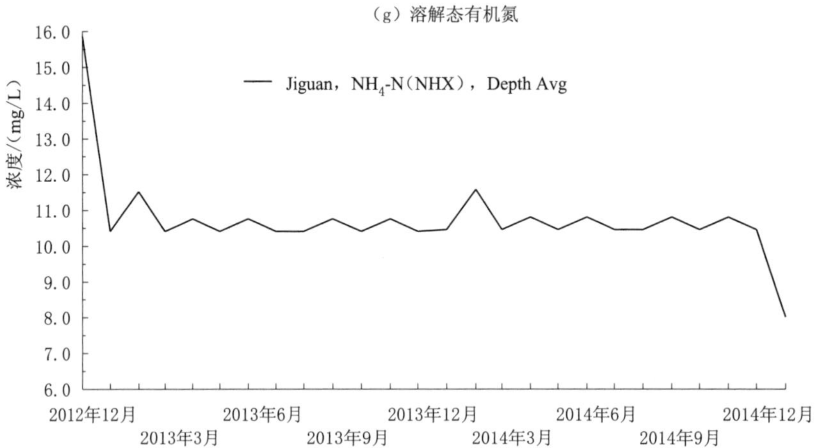

（h）氨氮

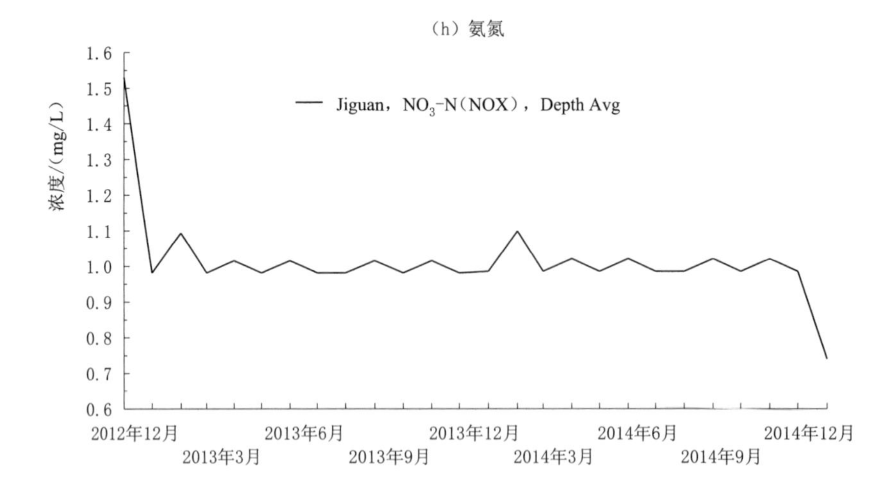

（i）硝态氮

图 7.14（三） 季官河水质边界条件

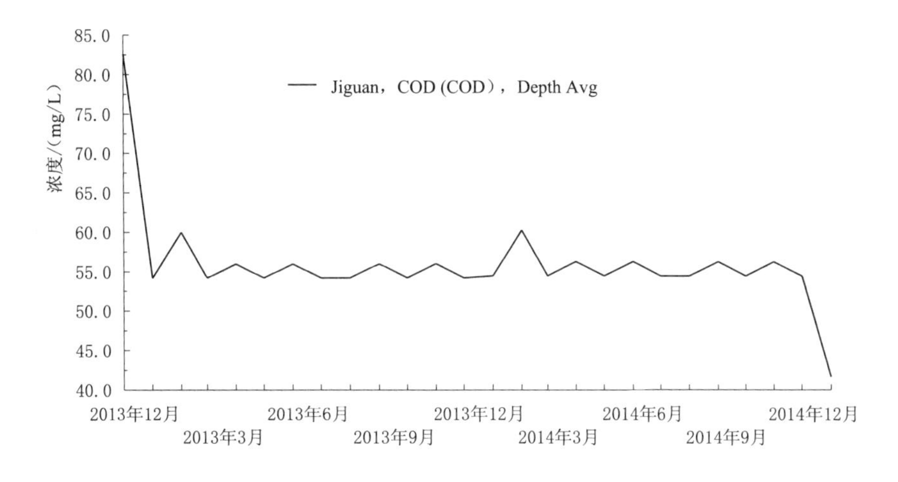

(j) COD

图 7.14（四） 季官河水质边界条件

（2）干湿沉降。采用分析借用法确定程海污染负荷干湿沉降量，计算时采用湿沉降处理。根据《程海的环境问题及其管理对策探讨》，计算过程如下：

文中的湖面大气沉降，TN 为 81.06t/a，TP 为 0.926t/a。这是 1996 年的数据。按照降水比例，将 1996 年的大气沉降数据折算为 2014 年、2015 年的湖面大气沉降数据。1996 年程海面降水量为 789.7mm，2014 年湖面降水量为 715mm，2015 年湖面降水量为 893mm。由此可得，2014 年程海面 TN 大气沉降量为 73.39t/a，TP 大气沉降量为 0.838t/a；2015 年程海面 TN 大气沉降量为 91.66t/a，TP 大气沉降量为 1.05t/a。

按照年平均水位推算程海面面积，将降水量 mm 换算成 m^3，2014 年的湖面面积为 71.77km^2，2015 年的湖面面积为 71.54km^2。折算后 2014 年程海面降水量为 5131.6 万 m^3，2015 年程海面降水量为 6388.6 万 m^3。

将程海 2014 年、2015 年的 TN、TP 大气沉降量与对应的湖面降水量做比值，得到 2014 年、2015 年的 TN、TP 大气湿沉降入湖浓度。2014 年 TN、TP 大气湿沉降入湖浓度分别为 1.430mg/L、0.0163mg/L，2015 年 TN、TP 大气湿沉降入湖浓度分别为 1.435mg/L、0.0164mg/L。

实际率定、验证模型即预测时，基于 2014 年、2015 年平均值并根据合理的比例分配到 5 种 N 和 4 种 P 作为湿沉降，结果见表 7.5。

表 7.5 程海水质模型湿沉降值

污染物	沉降值/(mg/L)	污染物	沉降值/(mg/L)
难分解颗粒有机态磷	0.0033	易分解颗粒有机态氮	0.2865
易分解颗粒有机态磷	0.0033	溶解有机态氮	0.2865
溶解有机态磷	0.0016	氨氮	0.2865
无机磷（磷酸盐）	0.0082	硝氮（含硝氮、亚硝氮）	0.2865
难分解颗粒有机态氮	0.2865		

6. 初始条件

参数率定（2013 年）和模型验证（2014 年）的初始水位分别取 2012 年 12 月、2013

年12月实测月平均水位，分别为1498.52m、1498.10m；初始水温取当月分别取2012年12月、2013年12月4个监测站平均值，分别为17.25℃、18.25℃。水质初始值取2012年12月、2013年12月4个监测站平均值，见表7.6。

表7.6 程海水质模型水质初始条件

状态变量	初始条件/(mg/L)	
	参数率定	模型验证
蓝藻	0.403	0.598
硅藻	0	0
绿藻	0	0
难分解颗粒态有机碳	8.116	9.494
易分解颗粒态有机碳	8.116	9.494
溶解态有机碳	8.116	9.494
难分解颗粒有机态磷	0.010	0.009
易分解颗粒有机态磷	0.010	0.009
溶解有机态磷	0.005	0.005
无机磷（磷酸盐）	0.025	0.023
难分解颗粒有机态氮	0.032	0.035
易分解颗粒有机态氮	0.006	0.006
溶解有机态氮	0.537	0.537
氨氮	0.201	0.334
硝氮（含硝氮、亚硝氮）	0.035	0.028
颗粒态硅	0	0
溶解态硅	0	0
无机耗氧物	24.349	28.483
溶解氧	6.425	7.100
总活性金属	0	0
大肠杆菌	0	0

7.1.4 程海主要污染物水环境容量计算模型

水环境容量是指水体环境在规定的环境目标下所能容纳的污染物数量，容量大小与水体特征、水质目标及污染物特性有关，同时还与污染物的排放方式及排放的时空分布有密切关系。水环境容量是环境科学的基本理论问题之一，是环境管理的重要实际应用问题之一，是容量总量控制技术体系的核心内容之一，是流域水质目标管理与水功能区限制纳污红线管理的基本依据。本书采用模型法分别计算程海COD、氨氮、TN、TP的水环境容量。

基于不同的分类标准，水环境容量计算方法可以有不同的分类体系。例如：根据所采用的数学方法，可以分为确定性数学方法和不确定性数学方法；确定性数学方法主要包括模型法、模型试错法和线性规划法；不确定性数学方法主要包括随机规划法、概率稀释模型法和未确知数学法。根据所计算的水体类型，可以分为河流水环境容量计算方法、湖库水环境容量计算方法、河口水环境容量计算方法、海洋水环境容量计算方法等。根据计算过程中所使用的水环境数学模型的维数，可以分为零维模型方法、一维模型方法、二维模型方法和三维模型方法。根据预设的水体达标范围，可以分为水体总体达标法和控制断面达标法。根据所选取的控制断面的位置，可以分为段首控制法、段尾控制法和功能区段尾控制法。根据污染源的类型，可以分为点源污染计算法和非点源污染计算法。对于地表水体水环境容量的计算，截至目前，中国发展了模型法、模型试错法、系统最优化法（主要是线性规划法和随机规划法）、概率稀释模型法、未确知数学法等五大类计算方法。

对于湖泊而言，水环境容量计算模型的选择主要依据为湖泊水动力学特征及库区水质区域分异结构特征，一般将湖库水环境容量计算模型分为湖库均匀混合模型、湖库非均匀混合模型、湖库富营养化模型等。根据污染物的不同，又可将计算模型分为营养盐模型（计算 TN、TP）和耗氧有机物模型（计算 COD、BOD 等易降解的有机物污染指标）。基于程海湖区特征、资料情况、研究内容，采用模型法分别计算程海 COD、氨氮、TN、TP 的水环境容量。

7.1.4.1 COD 水环境容量计算模型

COD 水环境容量计算模型为

$$W=\left(\sum_{j=1}^{m}Q_jC_S-\sum_{i=1}^{n}Q_iC_{0i}\right)+kVC_S \tag{7.40}$$

式中：Q_i 为第 i 条入湖河流的流量，m^3；C_{0i} 为第 i 条河流的污染物平均浓度，mg/L；Q_j 为第 j 条出湖河流的流量，m^3；C_S 为 COD 控制目标浓度，mg/L；V 为设计条件下程海湖容，m^3；k 为 COD 综合降解系数。

7.1.4.2 氨氮、TN、TP 水环境容量计算模型

采用狄龙（Dillon）模型计算氨氮、TN、TP 的水环境容量。狄龙模型的计算公式为

$$P=L_P(1-R_P)/\beta h \tag{7.41}$$

$$R_P=1-W_{出}/W_{入} \tag{7.42}$$

式中：P 为湖泊中 TN、TP 的平均浓度，g/m^3；L_P 为年湖泊 TN、TP 的单位面积负荷，$g/(m^2\cdot a)$；β 为水力冲刷系数，$\beta=Q_a/V$，其中，Q_a 为湖泊年出流水量，m^3/a；h 为湖泊平均水深，m；R_P 为 TN、TP 在湖泊中的滞留系数，1/a；$W_{出}$ 为 TN、TP 年出湖量，t/a；$W_{入}$ 为 TN、TP 年入湖量，t/a。

湖泊中 TN、TP 的水环境容量按式（7.43）和式（7.44）计算为

$$M_N=L_SA \tag{7.43}$$

$$L_S=\frac{P_ShQ_a}{(1-R_P)V} \tag{7.44}$$

式中：M_N 为 TN、TP 的水环境容量，t/a；L_S 为单位湖泊水面面积 TN、TP 的水环境容量，$mg/(m^2\cdot a)$；A 为湖泊水面面积，m^2；V 为设计水文条件下的湖泊容积，m^3；P_S 为湖泊中 TN、TP 的年平均控制浓度，g/m^3；Q_a 为湖泊年出流水量，m^3/a。

7.2 程海水动力特征模拟分析

7.2.1 程海湖流结构验证

7.2.1.1 单一风场监测站模拟

图 7.15 为程海表面流场数值模拟结果。图中给出了 12 月 25—27 日每日 8：00、12：00、16：00 及 20：00 的结果。

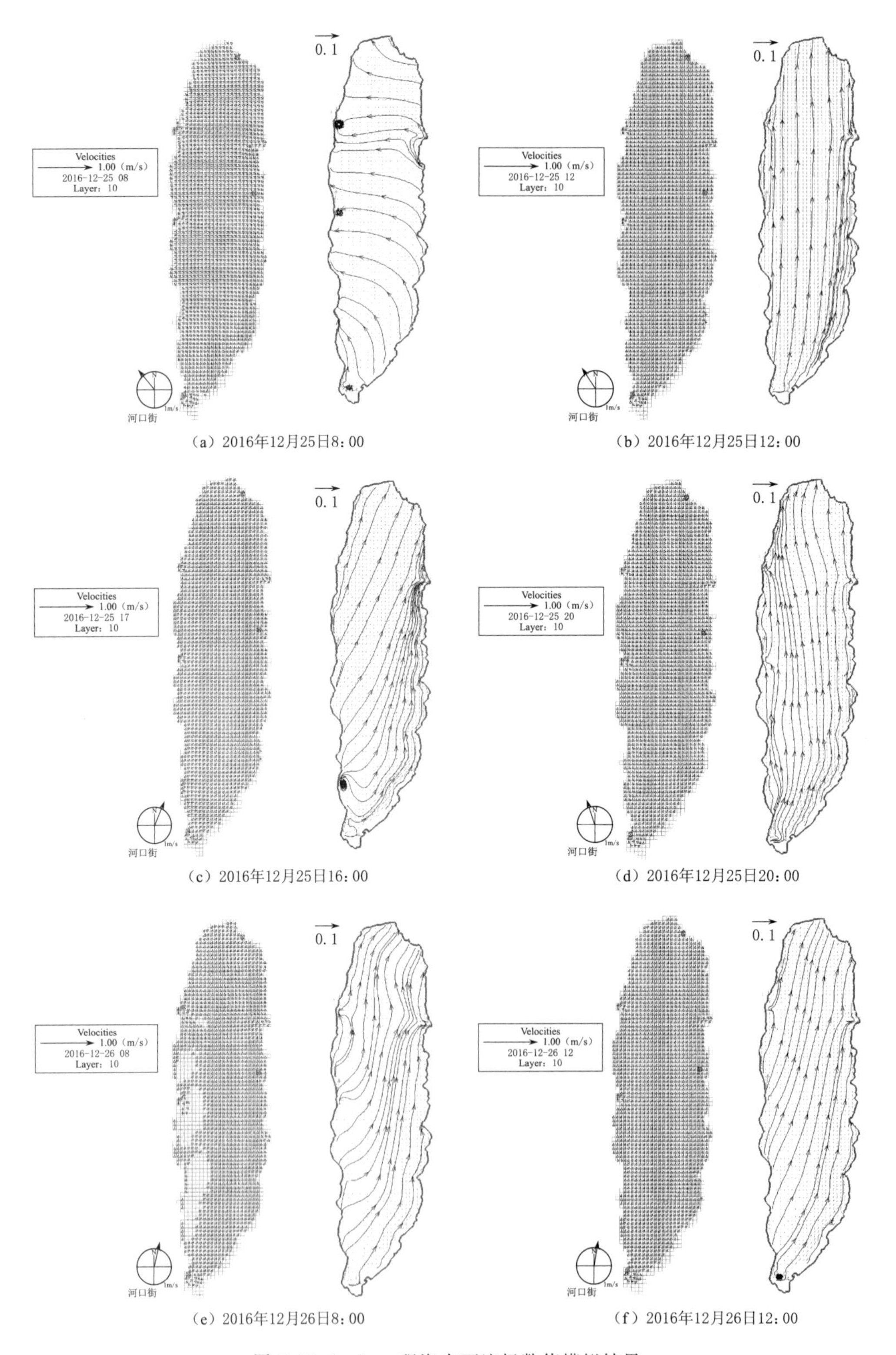

(a) 2016年12月25日8:00

(b) 2016年12月25日12:00

(c) 2016年12月25日16:00

(d) 2016年12月25日20:00

(e) 2016年12月26日8:00

(f) 2016年12月26日12:00

图 7.15（一） 程海表面流场数值模拟结果

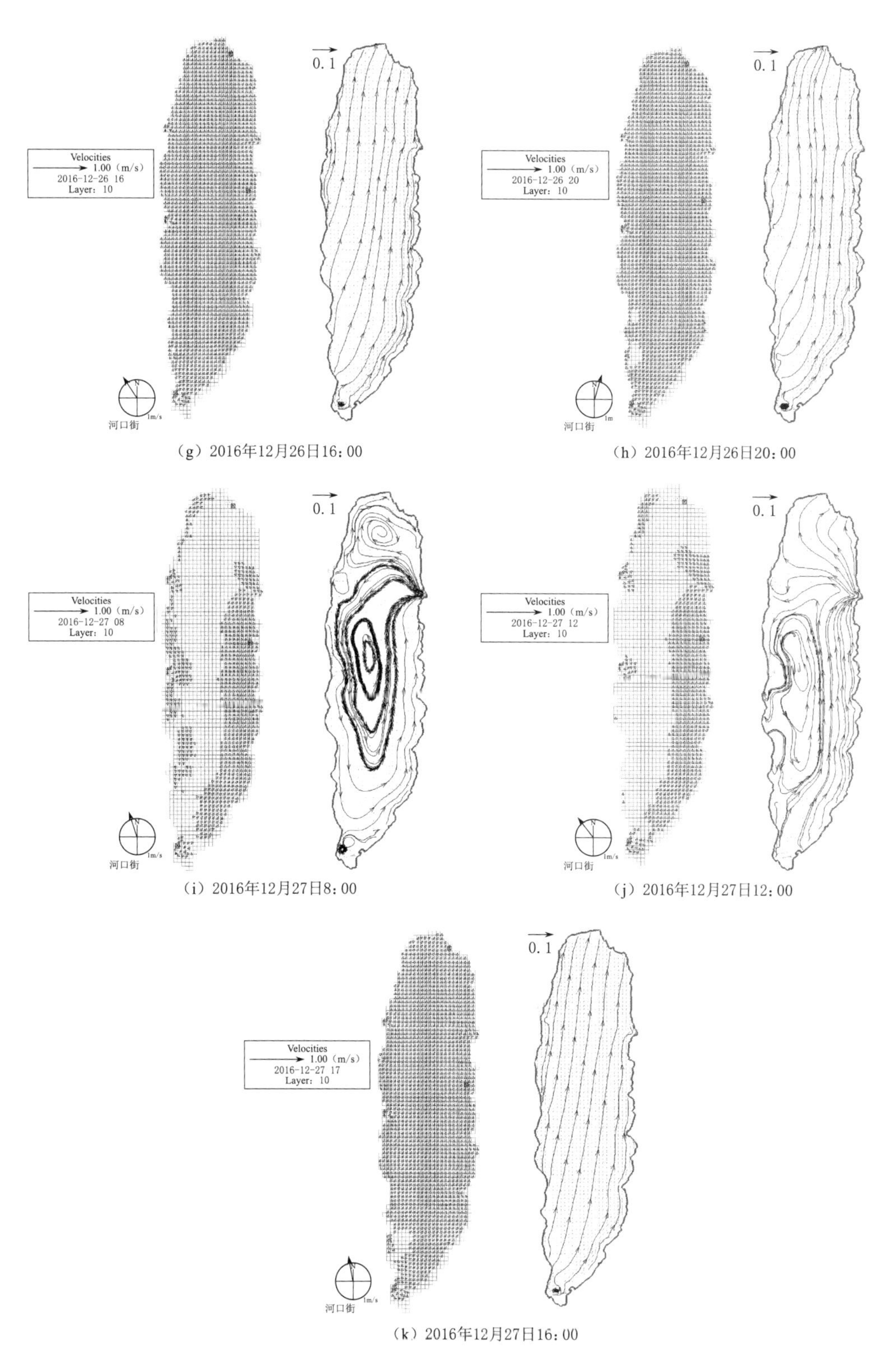

（g）2016年12月26日16：00

（h）2016年12月26日20：00

（i）2016年12月27日8：00

（j）2016年12月27日12：00

（k）2016年12月27日16：00

图 7.15（二） 程海表面流场数值模拟结果

从图 7.15 可见，当仅考虑河口街的风场时，程海流方向总体上受风场风向的控制。由于河口街总体上以南风为主，程海表面湖流一般为从南偏西至北偏东方向。图 7.15(a) 中受东南风影响，程海表面湖流表现为从东偏南至西偏北，这种情况可能与前期的风场及流场有一定的关系：程海的风场在时时变化，而湖流对风场变化的响应在时间上有一定的滞后。图 7.15(i)、(j) 中显示，程海中存在明显的环流结构，这可能是由于当时程海基本处于静风状态，水流惯性导致程海出现了大尺度环流。

从图 7.15 还可看出，仅考虑河口街风力时，除了无风状态之外，在程海表面未能形成大尺度环流，未发现渔民所说的“大转水”“小转水”现象。

7.2.1.2 多个风场监测站模拟

图 7.16 为河口街监测点、浦米监测点、观景台监测点权重相等时数值模拟得到程海表层流场。图中给出了 12 月 25—27 日每日 8：00、12：00、16：00 及 20：00 的结果。

与之前仅考虑河口街监测点风场就监测资料时的结果不同，当考虑湖周上述三个监测点时，在计算结果中程海表面出现了明显的环流结构，其中在海东北浦米村附近始终有一个平面环流，其方向为逆时针。在程海南部，在多数情况下，表面湖流有呈顺时针运动的趋势［图 7.16(d)、(f)、(g)、(h)］，但未见闭合形态的环流。在部分图［图 7.16 (f)、(j)］中，浦米附近偏南位置的表面流态为从东向西，比较类似渔民所说的“抽水”现象。

在海东浦米村偏北位置程海表面流场呈现环流形态，除了与风场特性有关外，可能与程海的湖泊地形有一定关系。如图 7.16 (b) 所示，海东岸线在浦米村附近凸出，而该部位为湖泊深槽的顶部。

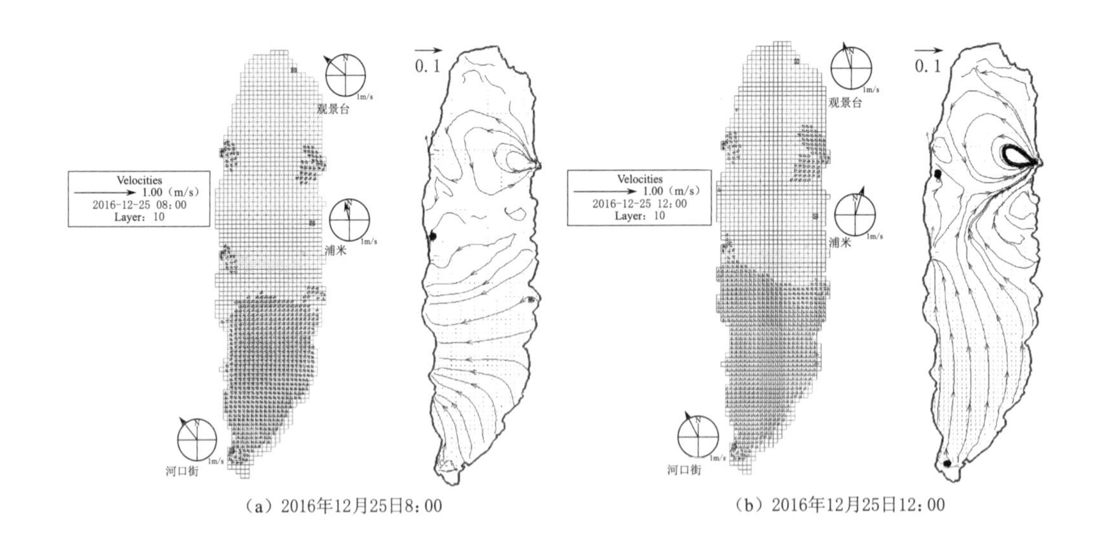

(a) 2016年12月25日8:00　　(b) 2016年12月25日12:00

图 7.16（一）　河口街监测点、浦米监测点及观景台监测点权重相等时数值模拟得到程海表面流场

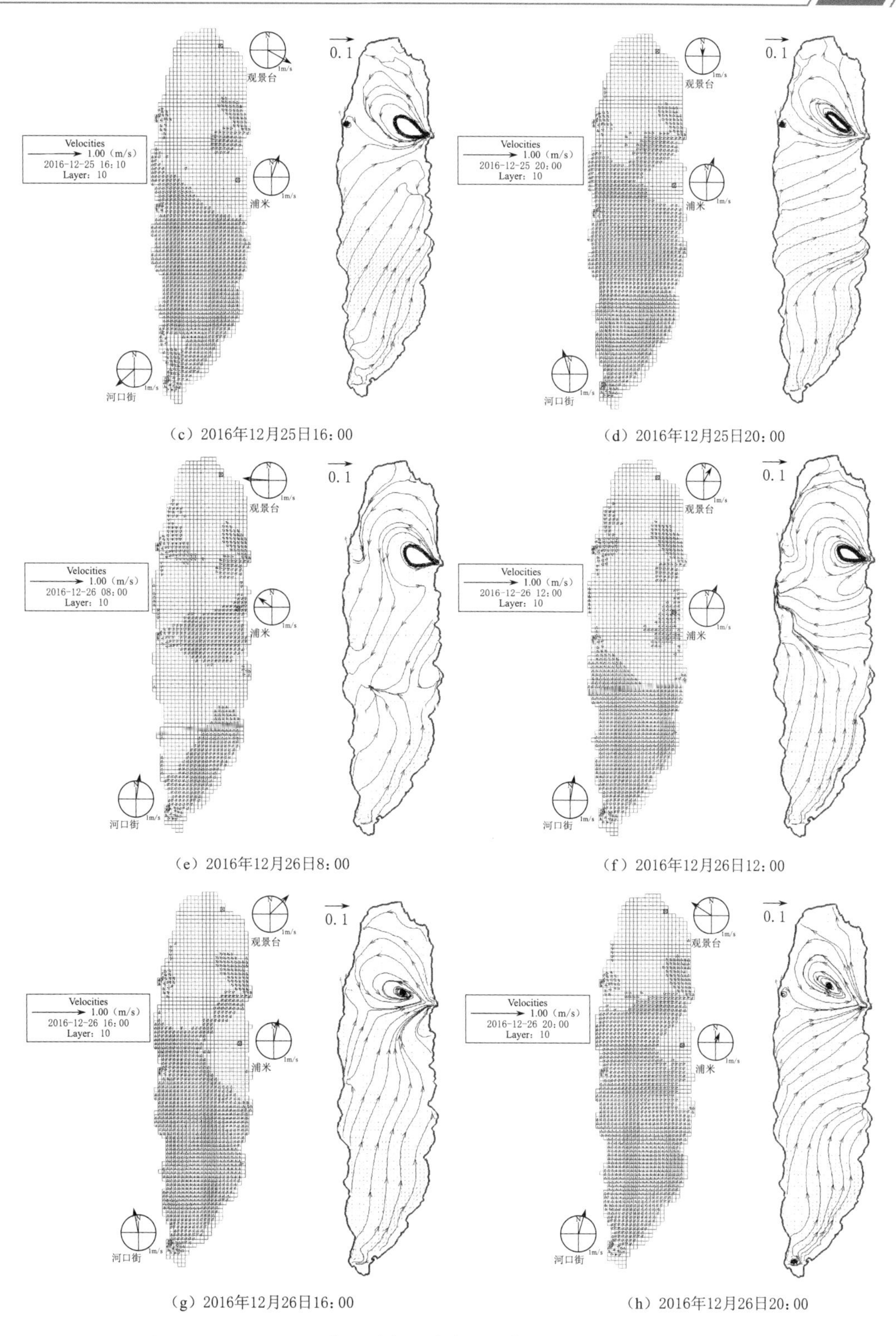

图 7.16（二） 河口街监测点、浦米监测点及观景台监测点权重相等时数值模拟得到程海表面流场

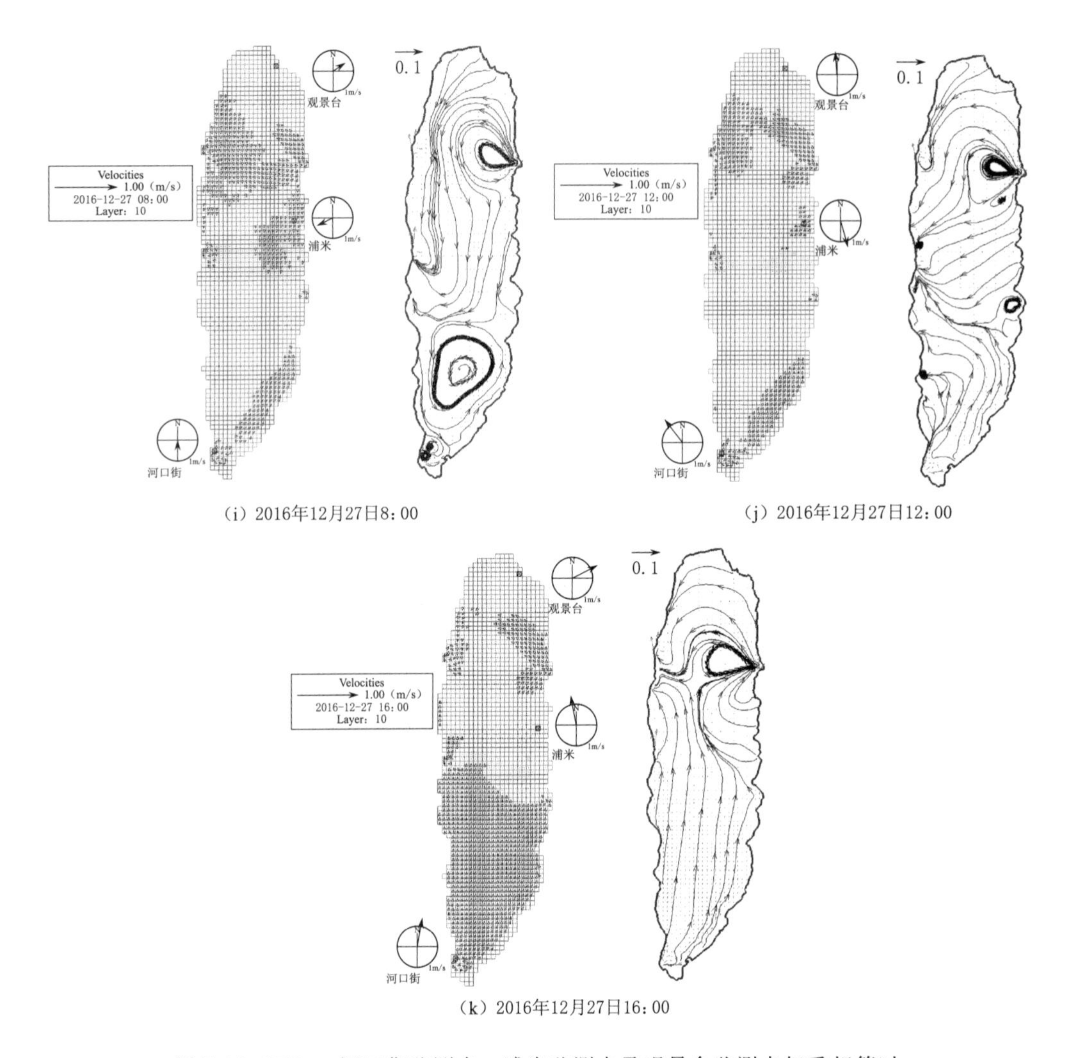

(i) 2016年12月27日8:00

(j) 2016年12月27日12:00

(k) 2016年12月27日16:00

图 7.16（三） 河口街监测点、浦米监测点及观景台监测点权重相等时数值模拟得到程海表面流场

在图 7.15 和图 7.16 中，从流速矢量形态来观察，程海南部的表面流速大于程海北部的流速（在速度场图中，海北大部分区域为空白）。这与计算所采用的网格为 σ 网格、而程海北部水深又较大有关。在 σ 网格下，程海水域每处的网格层数是相同的（本例为 10 层），这导致表层垂向网格在水浅的地方较小、在水深的地方较大，而风生湖流也是一种边界层形态的流动，当表层网格厚度较大时，网隔层的平均流速就显得较小。

7.2.1.3 模型合理性分析

对上述两种工况下河口街、绿 A 公司、浦米、观景台以及潘莨村监测点的垂线平均流速过程进行了统计，得出其平均流向，并于湖流监测期间实测垂线平均流速的平均流向进行了比较。计算平均流向的方法为：先计算流速分量 V_x（沿东西方向，向东为正）、

V_y（沿南北方向，向北为正）的平均值，然后依据 V_x 平均值、V_y 平均值计算平均流向。另外还需注意的是，对实测流速进行平均时，流速资料为每 15min 一次的监测结果，且流速资料主要为白天的资料（10：00—18：30）；对数学模型计算结果进行平均时，流速资料为每天 24h、每分钟一次的监测结果。统计获得的垂线平均流速的平均流向（方位角，以正北为零度，顺时针方向为正）见表 7.7。

表 7.7　　实测与计算的监测点垂线平均流速的流向比较

监测点工况	垂线平均流速的平均流向				
	绿 A 公司附近	浦米	观景台	潘莨	河口街
实测	38.3	13.0	−15.38	164.0	140.4
河口街风场权重为 1	41.4	8.4	155.2	163.3	109.8
河口街、浦米、观景台风场权重相同	26.7	192.9	−21.7	39.5	110.2

从表 7.7 可看出，就垂线平均流速的流向而言，仅考虑河口街风场时，垂线平均流速的流向与实测结果更为一致。

综合起来看，当仅有河口街风场条件作为输入风场条件时，模拟结构未能较好地反映程海的湖流结构。当使用河口街、浦米以及观景台三个站的风场资料时，能在一定程度上模拟出程海表面的环流结构。也就是说，在资料条件具备的情况下，相对而言，使用多个风场模拟程海的湖流可能更为合理。

将多个风场数据进行就加权的做法一般认为仅适合风场变化较缓（渐变）的情形，不适合风场有突变的情形。程海东西两岸都是高山，湖面风场的三维性很强，河口街、浦米以及观景台的风场可能强烈地受局部地形的影响，风场产生条件有较大的差别，从而不满足风场渐变条件。将三者进行加权后的风场可能与程海实际风场有较大的差别。从这个意义上说，有必要对程海表面风场继续开展深入的研究。

7.2.2　程海湖流特征分析

就程海主导风向、定常风速作用下的湖流进行分析。

根据永胜气象站的气象资料统计结果，在永胜地区，每年 2—6 月的主导方向为方位 9（相对于正北顺时针方向的方位角为 202.5°），每年 7 月的主导风向为方位 8（相对于正北顺时针方向的方位角为 180°）。根据湖流监测期间对程海风场的监测结果，程海河口街站的主导风向为正南风。为此，本节首先考察在主导风向（正南风）以及平均风速（2.3m/s）条件下程海的湖流特征。

从图 7.17(a) 可知，在主导风向作用下，程海表面未能形成环流，流动为南偏西——北偏东方向。从表层到底层，流动逐步过渡，在靠近底层时，流动为反向的补偿流，流动方向基本与表层方向相反；且由于地貌作用，在部分区域还形成了平面环流结构[图 7.17(b)～(c)]。

从图 7.17(d) 可知，在主导风向作用下，由于海北水位上升，在海北边缘会形成下沉流，而在程海西南部沿岸会形成上升流。主导风向导致程海南北水位差，是图 7.17(a)～(c) 所示流动形态的驱动力。

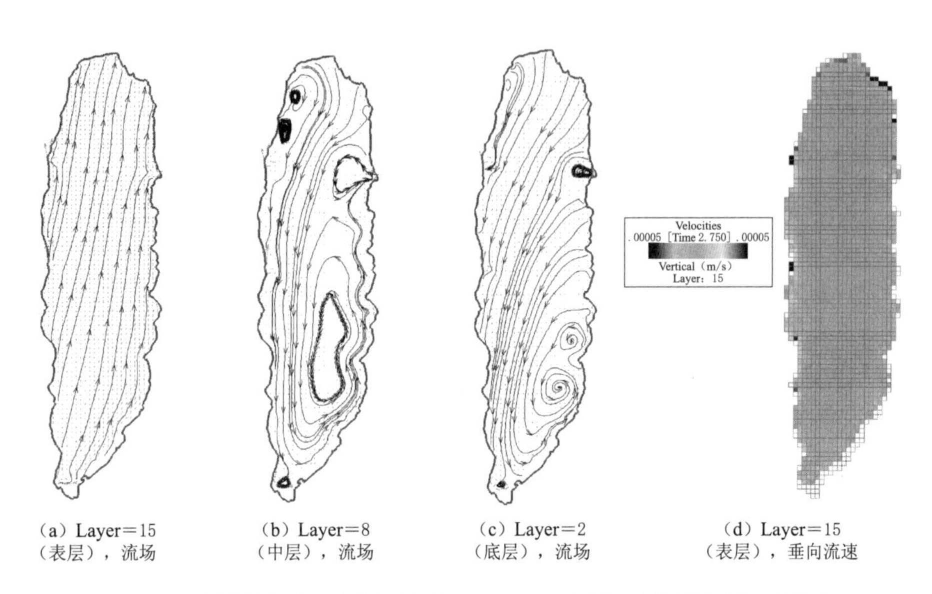

(a) Layer=15（表层），流场　(b) Layer=8（中层），流场　(c) Layer=2（底层），流场　(d) Layer=15（表层），垂向流速

图 7.17　主导风向为正南风、风速为 2.3m/s 时程海不同深度的流动形态

7.3　程海水质特征模拟分析

7.3.1　模型合理性分析

7.3.1.1　模型参数率定

采用湖心站 2012 年 12 月至 2013 年 11 月数据进行水温、水质有关参数的率定。率定结果如图 7.18 所示，误差统计见表 7.8。

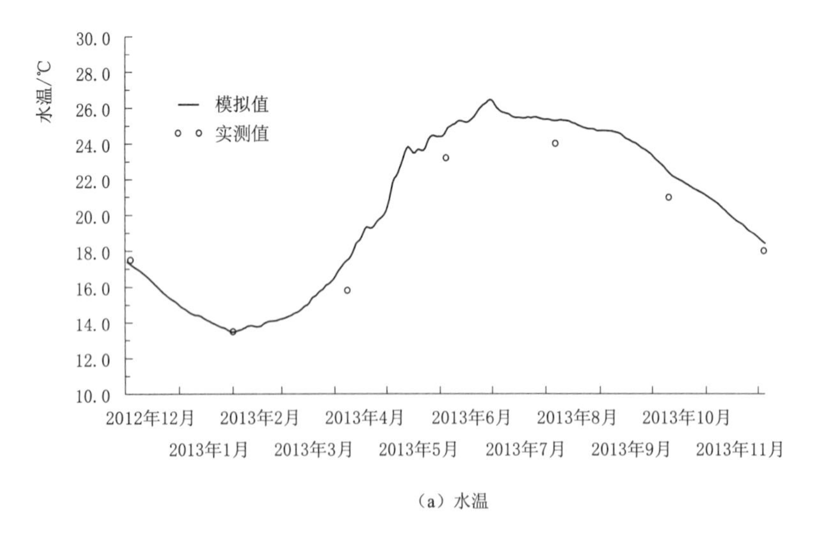

(a) 水温

图 7.18（一）　程海水质模型参数率定模拟值与实测值比较

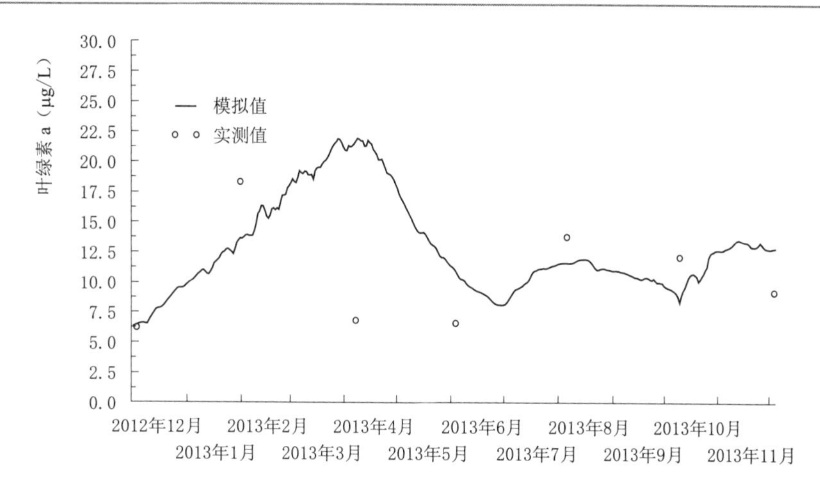

（b）叶绿素a

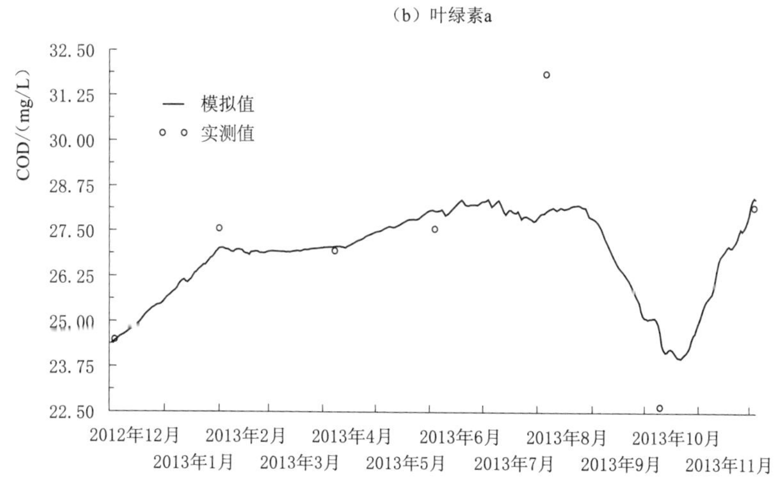

（c）COD

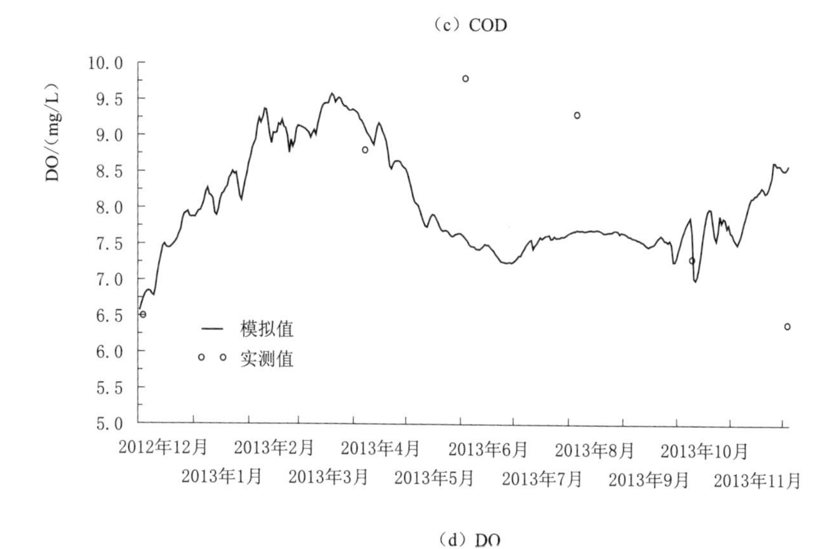

（d）DO

图 7.18（二） 程海水质模型参数率定模拟值与实测值比较

(e) 氨氮

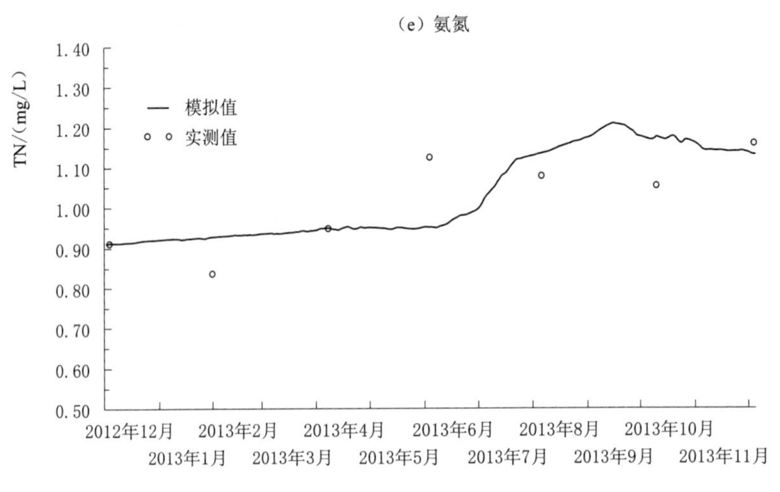

(f) TN

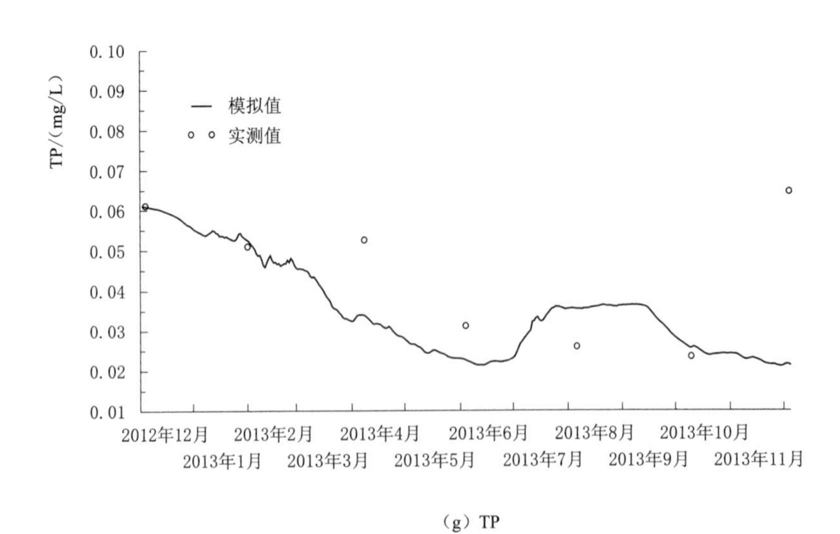

(g) TP

图7.18(三) 程海水质模型参数率定模拟值与实测值比较

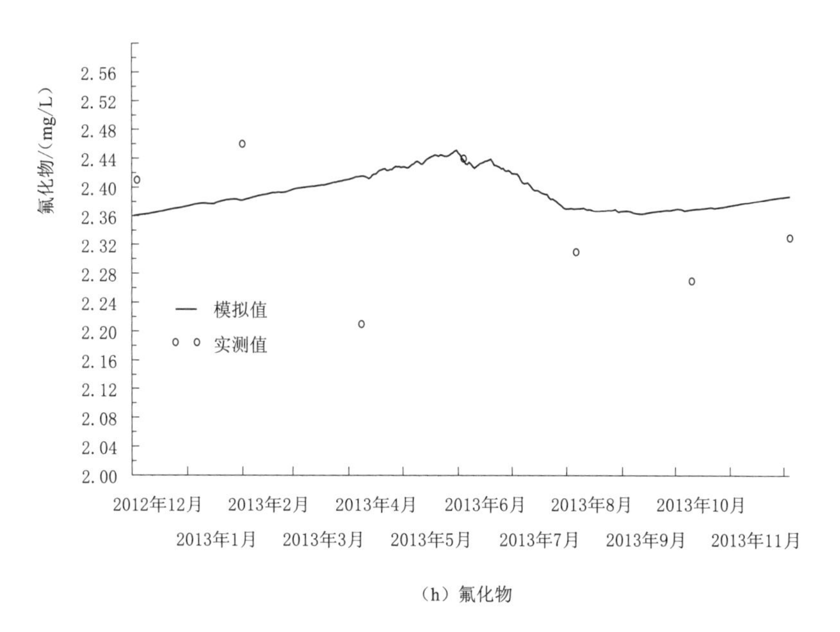

(h) 氟化物

图 7.18（四） 程海水质模型参数率定模拟值与实测值比较

表 7.8 程海水质模型参数率定误差统计

指 标	平均误差	相对误差/%	平均绝对误差	均方根误差	相对均方根误差/%	纳什系数
水温	0.86	4.96	0.94	1.13	10.76	0.90
氨氮	−0.01	30.34	0.06	0.08	43.00	−0.48
COD	−0.21	3.86	1.05	1.66	18.11	0.62
DO	−0.32	14.37	1.20	1.45	39.07	0.00
TN	0.02	6.53	0.07	0.09	31.18	0.24
TP	−0.01	25.05	0.01	0.02	41.91	−0.18
叶绿素 a	1.77	46.09	4.81	6.47	53.51	−1.38
氟化物	0.042	3.358	0.079	0.098	39.267	−0.304

通过图 7.18 及表 7.8 可以看出，模拟结果较好得反映了各项指标的变化趋势及变化范围，各项误差统计均在合理范围之内。

7.3.1.2 模型结果验证

采用湖心站 2013 年 12 月至 2014 年 11 月数据进行水温、水质参数的率定。

水温模拟验证结果如图 7.19 和图 7.20 所示，误差统计见表 7.9。其中，图 7.19 为表层水温时间变化过程，图 7.20 为不同测点垂向水温。

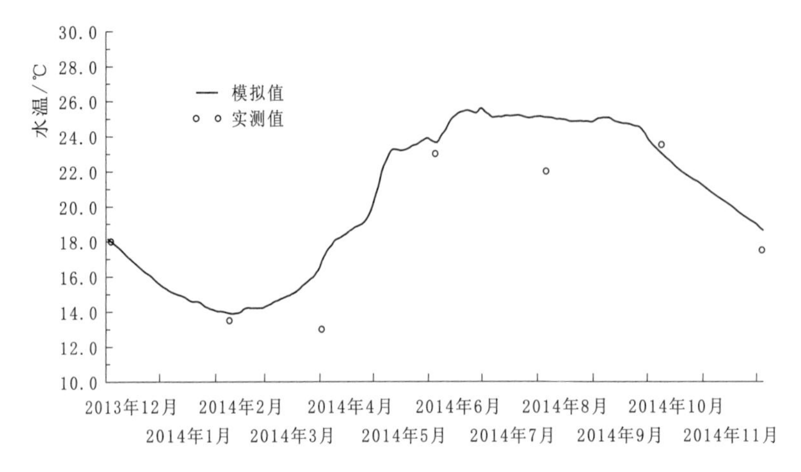

图 7.19 水质模型验证模拟值与实测值比较（表层水温时间变化）

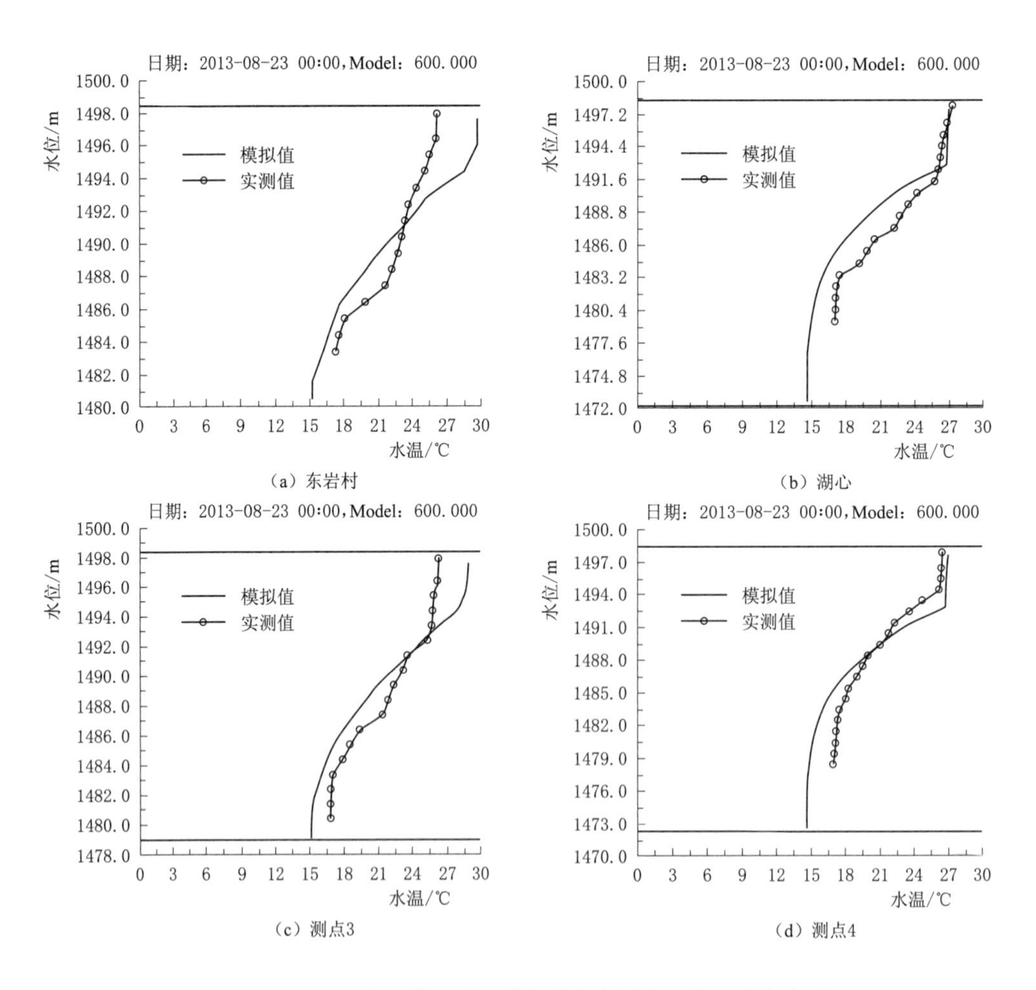

图 7.20（一） 水质模型验证模拟值与实测值比较（垂向水温）

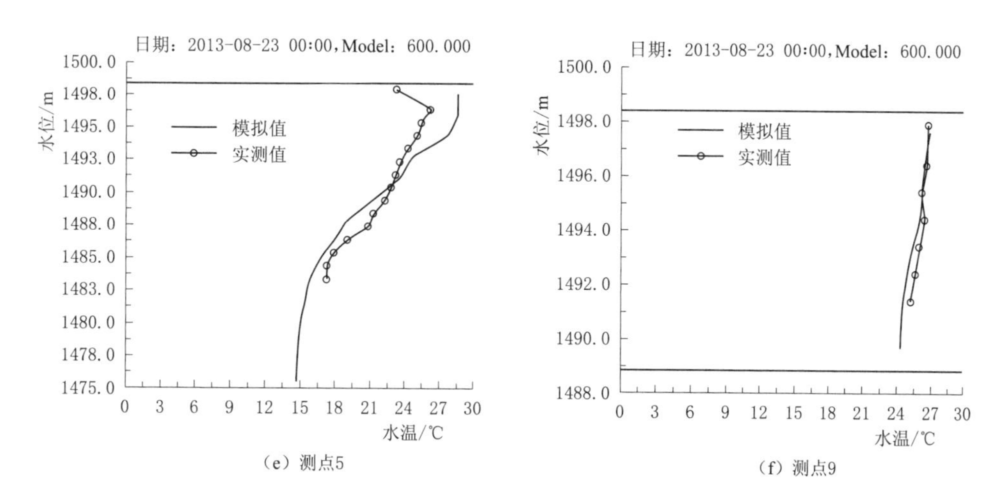

（e）测点5　（f）测点9

图 7.20（二）　水质模型验证模拟值与实测值比较（垂向水温）

表 7.9　程海水质模型水温验证误差统计

指标		平均误差	相对误差/%	平均绝对误差	均方根误差	相对均方根误差/%	纳什系数
垂向	东岩村	0.330	9.022	2.027	2.309	26.210	0.365
	湖心	−1.526	7.439	1.658	1.959	19.113	0.736
	测点 3	−0.372	7.056	1.536	1.695	17.960	0.780
	测点 4	−0.398	5.831	1.217	1.417	14.920	0.838
	测点 5	0.409	7.604	1.678	2.068	23.133	0.481
	测点 9	−0.358	1.527	0.399	0.482	30.929	0.135
	平均	−0.373	6.862	1.509	1.757	20.654	0.621
时间序列	表层水温时间序列	1.240	7.400	1.380	1.950	18.520	0.770

其余水质指标模拟验证结果如图 7.21 所示，误差统计见表 7.10。

表 7.10　程海水质模型模拟验证误差统计

指标	平均误差	相对误差/%	平均绝对误差	均方根误差	相对均方根误差/%	纳什系数
水温	1.24	7.40	1.38	1.95	18.52	0.77
氨氮	0.03	25.03	0.06	0.09	29.75	0.20
COD	0.64	3.54	1.02	1.55	18.12	0.61
DO	−0.20	12.49	1.02	1.22	40.77	−0.16
TN	−0.08	10.38	0.10	0.15	29.11	0.45
TP	−0.02	44.99	0.02	0.03	46.33	−0.95
叶绿素 a	2.32	42.95	2.53	3.36	48.00	−1.87
氟化物	0.007	2.365	0.056	0.074	29.451	−0.007
pH 值						

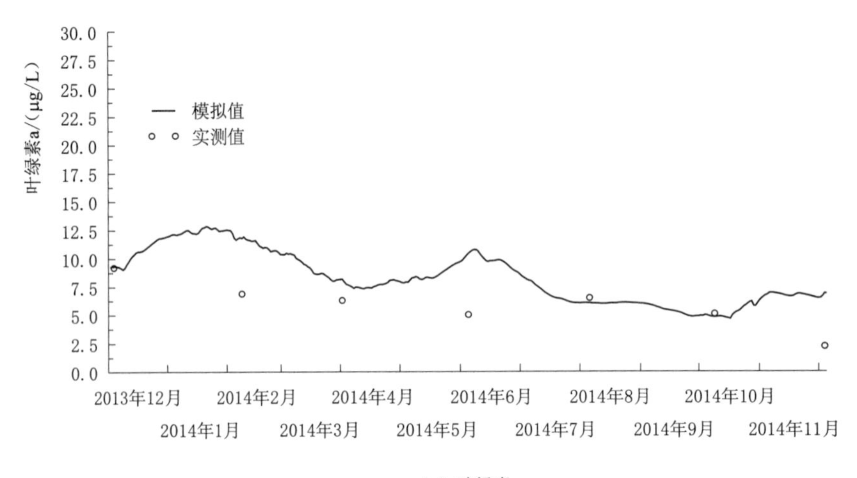

（a）叶绿素a

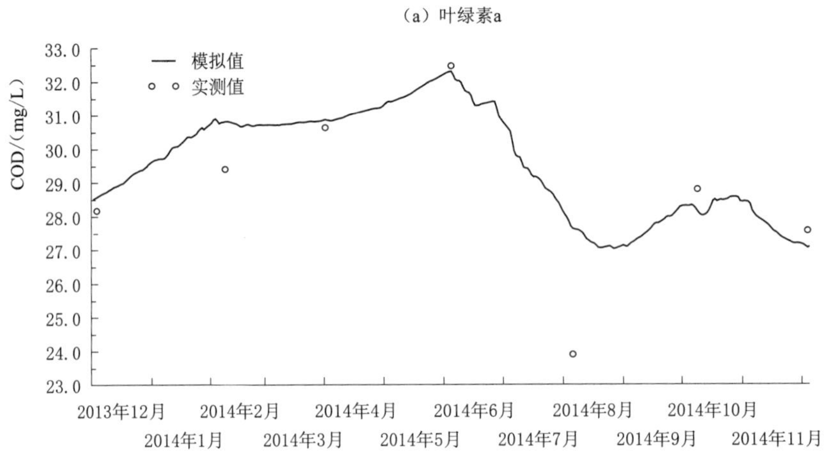

（b）COD

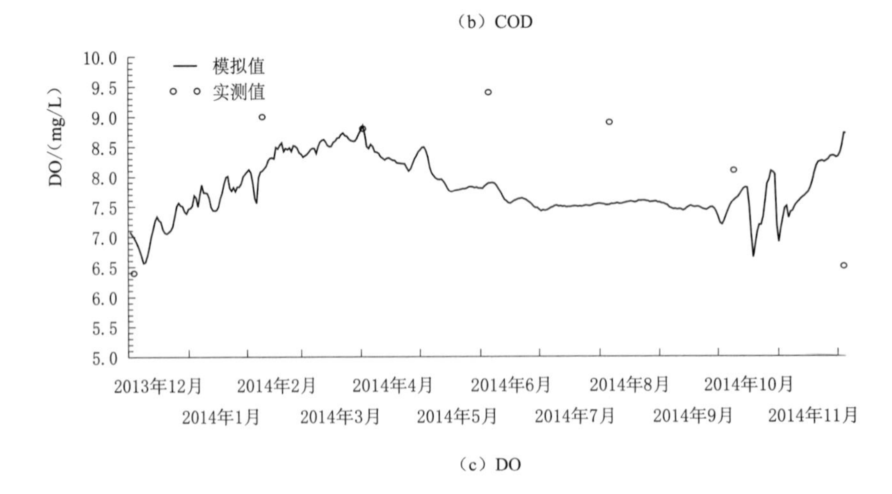

（c）DO

图7.21（一） 程海水质模型模拟验证模拟值与实测值比较

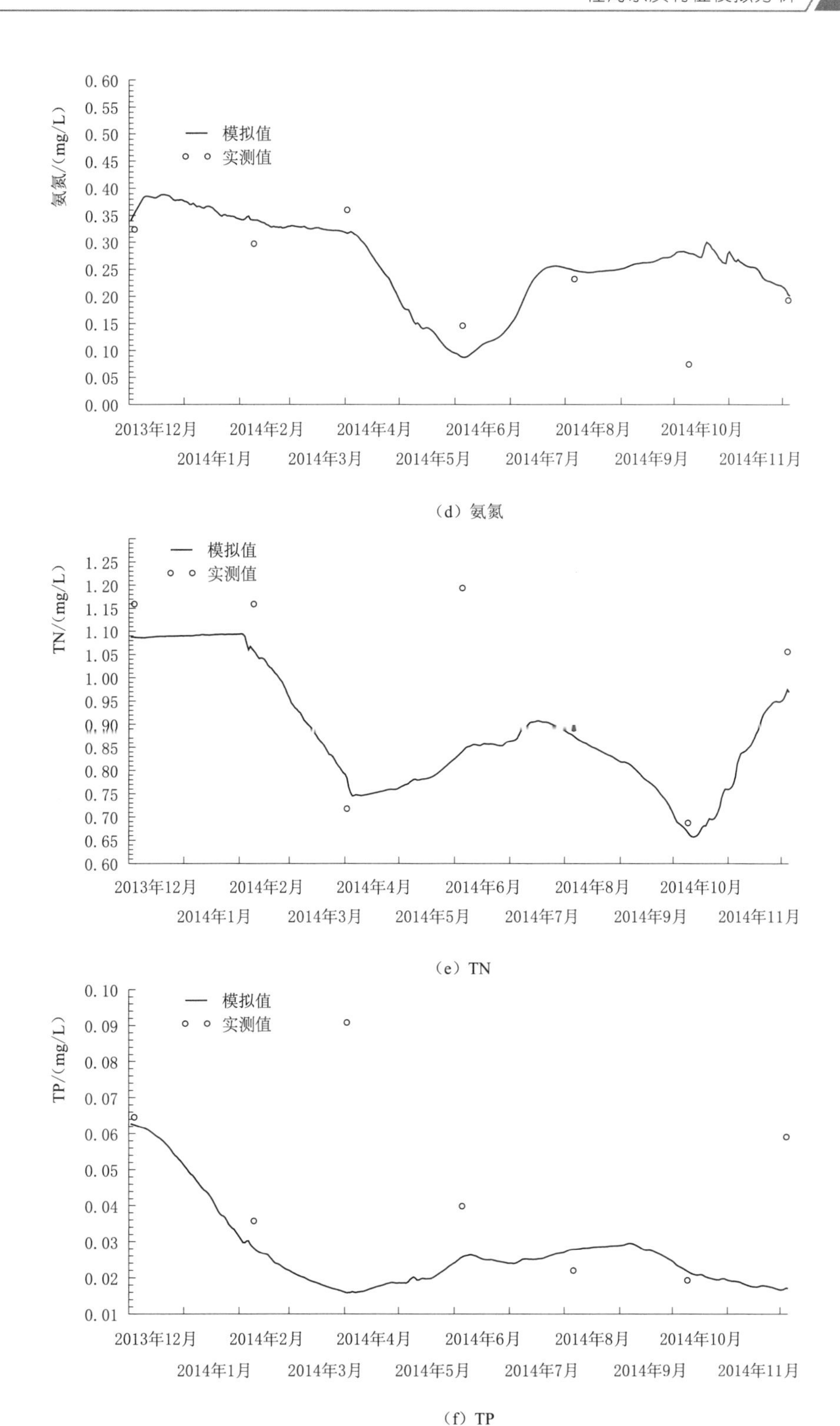

图 7.21（二） 程海水质模型模拟验证模拟值与实测值比较

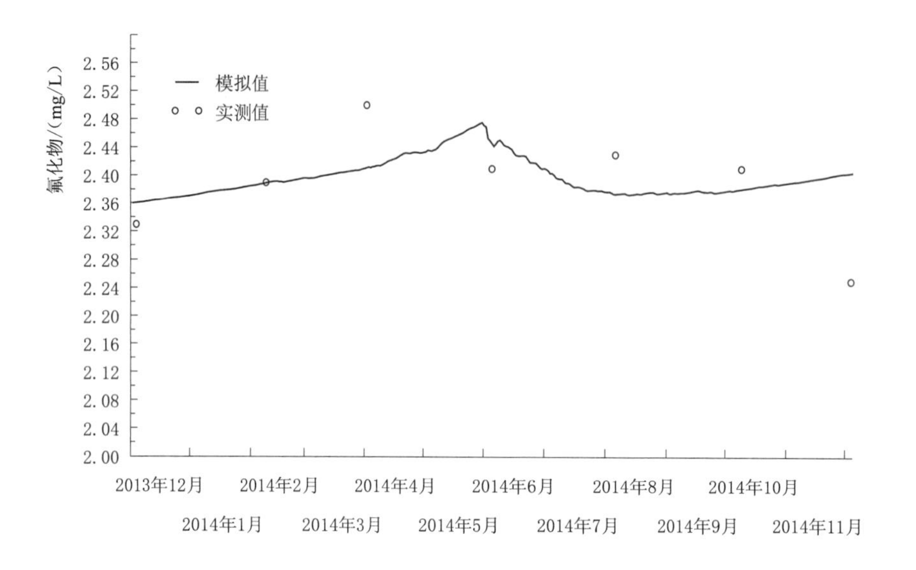

（g）氟化物

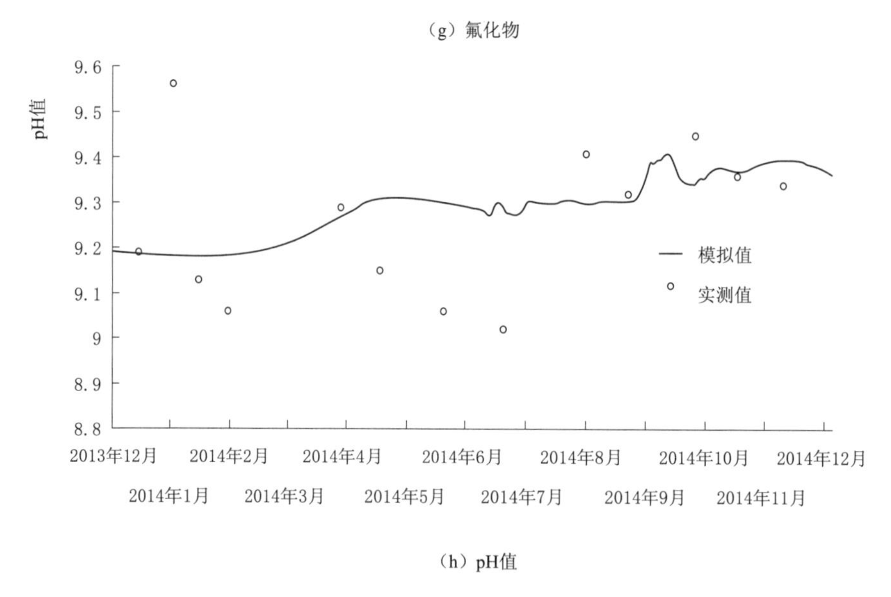

（h）pH值

图 7.21（三） 程海水质模型模拟验证模拟值与实测值比较

通过上述图表可以看出，模拟结果较好地反映了各项指标的变化趋势及变化范围，各项均误差统计在合理范围之内。

7.3.2 水质时空分布特征分析

以率定结果为例，分析程海水质时空分布特征。图 7.22 列出了不同时期程海水质平面分布的计算结果。可以看出：模型结果表明，程海丰水期水质要优于枯水期水质，中部及北部水质要略优于南部水质。这个特征与现状水质评价的结果是基本吻合的，模型也可以更加细致的反映水质时空分布的特征和变化。

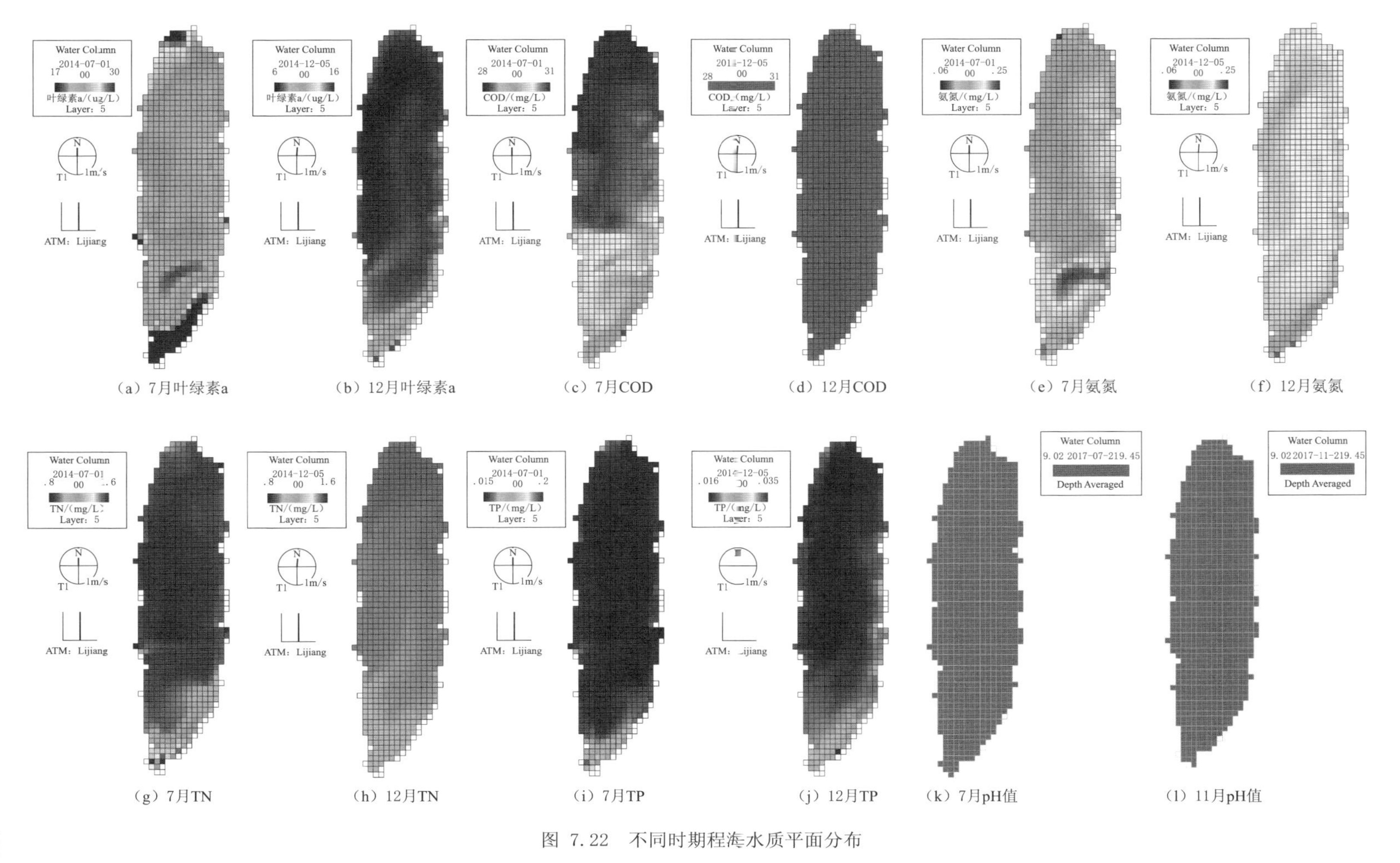

（a）7月叶绿素a （b）12月叶绿素a （c）7月COD （d）12月COD （e）7月氨氮 （f）12月氨氮

（g）7月TN （h）12月TN （i）7月TP （j）12月TP （k）7月pH值 （l）11月pH值

图 7.22　不同时期程海水质平面分布

7.4 程海主要污染物水环境容量分析

7.4.1 水环境容量计算条件与结果

7.4.1.1 计算条件设置

计算以2016年为基准年。根据《水域纳污能力计算规程》(GB/T 25173—2010)，设计水文条件取近10年最低月平均水位相应的蓄水量。程海2007—2016年各月平均水位见表7.11。

表7.11 程海2007—2016年各月平均水位

月份	水位/m									
	2007年	2008年	2009年	2010年	2011年	2012年	2013年	2014年	2015年	2016年
1	1500.79	1500.88	1500.90	1500.34	1500.02	1499.12	1498.36	1497.95	1497.46	1497.02
2	1500.70	1500.77	1500.80	1500.22	1499.93	1498.98	1498.25	1497.85	1497.37	1496.89
3	1500.59	1500.68	1500.68	1500.10	1499.80	1498.85	1498.16	1497.73	1497.26	1496.82
4	1500.51	1500.60	1500.59	1500.02	1499.72	1498.75	1498.05	1497.62	1497.16	1496.76
5	1500.51	1500.56	1500.50	1499.91	1499.63	1498.64	1497.99	1497.48	1497.05	1496.68
6	1500.48	1500.61	1500.47	1499.83	1499.59	1498.58	1497.95	1497.48	1496.93	1496.66
7	1500.56	1500.76	1500.57	1499.83	1499.57	1498.68	1498.04	1497.74	1496.84	1496.79
8	1500.83	1501.01	1500.70	1500.00	1499.61	1498.78	1498.27	1497.89	1497.00	1496.92
9	1501.03	1501.16	1500.75	1500.20	1499.62	1498.86	1498.36	1497.92	1497.29	1497.15
10	1501.14	1501.13	1500.79	1500.24	1499.56	1498.83	1498.34	1497.84	1497.37	1497.22
11	1501.10	1501.11	1500.63	1500.25	1499.40	1498.68	1498.23	1497.70	1497.28	1497.14
12	1500.99	1501.00	1500.47	1500.16	1499.26	1498.52	1498.10	1497.55	1497.14	1497.02

通过表7.11可以看出，程海近10年最低月平均水位为1496.66m，根据水位-面积-湖容关系曲线，对应1496.66m的湖面面积和湖容分别为72.63km^2、15.76亿m^3。根据所构建模型计算结果，对应的平均水深为21.70m。

污染负荷出湖量主要考虑对污染物影响明显的部分。根据本研究计算结果，程海2012—2016年污染负荷出入湖量见表7.12。

表7.12 程海2012—2016年污染负荷出入湖量

年份	出湖水量/万m^3	年平均浓度/(mg/L)				污染负荷年出湖量/(t/a)				污染负荷年入湖量/(t/a)			
		COD	氨氮	TN	TP	COD	氨氮	TN	TP	COD	氨氮	TN	TP
2012	632.11	25.60	0.174	0.754	0.030	161.80	1.098	4.765	0.189	565.83	39.70	266.19	63.93
2013	632.74	27.15	0.196	0.864	0.032	171.82	1.238	5.469	0.205	795.22	55.79	374.11	89.84
2014	633.55	28.99	0.256	0.806	0.035	183.68	1.623	5.103	0.222	764.63	53.65	359.72	86.39
2015	634.54	30.75	0.131	0.784	0.036	195.14	0.831	4.976	0.230	909.91	63.84	428.06	102.80
2016	635.71	29.63	0.113	0.788	0.037	188.36	0.718	5.006	0.238	884.94	62.09	416.32	99.98
平均	633.73	28.43	0.174	0.799	0.034	180.16	1.102	5.064	0.217	784.11	55.01	368.88	88.59

7.4.1.2 关键参数确定

COD综合降解系数因受水体的水文条件、微生物种类与数量、水体复氧能力、水温及水体的污染程度等复杂因素的影响，故而精确确定十分困难。实践中一般有模型率定法、分析借用法、实测法和经验公式法等方法。本书基于已建立的程海水动力水质模型率定确定COD综合降解系数。根据率定结果，COD综合降解系数为0.0005/d。

采用狄龙模型计算水环境容量时，营养盐滞留系数是最关键的参数。根据程海2012—2016年污染负荷出入湖量，计算得到程海氨氮、TN、TP滞留系数分别为0.9791、0.9859和0.9975。

7.4.1.3 水环境容量计算结果

根据计算条件和参数，计算得到程海COD、氨氮、TN、TP在Ⅲ类水质控制目标下的水环境容量分别为541.41t/a、302.44t/a、900.00t/a和127.39t/a。

7.4.2 主要污染物容量总量控制分析

当入湖污染负荷总量大于某一水质目标下的水环境容量时，湖泊水体就不能达到水质目标。因此，为了确保达到水质目标，超出水环境容量的部分就应削减，这部分即所谓的削减量。

根据计算出的程海Ⅲ类水质控制目标下不同污染物的水环境容量及现状污染物入湖量，可得不同水质控制目标下的污染物削减量。本次研究以2016年污染入河入湖量为现状入湖量。容量总量控制分析结果见表7.13。

表7.13　程海容量总量控制分析

污染物	水环境容量/(t/a)	现状入湖量/(t/a)	削减量/(t/a)	削减比例/%
COD	541.41	884.94	343.53	63.5
氨氮	302.44	62.09	—	—
TN	900.00	416.32	—	—
TP	127.39	99.98	—	—

从表7.13可以看出，从全年平均情况看，氨氮、TN、TP污染负荷无须削减，而COD需削减63.5%。但同时结合本书水质分析的结论，为一定程度预防程海富营养化程度的发展，应考虑对流域污染负荷进行防控。

7.5 本章小结

本书监测、分析程海的湖流特征，构建程海三维水动力、水质数学模型，分析其水动力、水质的时空分布特征，在此基础上采用模型法计算程海水环境容量，基于水环境容量提出了污染负荷削减目标。同时，本书还研究程海流域非点源污染的分区防控方案，设定不同的分区及分类污染控制情景（水平）组合，比较各情景组合下的污染物入湖量，提出程海流域非点源污染防控推荐方案与流域及湖泊综合管理措施。研究表明：

（1）根据湖流的监测和分析结果，在风力的作用下程海呈现平面和垂向的环流结构。在程海北部、浦米村以北出现逆时针的表面环流结构。表层流场和底层流场有较大区别，底部流场一般表现为对表层流场的补偿流；程海北部沿岸区域为水流的下沉区；程海南北水位差是这种垂向环流的驱动力。

（2）在程海水动力模型的基础上建立了程海水质模型，分别采用 2012 年 12 月至 2013 年 12 月和 2013 年 12 月至 2014 年 12 月实测水质数据对模型进行了率定和验证，各水质指标的统计误差均符合水质模型允许误差内，说明所构建模型的可靠性。

（3）计算得到程海在Ⅲ类水质控制目标下的水环境容量，COD、氨氮、TN、TP 分别为 541.41t/a、302.44t/a、900.00t/a 和 127.39t/a。

第8章 程海生态补水及水环境改善效果研究

8.1 程海水资源保护目标分析

8.1.1 程海水位保护目标分析

程海的湖泊管理，表现在水位控制、水质保护、污染物防治、渔业管理、岸线及河岸带维护等多个方面。由于目前程海水位持续下降的严重问题，其湖泊水位的保护应作为水资源保护的首要目标。以下通过分析程海生态水位特征，提出其水位的管理目标。

8.1.1.1 程海当前的水位管理目标及管理依据

程海当前的水位管理目标主要由《云南省程海保护条例》所确定。云南省人大常委会于2019年公布的《程海保护条例》规定：

第三条 程海的保护、开发和利用，应当坚持保护为主、科学规划、统一管理、合理利用、综合防治的原则，实现生态效益、经济效益和社会效益的统一。

第五条 程海最高运行水位为1501米（黄海高程，下同），最低控制水位1499.2米。程海水环境质量，在保持天然偏碱性特征的同时，按照国家《地表水环境质量标准》（GB 3838—2002）规定的Ⅲ类水以上标准执行。补入程海的水资源，其水质应当达到国家规定的Ⅲ类以上标准。

第六条 程海保护区范围分为一级保护区、二级保护区。一级保护区范围为程海水体及程海最高运行水位1501米水位线外延水平距离30米内。在一级保护区的界线上设置界桩。二级保护区范围为一级保护区以外的程海径流区。

第十三条 沿湖生产、加工企业和服务行业所产生的废水应当进行水污染物处理，实行达标排放，处理后水体水质仍低于国家《地表水环境质量标准》（GB 3838—2002）规定的Ⅲ类水标准的，严禁流入程海水体。

第十六条 直接从程海取水的单位和个人，应当依法办理取水许可证，缴纳水资源费，并在取水口安置拦鱼设施。在保护区范围养殖螺旋藻的企业以及将程海水资源作为企业生产原料的，应当按照水利工程供水交纳水费。其水费标准由永胜县人民政府制定，报省人民政府价格行政主管部门批准。水资源费和水费留成主要用于程海水资源的节约、保护和管理，专款专用。

可见，《云南省程海保护条例》在水位、水质、取水、废水排放、补水、鱼类保护等方面都着眼于程海的保护进行了规定。

8.1.1.2 程海的生态水位

1. 基于湖泊形态法对生态水位的分析

根据《河湖生态环境需水计算规范》（SL/Z 712—2014），对湖泊生态需水的计算可采用多种方法，如生物空间法、湖泊形态分析法等。鉴于当前不具备采用生物空间法进行分析的条件，这里采用湖泊形态分析法分析程海的生态水位需求。

湖泊形态分析法通过分析湖泊水面面积变化率与湖泊水位的关系来确定维持湖泊基本形态需水量对应的最低水位。其基本思路是通过实测的湖泊水位 h 和湖泊面积 F，构建湖泊水位 H 与湖泊水面面积变化率 dF/dH 的关系曲线，通过其最大值来确定湖泊最低生态水位。程海水位与水面面积变化率 dF/dH 的关系曲线如图 8.1 所示。其 dF/dH 的最大值所对应的水位约为 1470m，显著低于程海当前的水位。对水位进一步分析（图 8.2）可见，在 1499m 水位以下，曲线比较均匀；1499～1501.5m，随水位的面积变化率小于前者，显示本段湖床较低水位时陡峭。在 1501m 以上，面积变化率突然变化大并出现极大值，表明该水位区间湖面面积突然扩大。这可能是由于程海东岸大片的湖岸草原正处于这一高程区间。鉴于湖周被淹没的植被（湖滨湿地）能为鱼类等提供索饵场，上述现象表明，水位跨越该区间可能导致程海水生生物生境质量的明显变化。总之，从图 8.2 可见，dF/dH 在水位高于 1501m 之后有出现新的极值点的趋势。从这个意义上说，程海的最低生态水位可能不应低于 1501m。

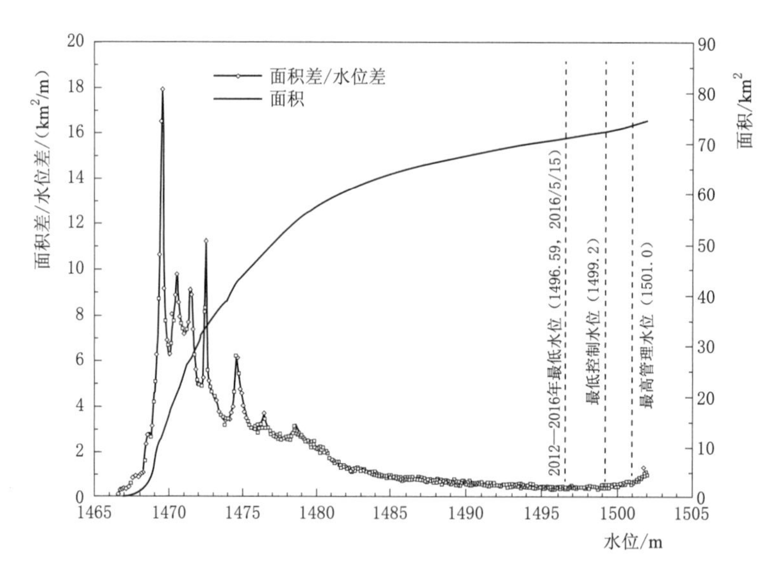

图 8.1 不同水位下程海的水面面积及其随水位的变化率

2. 基于湖容——矿化度关系对生态水位的分析

对于程海而言，要维持湖泊基本的环境功能，防止湖水盐化是主要的工作之一。湖泊的盐化将会影响到程海螺旋藻和周边浮游动植物的自然生长环境以及人类的正常取用水过程。根据已有的研究成果，含盐量 1000mg/L 是淡水湖和微咸水湖的划分依据，含盐量为 5000mg/L 是微咸水湖和咸水湖的分界，含盐量 30000mg/L 咸水湖和盐湖的分界。为保证湖泊的环境功能，防止湖泊的盐化，湖泊的含盐量最好控制在 1000mg/L 之内。根据上述介绍的程海矿化度与库容变化之间的相关性关系可知，随着水位的降低、库容的减少以及湖面面积的萎缩，程海的矿化度浓度将逐步升高。同时，考虑到程海 2008—2016 年来湖泊水量减少剧烈，浓缩现象更为明显这一显著变化特征。根据《河湖生态需水评估导

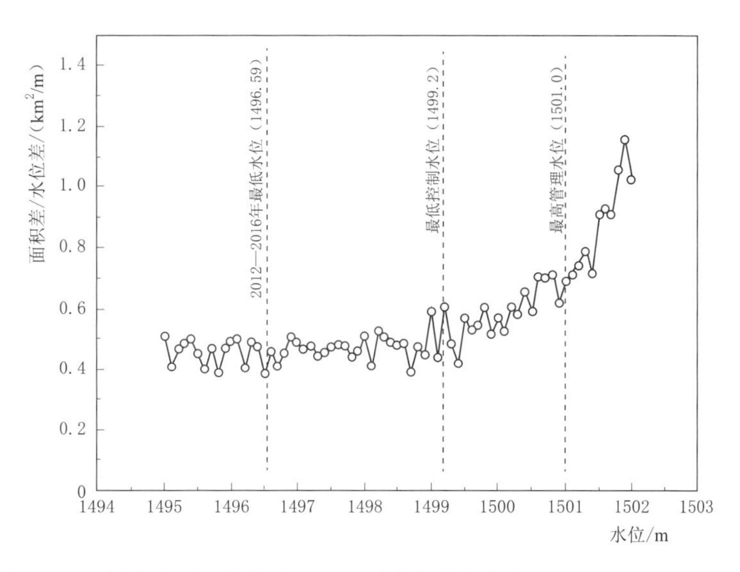

图 8.2　不同水位下程海的水面面积随水位的变化率（Z＝1495～1502m）

则》（SL/Z 479—2010）和《河湖生态环境需水计算规范》（SL/Z 712—2014），建立程海2006—2016年的矿化度浓度与库容变化相关性关系，并以此作为依据，寻找控制程海矿化度浓度的最佳水位。

图 8.3 所示是程海 2006—2016 年矿化度与库容变化的相关性分析，从图中可以看出，矿化度与库容变化之间存在明显的负相关性关系，相关系数为 0.91(P＜0.0001)，说明可以根据矿化度与库容之间的相关性关系推算控制程海矿化度浓度的最佳库容、水位以及湖面面积。据上述报告所言，湖泊的含盐量最好在 1000mg/L 之内，将其临界矿化度浓度 1000mg/L 代入程海 2006—2016 年矿化度与库容变化的相关关系式中，可以得到在程海

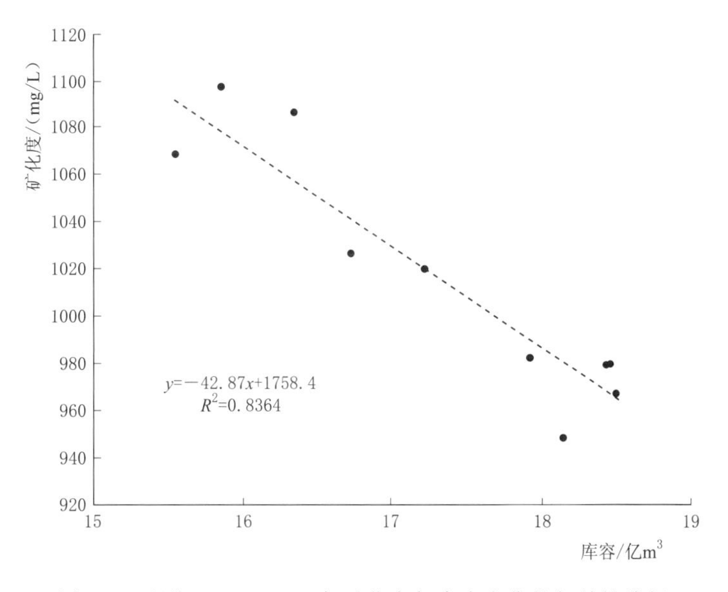

图 8.3　程海 2006—2016 年矿化度与库容变化的相关性分析

矿化度浓度 1000mg/L 时，其湖泊库容为 17.69 亿 m^3，对应的湖泊水位为 1499.3m，湖泊面积为 73.89km^2。即根据程海 2006—2016 年矿化度与库容变化的相关性，可初步认为当程海最低控制运行水位在 1499.2m 以上时，程海的矿化度浓度在 1000mg/L 以下，对应的湖泊面积为 73.89km^2，湖泊库容为 17.62 亿 m^3，此时，程海处于淡水湖状态。该研究结果进一步说明程海最低控制运行水位为 1499.2m 设置比较合理。

8.1.1.3 程海水位管理目标

综合考虑程海当前的水位管理目标、生态水位研究成果以及保障程海水质对水位的要求，建议维持当前程海的水位管理目标，即程海最高运行水位为 1501.0m（黄海高程，下同），最低控制水位 1499.2m。

8.1.2 程海水质管理目标分析

8.1.2.1 程海现有的水质管理目标及管理依据

程海管理条例的要求。云南省人大常委会于 2019 年公布的《云南省程海保护条例》规定，程海水环境质量，在保持天然偏碱性特征的同时，按照国家《地表水环境质量标准》（GB 3838—2002）规定的Ⅲ类水以上标准执行。补入程海的水资源，其水质应当达到国家规定的Ⅲ类以上标准。沿湖生产、加工企业和服务行业所产生的废水应当进行水污染物处理，实行达标排放，处理后水体水质仍低于国家《地表水环境质量标准》（GB 3838—2002）规定的Ⅲ类水标准的，严禁流入程海水体。

程海流域水污染防治“十二五”规划的要求。依据丽江市人民政府颁布的《程海流域水污染防治“十二五”规划（报批稿）》，程海流域的水质目标为：程海水质除 pH 值、氟离子外，其余指标稳定保持在地表水环境质量Ⅲ类水质标准，争取达到Ⅱ类标准，营养化水平稳定保持在中营养型。

8.1.2.2 程海水质管理目标的主要制约因素

1. 水质历史演变

（1）历史水质（以 1980 年水质为例）。主要考虑 20 世纪 70 年代程海的水质状况。程海水质监测工作始于 1975 年，当时仅有河口街一个水质监测断面。从表 8.1 中的水质评价结果来看，1980 年程海水质尚好属Ⅱ类水质，其中营养盐指标氨氮汛期、非汛期浓度均低于Ⅰ类水质标准限值；有机污染指标溶解氧非汛期浓度低于Ⅰ类水质标准限值、汛期浓度低于Ⅱ类水质标准限值，高锰酸盐指数汛期、非汛期浓度均低于Ⅰ类水质标准限值。从富营养化评价结果来看，1980 年程海属贫营养。程海阳离子监测指标仅有铁离子、钙离子和镁离子，而未监测后来在螺旋藻养殖过程中经常会添加的钠离子和钾离子。

（2）现状水质（以 2016 年水质为例）。2016 年程海河口街站水质指标监测及评价结果见表 8.2。与 1980 年相比，2016 年程海水质由 1980 年的Ⅱ类水质下降为劣Ⅴ类，超标项目是 pH 值和氟化物（1980 年程海未监测氟化物指标）。氨氮非汛期浓度由Ⅰ类下降为Ⅱ类、汛期浓度仍低于Ⅰ类水质标准限值，溶解氧汛期浓度由Ⅱ类上升为Ⅰ类、非汛期浓度仍低于Ⅰ类水质标准限值，高锰酸盐指数由Ⅰ类下降为Ⅲ类，总硬度变化不大、总碱度增加了 10%、氯化物和碳酸盐浓度增加了一半左右、钙离子浓度减少了近 2/3、硫酸盐浓度增加了 13%、镁离子、重碳酸盐等变化不大。营养状态从 1980 年的贫营养发展为 2016 年的中营养，并有向轻度富营养发展的趋势。

表 8.1　　1980 年程海河口街站水质指标监测及评价结果　　单位：mg/L

采样时间	pH 值（无量纲）	氯化物	硫酸盐	总硬度	溶解氧	氨氮	硝酸盐氮	高锰酸盐指数	铁	总碱度	重碳酸盐	碳酸盐	钙	镁
1 月 15 日 8:00	9.1	17.4	11.6	296.8	8.9	0.020		1.5	0.040	656	608	94	11.6	65.0
2 月 15 日 8:00	9.0	17.4	8.6	302.3	8.9	0.050		1.0	0.160	646	629	77	16.2	63.5
3 月 15 日 9:59	9.0	18.1	15.4	299.8	9.0	0.080		2.3	0.400	666	562	123	13.8	64.4
4 月 15 日 9:59	8.9	18.4	11	302.8	10.0	0.050	0	2.0	0.200	671	616	99	9.4	67.8
5 月 15 日 9:59	9.1	18.8	5.3	305.3	7.5	0.100	0	1.9	0.200	681	594	116	9.4	68.4
6 月 15 日 3:00	9.0	19.1	3.8	302.3	6.3	0.010	0	2.3	0.400	676	610	105	10.8	66.8
7 月 15 日 9:59	9.0	18.8	11.5	305.8	6.9	0.010	0	2.0	0.600	676	629	95	9.8	68.3
8 月 15 日 9:59	9.1	18.8	5.3	296.8	6.9	0.050	0	1.7	0.300	661	596	102	10.2	65.9
9 月 16 日 9:00	8.4	20.2	27.9	309.8	7.8	0.100	0.04C	1.4	0.400	706	616	122	9.8	69.3
10 月 15 日 9:59	9.0	17.7	18.7	280.3	6.9	0.150	0	2.9	0.200	666	622	94	10.4	61.7
11 月 15 日 9:59	9.0	18.1	7.7	295.3	8.6	0.200	0	2.1	0.000	671	622	96	10.2	65.5
12 月 15 日 9:59	9.0	18.1	5.8	301.8	8.3	0.100	0	2.2	0.400	681	616	107	9.6	67.4
非汛期均值	9.00	17.917	10.017	299.800	9.0	0.0833	0	1.8	0.200	665.167	608.833	99.333	11.800	65.600
非汛期水质类别	Ⅰ				Ⅰ	Ⅰ		Ⅰ						
汛期均值	8.93	18.900	12.083	300.050	7.0	0.0700	0.007	2.0	0.350	677.667	611.167	105.667	10.067	66.733
汛期水质类别	Ⅰ				Ⅱ	Ⅰ		Ⅰ						
年度均值	8.97	18.408	11.050	299.925	8.0	0.0767	0.004	1.9	0.275	671.417	610.000	102.500	10.933	66.167
年度水质类别	Ⅰ				Ⅰ	Ⅰ		Ⅰ	0.200	665.167	608.833	99.333	11.800	65.600

表 8.2　2016 年程海河口街站水质指标监测及评价结果　单位：mg/L

采样时间	pH 值（无量纲）	氯化物	硫酸盐	总硬度	溶解氧	氨氮	硝酸盐氮	高锰酸盐指数	总碱度	重碳酸盐	碳酸盐
2 月 2 日 11:04	9.36	27.7	12.5	292	9.8	0.228	0.043	4.6	730	590	147
4 月 8 日 9:57	9.33				9.6	0.074	0.048	4.3			
6 月 2 日 8:47	9.36				6.9	0.043	<0.008	5.0			
8 月 4 日 7:29	9.30				9.0	0.094	<0.008	5.6			
10 月 10 日 7:56	9.36				8.3	0.109	<0.008	4.6			
12 月 5 日 11:10	9.31				6.5	0.256	<0.008	5.1			
非汛期均值	9.33	27.700	12.500	292.000	8.6	0.1860	0.032	4.7	730.000	590.000	147.000
非汛期水质类别	劣Ⅴ				Ⅰ	Ⅱ		Ⅲ			
汛期均值	9.34				8.1	0.0820	0.004	5.1			
汛期水质类别	劣Ⅴ				Ⅰ	Ⅰ		Ⅲ			
年度均值	9.34	27.700	12.500	292.000	8.4	0.1340	0.018	4.9	730.000	590.000	147.000
年度水质类别	劣Ⅴ				Ⅰ	Ⅰ		Ⅲ			

采样时间	电导/(μS/cm)	五日生化需氧量	氟化物	总磷	总氮	透明度/m	钾	钠	钙	镁
2 月 2 日 11:04	1227.3	1.5	2.46	0.044	0.547	1.60	11.5	206	4.05	68.3
4 月 8 日 9:57		2.0	2.34	0.046	0.620	1.40				
6 月 2 日 8:47	1182.7	2.0	2.48	0.058	0.744	2.30				
8 月 4 日 7:29		2.0	2.30	0.035	0.825	1.68				
10 月 10 日 7:56	1205.0	1.2	2.16	0.024	0.844	1.60				
12 月 5 日 11:10		0.6	2.37	0.035	0.932	1.30				
非汛期均值	1227.3	1.4	2.390	0.042	0.700	1.433	11.500	206.000	4.050	68.300
非汛期水质类别		Ⅰ	劣Ⅴ	Ⅲ	Ⅲ					
汛期均值	1182.7	1.7	2.313	0.039	0.804	1.860				
汛期水质类别		Ⅰ	劣Ⅴ	Ⅲ	Ⅲ					
年度均值	1205.0	1.6	2.352	0.040	0.752	1.647	11.500	206.000	4.050	68.300
年度水质类别		Ⅰ	劣Ⅴ	Ⅲ	Ⅲ					

2. 水功能区达标情况

2016年程海为劣Ⅴ类水质，超标项目是pH值和氟化物，所有监测断面丰、平、枯水期水质达标率均为0%；如果pH值和氟化物不参评，程海水功能区达标率为100%（表8.3）。

表8.3 程海水功能区达标评价结果

湖泊	水功能区名称	代表断面	水功能区水质目标	现状水质	评价水期	达标率/%	主要超标项目
程海	程海永胜渔业、工业用水区	河口街、湖心、东岩村、半海子	Ⅲ	劣Ⅴ	汛期	0	氟化物，pH值
				劣Ⅴ	非汛期	0	氟化物，pH值
				劣Ⅴ	全年	0	氟化物，pH值

3. 螺旋藻产业发展要求

通过走访程海周边的螺旋藻公司（如绿A、程海保尔等）及咨询相关专家，初步确定影响螺旋藻生长的关键环境指标有光照、水温、水体营养盐和pH值等。

（1）水温。通过调查走访，水温15℃以下螺旋藻生长缓慢，15～25℃可以养殖螺旋藻，当水温大于25℃时，螺旋藻生长速度比较快，处于高产期。

（2）pH值。螺旋藻养殖水体的最佳pH值范围为9.5～10.0。目前主要通过添加苏打、碳酸氢铵等化学物质的方式来调节水体pH值。但当pH值超过10以后，螺旋藻不生长，其他微生物则繁殖很快。

（3）氟化物。螺旋藻养殖对水体氟化物（F^-）没有特别的要求，但在碱性、弱碱性水体中，Ca^{2+}活度降低，易与OH^-生成大量沉淀，从而导致氟化物浓度增加。程海为弱碱性水体，钙离子浓度随着氟化物浓度的增加会逐渐减少。

8.1.2.3 程海水质管理目标

综上所述，根据程海现有的水质管理目标及管理依据，结合程海的水功能区、水质历史演变、河湖健康评价及螺旋藻产业发展需求，并参考杨耀轩（2016）等的研究成果，提出程海的水质管理目标如下：

（1）在不考虑pH值和氟化物的情况下，程海可按Ⅲ类水控制。

（2）程海的营养状态应控制在中营养范围内。

（3）程海的pH值可控制在9.0左右。

（4）程海的氟离子浓度应控制在仙人河补水期间的2.20mg/L以内。

8.2 程海生态补水方案设计

由前述分析可知，从保证程海水位、水质目标的角度，应对湖泊进行补水。本书设计了不同引水水源、引水量、出水流量组合下的多种补水情景，基于经率定验证的程海水动力水质模型预测分析了不同补水情景下程海的水位、水质变化情况。

8.2.1 补水水量设计原则

不同情景补水水量设计时均遵循如下原则：

（1）补水过程设置为恢复期和维持期，恢复期指将程海水位恢复至不低于1499.2m

的法定水位，维持期指在水位恢复后，水位年内变化不低于 1499.2m，同时不超过规定的 1501.0m 的最高运行水位。

（2）无论恢复期还是维持期，年内最高水位不超过 1501.0m 的最高运行水位。

（3）考虑到水位迅速抬升可能会对程海周生态造成不利影响，因此需缓慢抬升水位，水位恢复期设计不少于 5 年。

8.2.2 补水方案设置

根据研究总体设计，设计了五郎河、金安桥、鲁地拉、小米田-鲁地拉等 4 大补水方案，涉及 4 类水源（五郎河、金安桥、鲁地拉、小米田）、3 种补水周期（全年补水、枯期补水、汛期补水）、3 种水位恢复期（5 年、6.5 年、7 年），共计 12 组补水情景。

8.2.2.1 补水方案 1——五郎河补水方案

1. 补水位置、水位及流量过程设计

五郎河补水方案补水入湖位置为程海北部，位置如图 8.4 所示。五郎河补水方案初始水位取 2018 年 11 月程海平均水位，即 1496.65m。五郎河方案补水时段为汛期（每年 7—11 月），恢复期为 5 年。恢复期 7—10 月补水流量为 6.07m^3/s，11 月流量为 4.84m^3/s；维持期补水流量为 2.19m^3/s。补水情景的参数设置见表 8.4。

图 8.4 五郎河方案补水入程海位置

表 8.4 五郎河方案补水流量及过程参数

序号	情景	补水时段	恢复期	补水流量/(m^3/s)					备注
				第 1～5 年	第 6 年	第 6.5 年	第 7 年	第 8～10 年	
1	Ⅰ-c-1	7—11 月	5 年	6.07（7—10 月）4.84（11 月）	2.19	2.19	2.19	2.19	恢复期、维持期均为 7—11 月供水

2. 补水水质设计

目前收集到的 4 类水源的水质数据的监测时间、监测指标、监测频率等不一致，为便于比较，同时尽量符合水源实际，五郎河方案水质采用如下数据：

（1）水温。采用总管田水文站 2016 年全年水温数据。

（2）盐度。采用总管田水文站 2016 年结果（217mg/L）。

（3）pH 值。采用“2018 年 11 月云南省水环境监测中心丽江市分中心《程海补水方案相关断面》水质监测成果表”中“团结大沟”的 pH 值数据（8.72），入湖河流的碱度（mg/L，以 $CaCO_3$ 计）和 CO_2 浓度分别设置为 265mg/L 和 0.54mg/L。

（4）其他水质。采用“2018 年 11 月云南省水环境监测中心丽江市分中心《程海补水方案相关断面》水质监测成果表”中“团结大沟”数据。

详细数据见表 8.5。

表 8.5 五郎河方案补水水质表 单位：mg/L

断面名称	溶解氧	氨氮	硝酸盐氮	TN	高锰酸盐指数	氟化物	TP
团结大沟	9.5	<0.025	0.161	0.26	1.0	0.116	0.039

8.2.2.2 补水方案 2——金安桥补水方案

1. 补水位置、水位及流量过程设计

金水桥补水方案 5 种情景的补水入湖位置相同，均在程海北部，位置如图 8.5 所示。金水桥补水方案 5 种情景的初始水位均取 2018 年 11 月程海平均水位，即 1496.65m。金水桥补水方案 5 种情景涉及 3 类补水时段（全年、枯期、汛期），其中枯期、汛期补水的恢复期均为 5 年，全年补水的恢复期设置了 5 年、6.5 年、7 年等 3 种情景。各情景的参数设置见表 8.6。

图 8.5 金安桥方案补水入程海位置

表 8.6 金安桥方案补水流量及过程参数

序号	情景	补水时段	恢复期	补水流量/(m³/s)					备注
				第 1～5 年	第 6 年	第 6.5 年	第 7 年	第 8～10 年	
1	Ⅱ-a-1	全年	5 年	2.36	0.90	0.90	0.90	0.90	恢复期、维持期均为全年供水
2	Ⅱ-a-3-1	全年	6.5 年	2.00	2.00	0.90	0.90	0.90	
3	Ⅱ-a-3-2	全年	7 年	2.00	2.00	2.00	2.00	0.90	
4	Ⅱ-b-1	枯期	5 年	5.50	2.19	2.19	2.19	2.19	恢复期、维持期均为1—5 月供水
5	Ⅱ-c-1	汛期	5 年	5.83	2.19	2.19	2.19	2.19	恢复期、维持期均为7—11 月供水

2. 补水水质设计

目前收集到的 4 类水源的水质数据的监测时间、监测指标、监测频率等不一致，为便于比较，同时尽量符合水源实际，金安桥方案水质采用如下数据。

(1) 水温。采用云南省水文水资源局丽江分局提供的红光站 2018 年逐月水温数据作为金安桥方案的水温数据。

(2) 盐度。缺少实测数据，以总管田水文站 2016 年结果（217mg/L）作为金安桥方案矿化度。

(3) pH 值。采用“2018 年 11 月云南省水环境监测中心丽江市分中心《程海补水方案相关断面》水质监测成果表”中“安桥库区”的 pH 值数据（8.24），入湖河流的碱度

(mg/L，以 $CaCO_3$ 计）和 CO_2 浓度分别设置为87mg/L和0.54mg/L。

（4）其他水质。采用“2018年11月云南省水环境监测中心丽江市分中心《程海补水方案相关断面》水质监测成果表”中“金安桥库区”数据。

详细数据见表8.7。

表8.7　金安桥方案补水水质　单位：mg/L

断面名称	溶解氧	氨氮	硝酸盐氮	TN	高锰酸盐指数	氟化物	TP
金安桥库区	10.0	0.028	0.398	0.44	1.1	0.146	＜0.010

8.2.2.3　补水方案3——鲁地拉补水方案

1. 补水位置、水位及流量过程设计

鲁地拉补水方案5种情景的补水入湖位置相同，均在程海南部，位置如图8.6所示。鲁地拉补水方案5种情景的初始水位均取2018年11月程海平均水位，即1496.65m。鲁地拉补水方案5种情景涉及3类补水时段（全年、枯期、汛期），其中枯期、汛期补水的恢复期均为5年，全年补水的恢复期设置了5年、6.5年、7年等3种情景。各情景的参数设置见表8.8。

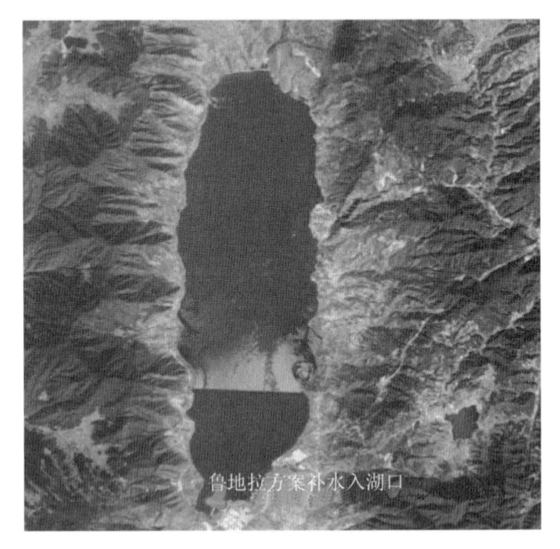

图8.6　鲁地拉方案补水入程海位置

表8.8　鲁地拉方案补水流量及过程参数

序号	情景	补水时段	恢复期	补水流量/(m^3/s)					备注
				第1～5年	第6年	第6.5年	第7年	第8～10年	
1	Ⅲ-a-1	全年	5年	2.36	0.90	0.90	0.90	0.90	恢复期、维持期均为全年供水
2	Ⅲ-a-3-1	全年	6.5年	2.00	2.00	0.90	0.90	0.90	
3	Ⅲ-a-3-2	全年	7年	2.00	2.00	2.00	2.00	0.90	
4	Ⅲ-b-1	枯期	5年	5.50	2.19	2.19	2.19	2.19	恢复期、维持期均为1—5月供水
5	Ⅲ-c-1	汛期	5年	5.83	2.19	2.19	2.19	2.19	恢复期、维持期均为7—11月供水

2. 补水水质设计

目前收集到的4类水源的水质数据的监测时间、监测指标、监测频率等不一致，为便于比较，同时尽量符合水源实际，鲁地拉方案水质采用如下数据。

（1）水温。采用云南省水文水资源局丽江分局提供的红光站2018年逐月水温数据作为鲁地拉方案的水温数据。

（2）盐度。缺少实测数据，以总管田水文站2016年结果（217mg/L）作为鲁地拉方案盐度。

(3) pH值。采用“2018年11月云南省水环境监测中心丽江市分中心《程海补水方案相关断面》水质监测成果表”中“红光站”的pH值数据(8.40),入湖河流的碱度(mg/L,以$CaCO_3$计)和CO_2浓度分别设置为200mg/L和0.54mg/L。

(4) 其他水质。采用“2018年云南省长江流域红光站水质监测成果表”中11月数据。

详细数据见表8.9。

表8.9　鲁地拉方案补水水质　单位:mg/L

测站名称	溶解氧	氨氮	高锰酸盐指数	氟化物	TP
红　光	10.6	0.04	1.3	0.149	0.021

8.2.2.4 补水方案4——小米田-鲁地拉补水方案

1. 补水位置、水位及流量过程设计

小米田补水位置在程海东部,鲁地拉补水位置在程海南部,位置如图8.7所示。小米田-鲁地拉组合方案初始水位均取2018年11月程海平均水位,即1496.65m。小米田-鲁地拉方案恢复期为5年,补水流量及过程参数见表8.10。

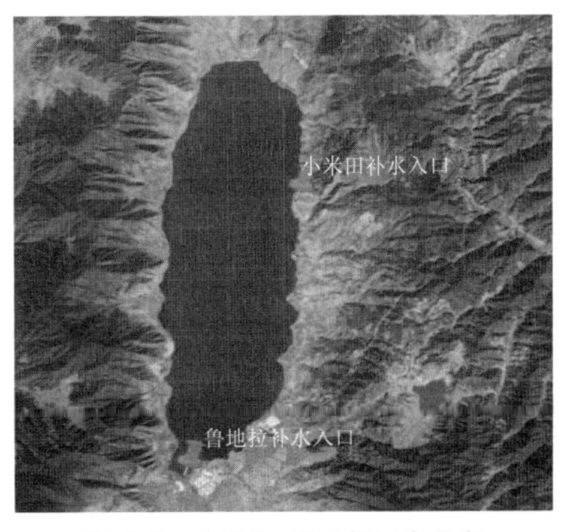

图8.7　小米田-鲁地拉组合方案补水入程海位置

2. 补水水质设计

目前收集到的4类水源的水质数据的监测时间、监测指标、监测频率等不一致,为便于比较,同时尽量符合水源实际,小米田-鲁地拉组合方案水质采用如下数据。

表8.10　小米田-鲁地拉组合方案补水流量及过程参数

补水情景	补水期	水源	补水流量/(m^3/s)											
			1月	2月	3月	4月	5月	6月	7月	8月	9月	10月	11月	12月
Ⅳ-a-1	恢复期	小米田	0.58	0.33	0.00	0.00	0.05	0.30	1.32	3.00	2.83	2.30	1.38	0.95
		鲁地拉	1.09	1.09	1.09	1.09	1.09	1.08	1.08	1.08	1.08	1.08	1.08	1.09
	维持期	小米田	0.51	0.29	0.00	0.00	0.04	0.27	0.31	0.00	0.00	0.00	0.37	0.57
		鲁地拉	0.18	0.36	0.80	0.80	0.76	0.41	0.00	0.00	0.00	0.00	0.00	0.00

(1) 对于小米田水源:

1) 水温。采用云南省水文水资源局丽江分局提供的小米田站2018年11月至2019年2月逐月水温数据及红光站2018年3—10月逐月水温作为方案的水温数据。

2) 盐度。缺少实测数据,以总管田水文站2016年结果(217mg/L)作为鲁地拉方案盐度。

3）pH 值。采用“2018 年 11 月云南省水环境监测中心丽江市分中心《程海补水方案相关断面》水质监测成果表”中“小米田站”的 pH 值数据（8.34），入湖河流的碱度（mg/L，以 $CaCO_3$ 计）和 CO_2 浓度分别设置为 115mg/L 和 0.54mg/L。

4）其他水质。采用“2018 年 11 月云南省水环境监测中心丽江市分中心《程海补水方案相关断面》水质监测成果表”中小米田站 11 月数据。

（2）对于鲁地拉水源：

1）水温。采用云南省水文水资源局丽江分局提供的红光站 2018 年逐月水温数据作为鲁地拉方案的水温数据。

2）盐度。缺少实测数据，以总管田水文站 2016 年结果（217mg/L）作为鲁地拉方案盐度。

3）pH 值。采用“2018 年 11 月云南省水环境监测中心丽江市分中心《程海补水方案相关断面》水质监测成果表”中“红光站”的 pH 值数据（8.40），入湖河流的碱度（mg/L，以 $CaCO_3$ 计）和 CO_2 浓度分别设置为 200mg/L 和 0.54mg/L。

4）其他水质。采用“2018 年云南省长江流域红光站水质监测成果表”中 11 月数据。

详细数据见表 8.11。

表 8.11　　小米田-鲁地拉组合方案补水水质　　单位：mg/L

测站名称	溶解氧	氨氮	高锰酸盐指数	TN	氟化物	TP
小米田	10.1	0.025	0.7	0.27	0.054	0.018
红光	10.6	0.04	1.3		0.149	0.021

8.2.2.5 补水方案的优化

程海流域内现已建有坝箐河程海生态应急补水工程、羊坪河至仙人河隧道程海生态应急补水工程。在上述两项工程正常运行情况下，本研究方案的补水总量将有所降低，部分时段的补水流量将有所减小。同时，为优化引水规模，考虑程海生态补水与农灌用水相机供水的方式，除补水方案 4 不进行调整外，对补水方案 1～3 的年内补水流量进行优化调整，详细参数见表 8.12。

表 8.12　　各补水情景基本参数（考虑已建工程）

补水情景		补水流量/(m^3/s)											
		1月	2月	3月	4月	5月	6月	7月	8月	9月	10月	11月	12月
Ⅰ-c-1	恢复期							5.56	4.95	4.79	4.82	4.32	
	维持期							1.68	1.07	0.91	0.94	1.67	
Ⅱ-a-1	恢复期	2.26	2.21	2.36	2.36	2.36	2.24	1.87	1.24	1.08	1.13	1.94	2.14
	维持期	0.69	0.65	0.8	0.8	0.8	0.68	0.31	0	0	0	0.37	0.57
Ⅱ-a-3-1	恢复期第 1～5 年	1.9	1.85	2	2	2	1.88	1.51	0.88	0.72	0.77	1.58	1.78
	恢复期第 6 年	1.79	1.75	1.9	1.9	1.9	1.78	0.31	0	0	0	0.37	0.57
	维持期	0.69	0.65	0.8	0.8	0.8	0.68	0.31	0	0	0	0.37	0.57

续表

补水情景		补水流量/(m³/s)											
		1月	2月	3月	4月	5月	6月	7月	8月	9月	10月	11月	12月
Ⅱ-a-3-2	恢复期	1.9	1.85	2	2	2	1.88	1.51	0.88	0.72	0.77	1.58	1.78
	维持期	0.69	0.65	0.8	0.8	0.8	0.68	0.31	0	0	0	0.37	0.57
Ⅱ-b-1	恢复期	4.42	4.37	4.52	4.52	4.52							
	维持期	1.11	1.06	1.21	1.21	1.21							
Ⅱ-c-1	恢复期							5.22	4.59	4.43	4.48	5.29	
	维持期							1.58	0.95	0.79	0.84	1.65	
Ⅲ-a-1	恢复期	1.87	1.76	1.82	1.68	1.70	1.86	2.08	2.34	2.33	1.99	1.85	1.86
	维持期	0.47	0.47	0.47	0.47	0.473	0.47	0.47	0.47	0.47	0.47	0.47	0.47
Ⅲ-a-3-1	恢复期第1～5年	1.9	1.85	2	2	2	1.88	1.51	0.88	0.72	0.77	1.58	1.78
	恢复期第6年	1.79	1.75	1.9	1.9	1.9	1.78	0.31	0	0	0	0.37	0.57
	维持期	0.69	0.65	0.8	0.8	0.8	0.68	0.31	0	0	0	0.37	0.57
Ⅲ-a-3-2	恢复期	1.9	1.85	2	2	2	1.88	1.51	0.88	0.72	0.77	1.58	1.78
	维持期	0.69	0.65	0.8	0.8	0.8	0.68	0.31	0	0	0	0.37	0.57
Ⅲ-b-1	恢复期	4.42	4.37	4.52	4.52	4.52							
	维持期	1.11	1.06	1.21	1.21	1.21							
Ⅲ-c-1	恢复期							5.22	4.59	4.43	4.48	5.29	
	维持期							1.58	0.95	0.79	0.84	1.65	

8.3 程海不同生态补水方案对湖区水位、水质的影响分析

本节将基于第7章建立的程海水动力水质模型，按照第8.2节设计的补水方案和情景，开展12种补水情景的水量、水质模拟。进而比较分析了不同情景的模拟结果，并根据结果提出了建议。

水位和水质模拟结果的提取选取程湖心（程中），水质选取程海北部（程北）、湖心（程中）、程海南部（程南）等3个点位，其中，水质分析指标叶绿素a、COD、氨氮、TN、TP、氟化物、矿化度、pH值等9项指标。

8.3.1 补水方案对湖区水位影响分析

设计的12种情景的水位模拟结果如图8.8所示。可以看出：①五郎河方案，利用5年时间可恢复至法定水位，5年后最低水位维持在1499.5m［图8.8(a)］；②金安桥水源和鲁地拉水源，分别设置了“全年补水—5年恢复”“全年补水—6.5年恢复”“全年补水—7年恢复”“枯期补水—5年恢复”“汛期补水—5年恢复”等5种情景。小米田-鲁地拉组合方案设置了“全年补水—5年恢复”一种情景。经模拟计算：“全年补水—5年恢复”维持期最低运行水位为1499.5m［图8.8(b)］；“全年补水—6.5年恢复”维持期最低运行水位为1499.4m［图8.8(c)］；“全年补水—7年恢复”维持期最低运行水位为1499.7m［图8.8(d)］；“枯期补水—5年恢复”维持期最低运行水位为1499.5m［图8.8(e)］；“汛期补水—5年恢复”维持期最低运行水位为1499.5m［图8.8 (f)］。

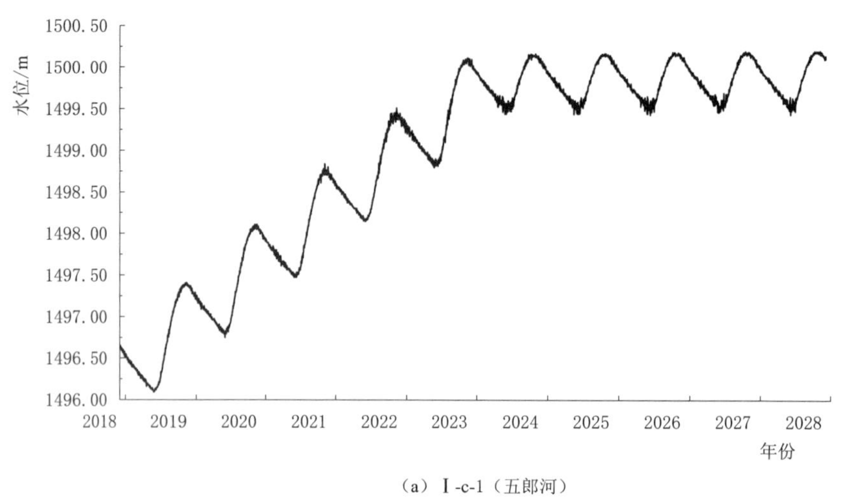

（a） Ⅰ-c-1（五郎河）

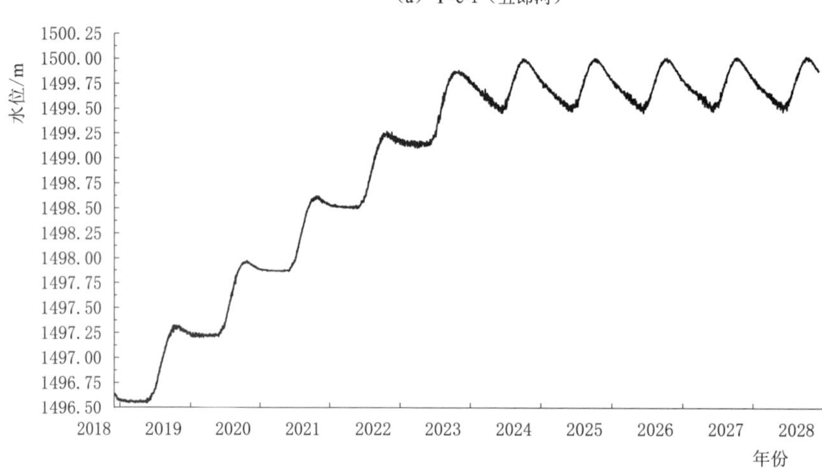

（b） Ⅱ-a-1（金安桥）

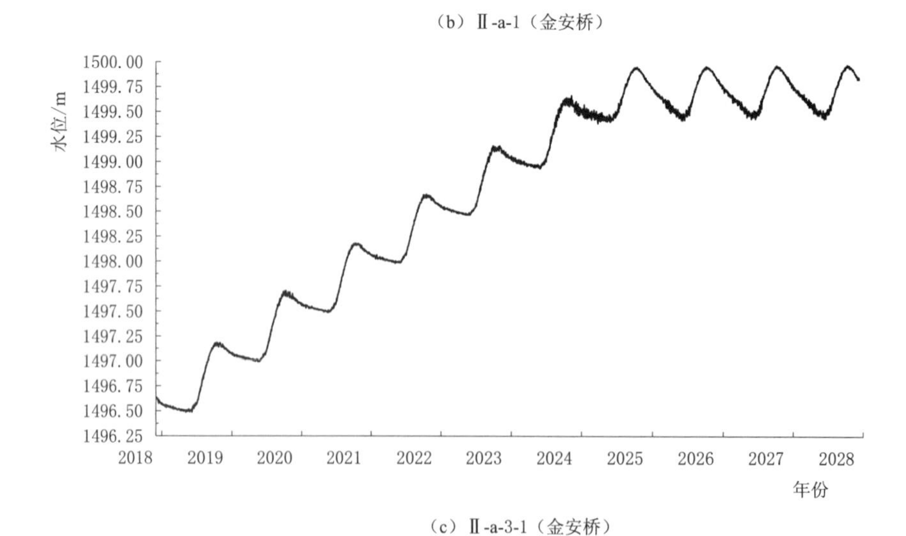

（c） Ⅱ-a-3-1（金安桥）

图 8.8（一） 不同补水情景预测结果（水位）

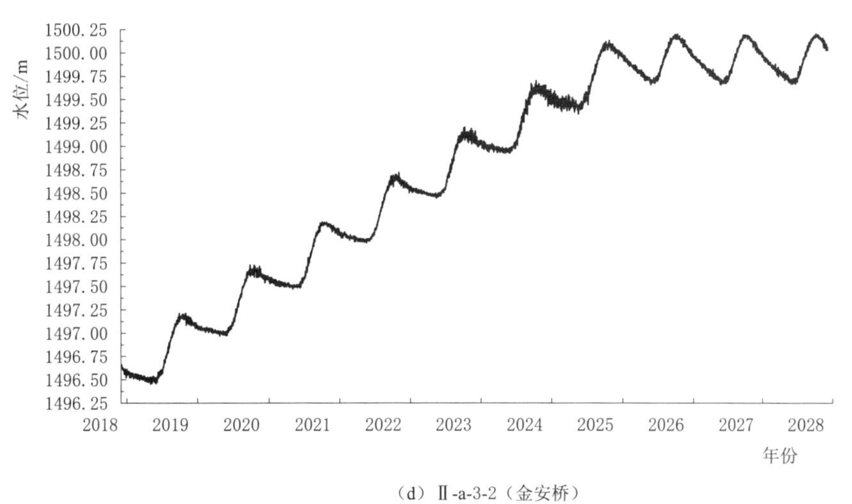

（d）Ⅱ-a-3-2（金安桥）

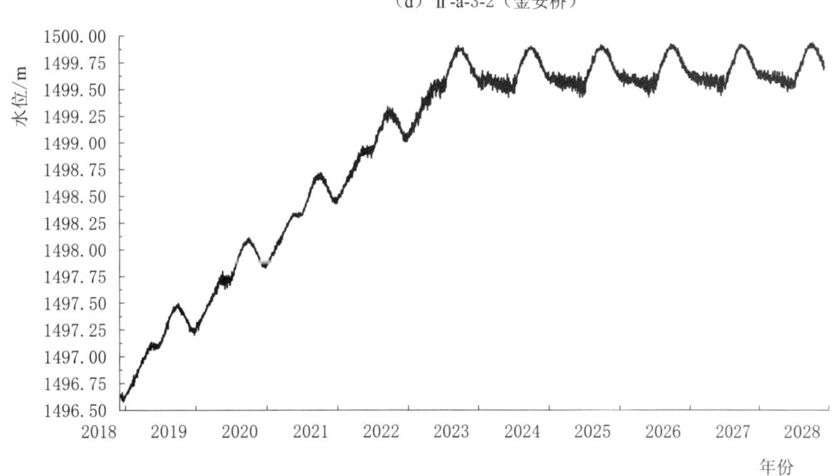

（e）Ⅱ-b-1（金安桥）

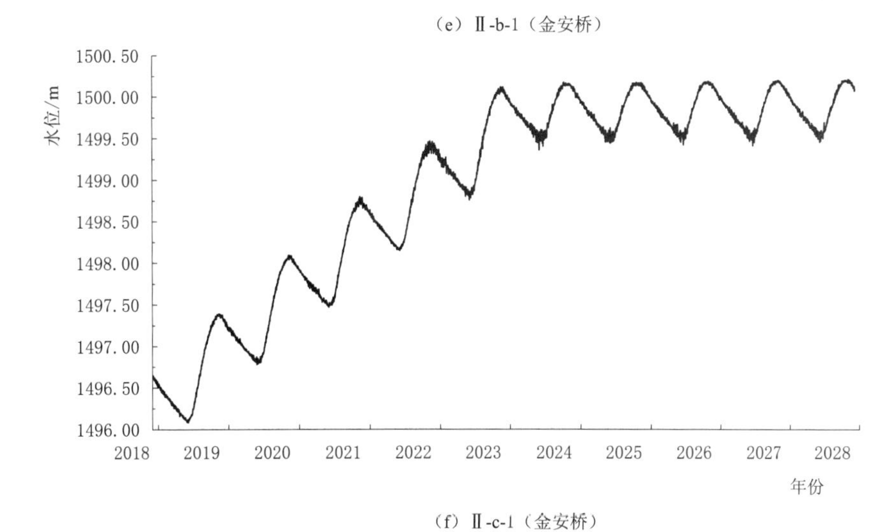

（f）Ⅱ-c-1（金安桥）

图 8.8（二）　不同补水情景预测结果（水位）

8.3.2 补水方案对湖区主要水质指标影响分析

8.3.2.1 敏感指标

1. pH 值

设计的 12 种情景的 pH 值模拟结果如图 8.9 所示。可以看出：

(1) 与补水之前比较。无论哪种情景，pH 值总体呈下降趋势，但下降趋势不显著。补水前 pH 值年均值为 9.30，补水第 5 年不同情景 pH 值年均值分布为 9.16～9.21，补水第 10 年不同情景 pH 值年均值分布为 9.09～9.17。

(2) 情景之间比较。不同情景之间无明显差异。总体上，补水后程海 pH 值年均值为五郎河方案＞鲁地拉方案＞小米田-鲁地拉方案＞金安桥方案，即五郎河方案对程海 pH 值影响最小，鲁地拉方案次之。此外，不同的补水方案均未改变程海的年内时间变化规律和时空分布特征。

2. 氟化物

设计的 12 种情景的氟化物模拟结果如图 8.10 所示。可以看出：

(1) 与补水之前比较。无论哪种情景，氟化物呈逐年下降趋势，但下降趋势不显著。补水前氟化物年均值为 2.35mg/L，补水第 5 年不同情景氟化物年均值分布为 2.08～2.17mg/L，补水第 10 年不同情景氟化物年均值分布为 2.03～2.06mg/L。

(2) 情景之间比较。不同情景之间无明显差异。

8.3.2.2 有机物指标

设计的 12 种情景的 COD（化学需氧量）模拟结果如图 8.11 所示。可以看出：

(1) 与补水之前比较。无论哪种情景，COD 均呈逐年下降显著，补水前 COD 年均值为 26.3mg/L，补水第 5 年不同情景 COD 年均值分布为 17.3～19.4mg/L，补水第 10 年不同情景 COD 年均值分布为 12.2～14.3mg/L。

(2) 情景之间比较。不同情景之间相比，有微弱差异。补水第 5 年，五郎河方案 COD 年均值为 17.5mg/L，金安桥 5 个情景分布为 17.3～18.1mg/L，鲁地拉 5 个情景分布为 18.2～19.4mg/L，小米田-鲁地拉组合方案为 17.8mg/L。其中，方案Ⅱ-b-1（金安桥—枯期补水—5 年到位）浓度最低，方案Ⅲ-b-1（鲁地拉—枯补水—5 年到位）浓度最高；补水第 10 年，五郎河方案 COD 年均值为 12.8mg/L，金安桥 5 个情景分布为 12.2～12.9mg/L，鲁地拉 5 个情景分布为 13.2～14.3mg/L，小米田-鲁地拉组合方案为 12.7mg/L。其中，方案Ⅱ-b-1（金安桥—枯期补水—5 年到位）浓度最低，方案Ⅲ-c-1（鲁地拉—汛期补水—5 年到位）浓度最高。

8.3.2.3 富营养化指标

1. 氨氮

设计的 12 种情景的氨氮模拟结果如图 8.12 所示。可以看出：

(1) 与补水之前比较。无论哪种情景，补水初期氨氮有一明显下降阶段，而后期平稳，无明显变化。补水前氨氮年均值为 0.234mg/L，补水第 5 年不同情景氨氮年均值分布为 0.129～0.134mg/L，补水第 10 年不同情景氨氮年均值分布为 0.130～0.134mg/L。

(2) 情景之间比较。不同情景之间无明显差异。

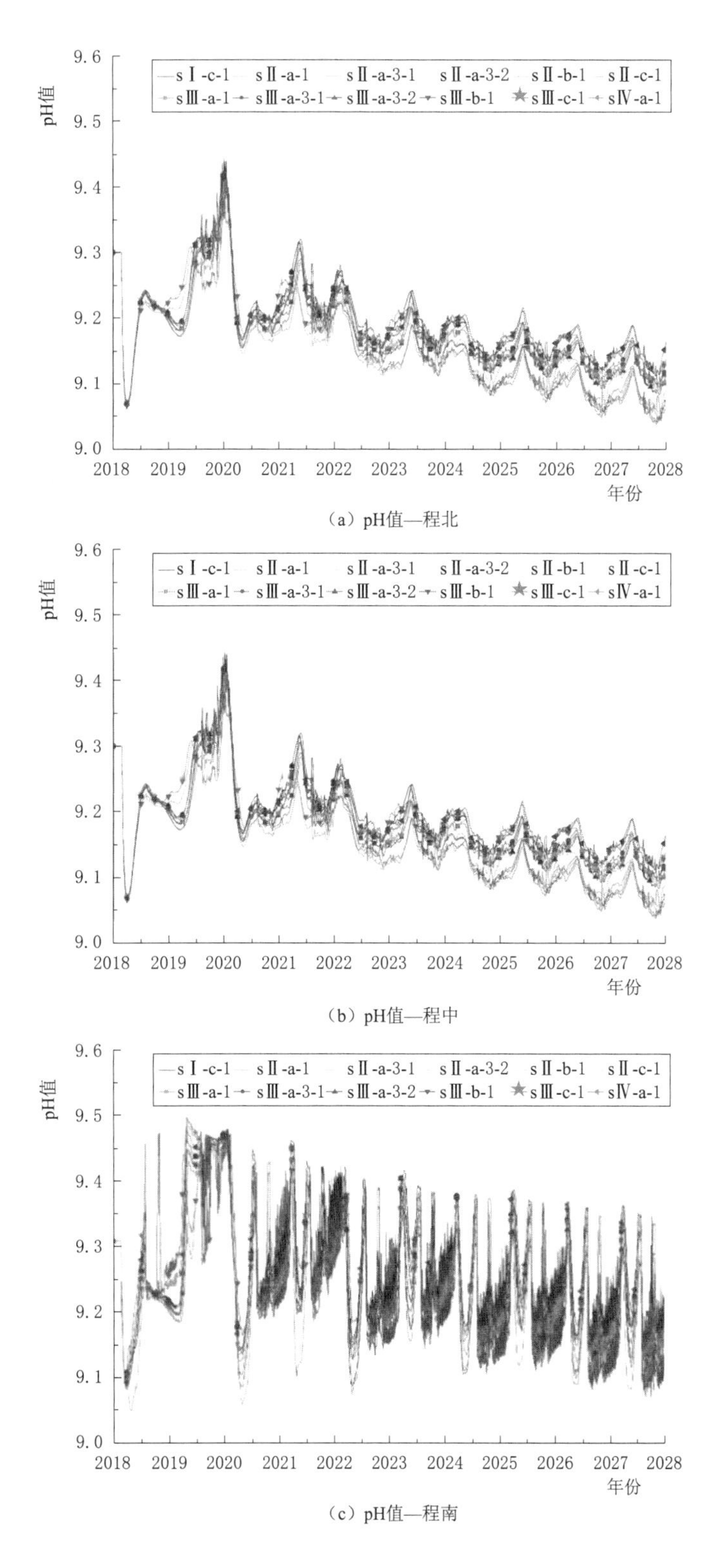

(a) pH值—程北

(b) pH值—程中

(c) pH值—程南

图 8.9 不同补水情景预测结果（pH 值）

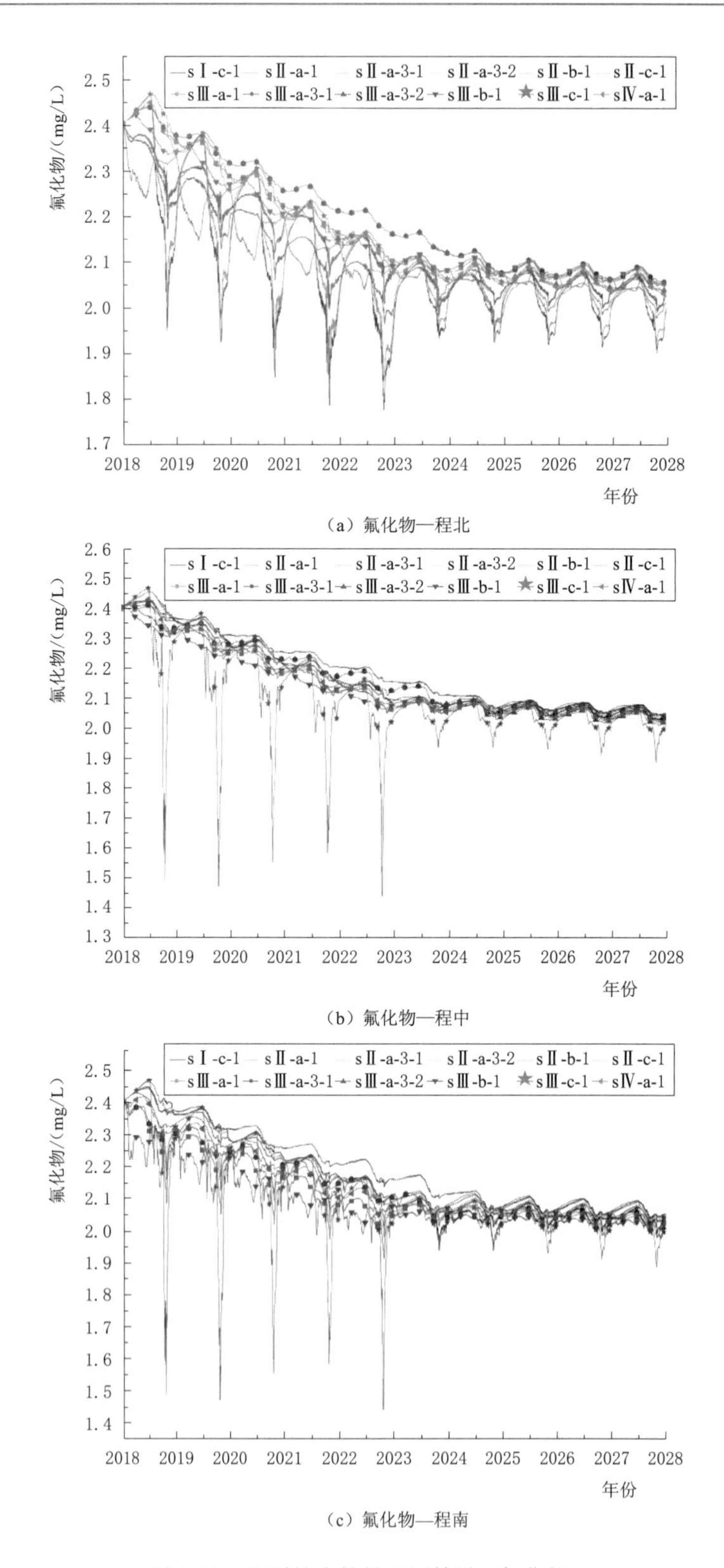

(a) 氟化物—程北

(b) 氟化物—程中

(c) 氟化物—程南

图 8.10 不同补水情景预测结果(氟化物)

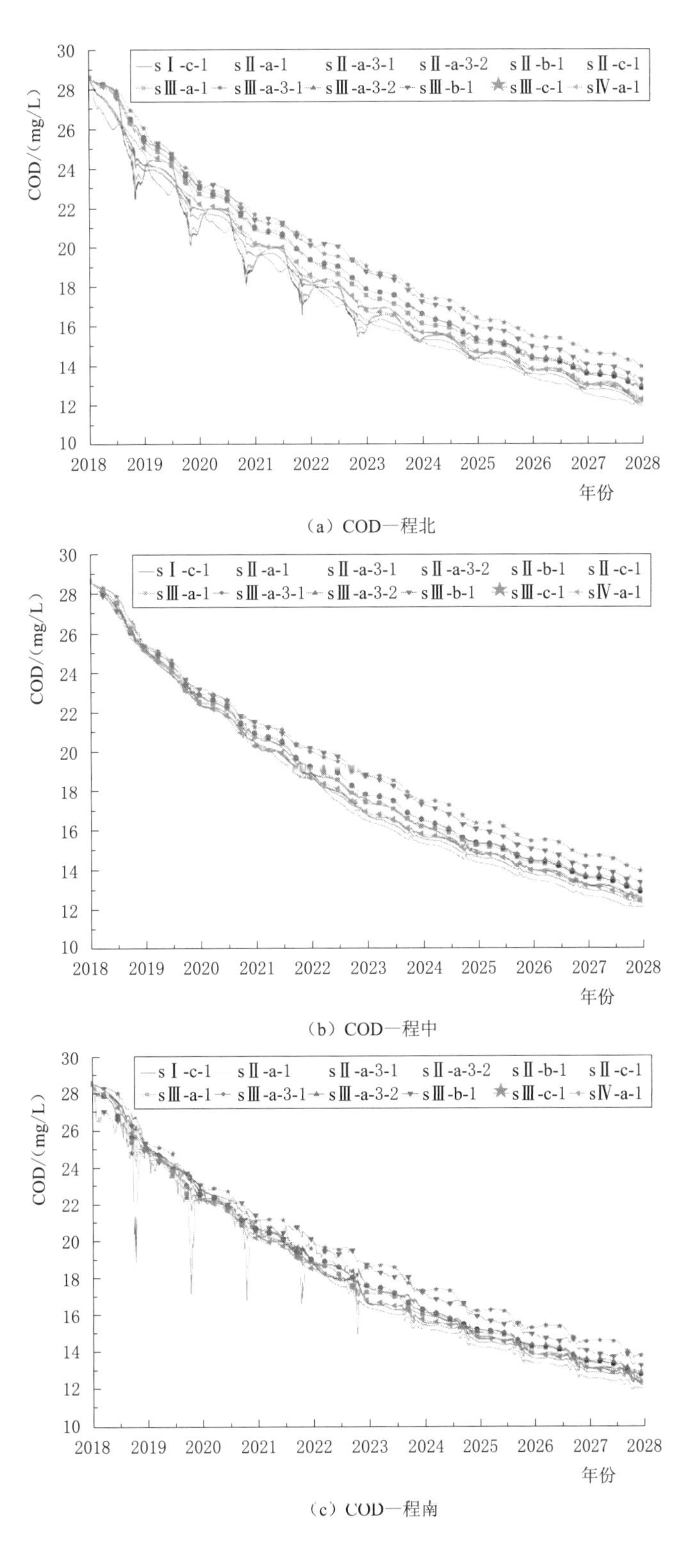

（a）COD—程北

（b）COD—程中

（c）COD—程南

图 8.11　不同补水情景预测结果（COD）

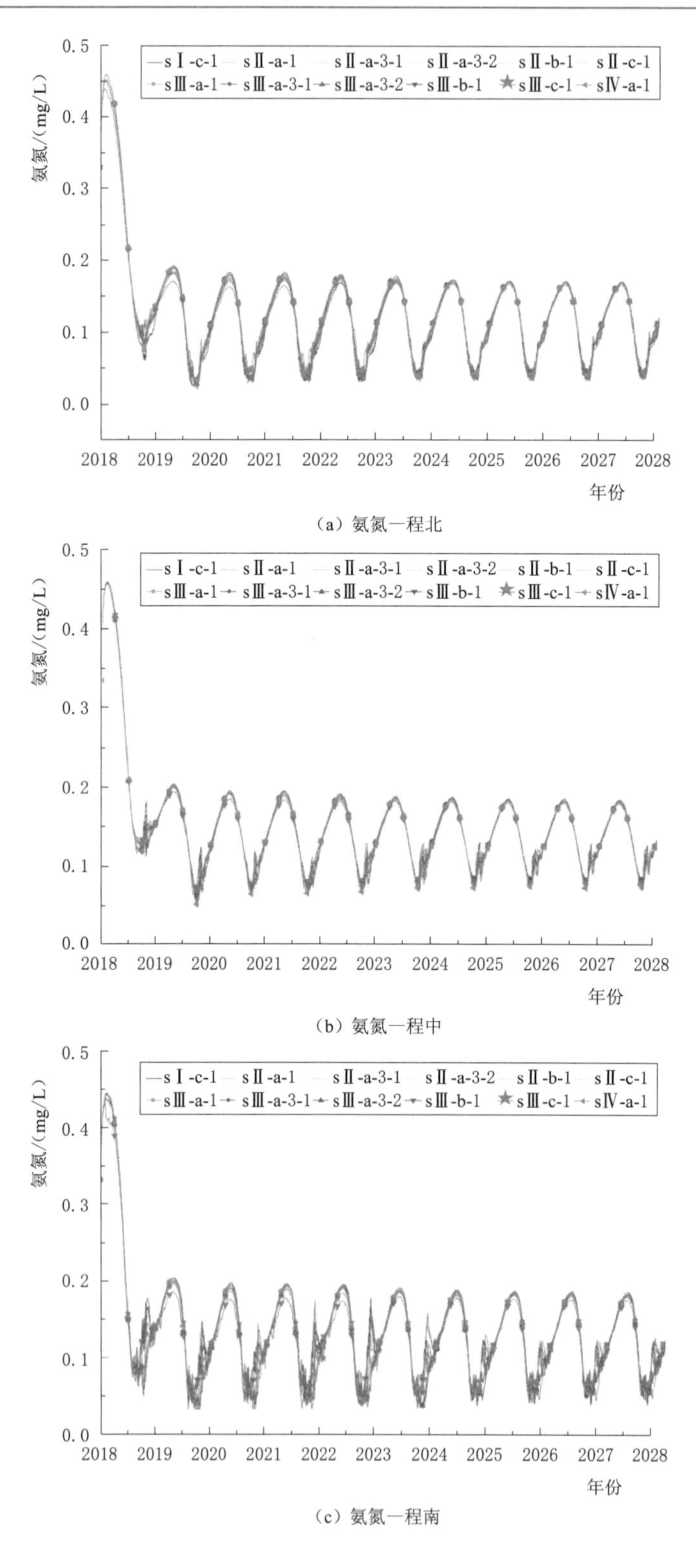

（a）氨氮—程北

（b）氨氮—程中

（c）氨氮—程南

图 8.12　不同补水情景预测结果（氨氮）

2. 总氮

设计的12种情景的TN模拟结果如图8.13所示。可以看出：

(1) 与补水之前比较。无论哪种情景，TN呈逐年下降趋势，且下降趋势较为显著。补水前TN年均值为0.76mg/L，补水第5年不同情景TN年均值分布为0.755～0.846mg/L，补水第10年不同情景TN年均值分布为0.636～0.739mg/L。

(2) 情景之间比较。补水第5年，五郎河方案TN年均值为0.793mg/L，金安桥方案5个情景分布为0.828～0.846mg/L，鲁地拉方案5个情景分布为0.755～0.782mg/L，小米田-鲁地拉组合方案为0.781mg/L。其中，方案Ⅲ-b-1（鲁地拉—枯补水—5年到位）浓度最低，方案Ⅱ-a-3-1（金安桥—全年补水—6.5年到位）、Ⅱ-a-3-2（金安桥—全年补水—7年到位）浓度最高；补水第10年，五郎河方案TN年均值为0.681mg/L，金安桥方案5个情景分布为0.732～0.739mg/L，鲁地拉方案5个情景分布为0.636～0.648mg/L，小米田-鲁地拉组合方案为0.670mg/L，小米田-鲁地拉组合方案为0.670mg/L。其中，方案Ⅲ-a-1（鲁地拉—全年补水—5年到位）浓度最低，方案Ⅱ-a-3-1（金安桥—全年补水—6.5年到位）浓度最高。

3. 总磷

设计的12种情景的TP模拟结果如图8.14所示。可以看出：

(1) 与补水之前比较。无论哪种情景，补水初期TP有一明显下降阶段，而后期平稳，无明显变化。补水前TP年均值为0.035mg/L，补水第5年不同情景TP年均值分布为0.025～0.026mg/L，补水第10年不同情景TP年均值分布为0.024～0.025mg/L。

(2) 情景之间比较。不同情景之间无明显差异。

4. 叶绿素a

设计的12种情景的叶绿素a模拟结果如图8.15所示。可以看出：

(1) 与补水之前比较。无论哪种情景，年内变化过程与补水前相比无明显差异，仍呈现一年两次浓度峰值现象。与补水前相比，叶绿素a浓度无明显变化，补水前叶绿素a年均值为5.33μg/L，补水第5年不同情景叶绿素a年均值分布为5.29～6.13μg/L，补水第10年不同情景叶绿素a年均值分布为5.18～5.55μg/L。

(2) 情景之间比较。空间上比较而言，程北点、程南点整体上峰值浓度高于程中点；时间上比较，不同情景之间在浓度较高时有一定差异，其余时间差异不明显。

8.3.2.4 理化指标

1. 水温

12种补水情景的水温模拟结果如图8.16所示。可以看出：

(1) 与补水之前比较。设计的12种情景无论在恢复期还是维持期，水温年内变化趋势与补水前一致，变化过程平稳。补水前水温年均值为18.53℃，补水第5年不同情景水温年均值分布为17.74～17.84℃，补水第10年不同情景水温年均值分布为17.79～17.82℃。

(2) 情景之间比较。程海水温有一定的空间分布，北、中、南3个点位的水温略有差别；补水后，不同情景在程北点、程南点有较小差异，在程中点无明显差异；如方案Ⅲ-c-1（鲁地拉—汛期补水—5年到位）会引起南部湖区水温在汛期低于补水前，也低于其他补水方案。说明补水会对入水口局部水域有一定影响。

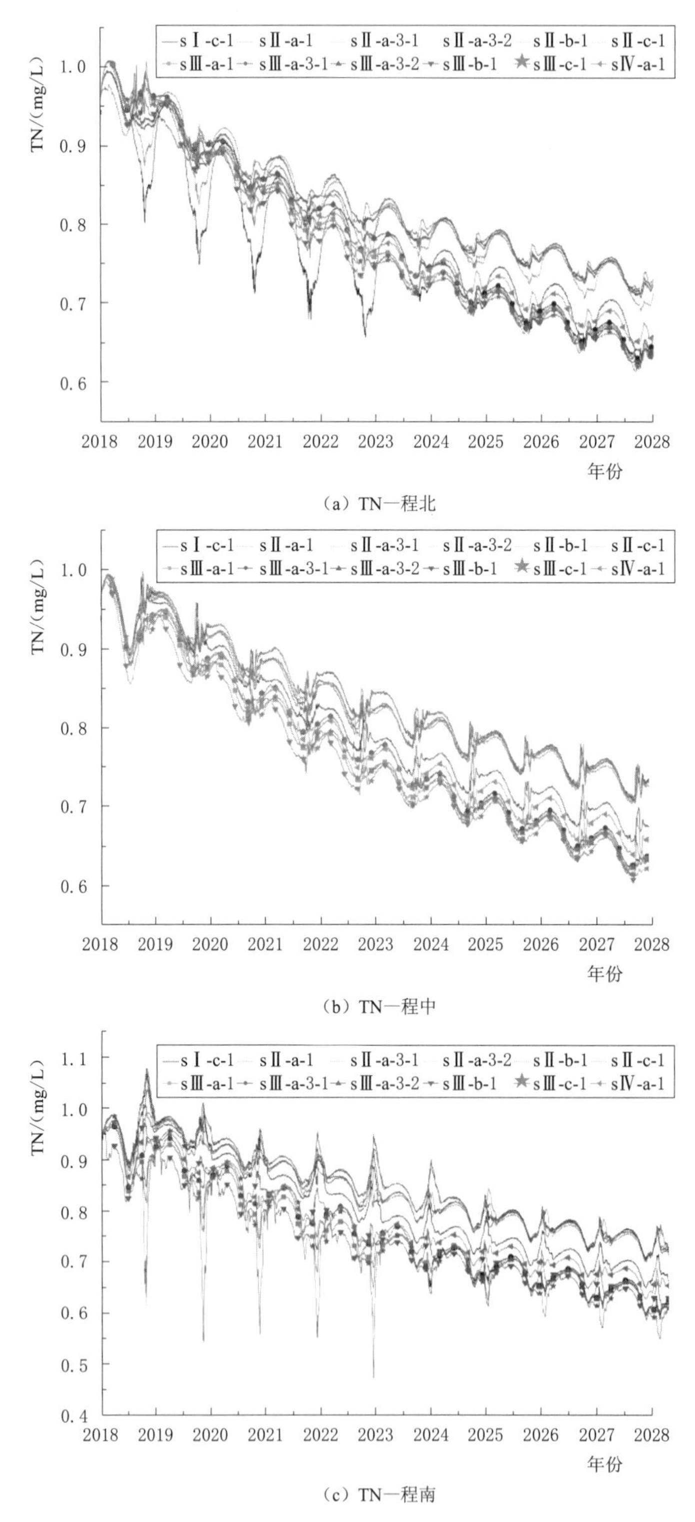

(a) TN—程北

(b) TN—程中

(c) TN—程南

图 8.13 不同补水情景预测结果（TN）

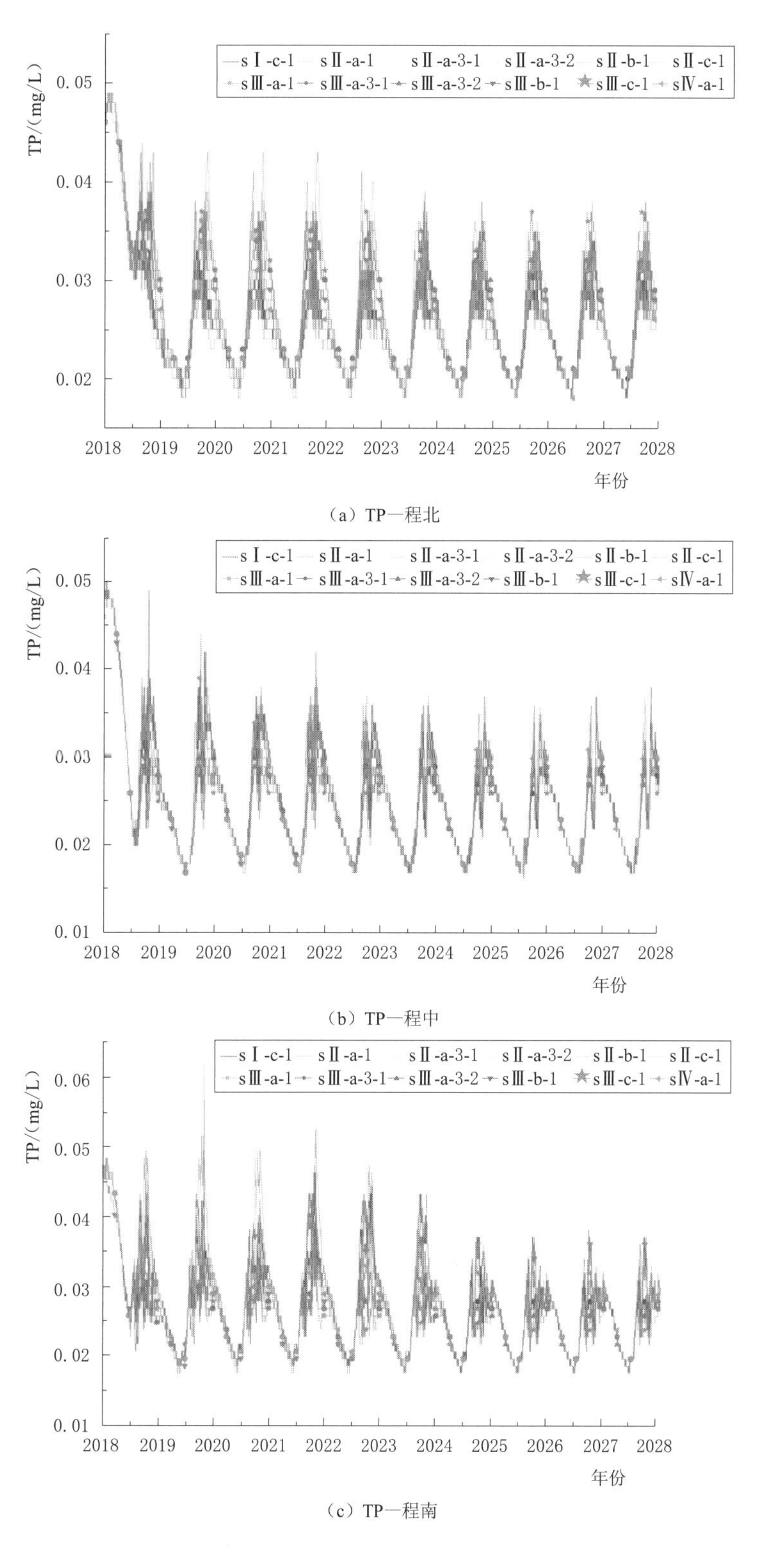

（a）TP—程北

（b）TP—程中

（c）TP—程南

图 8.14　不同补水情景预测结果（TP）

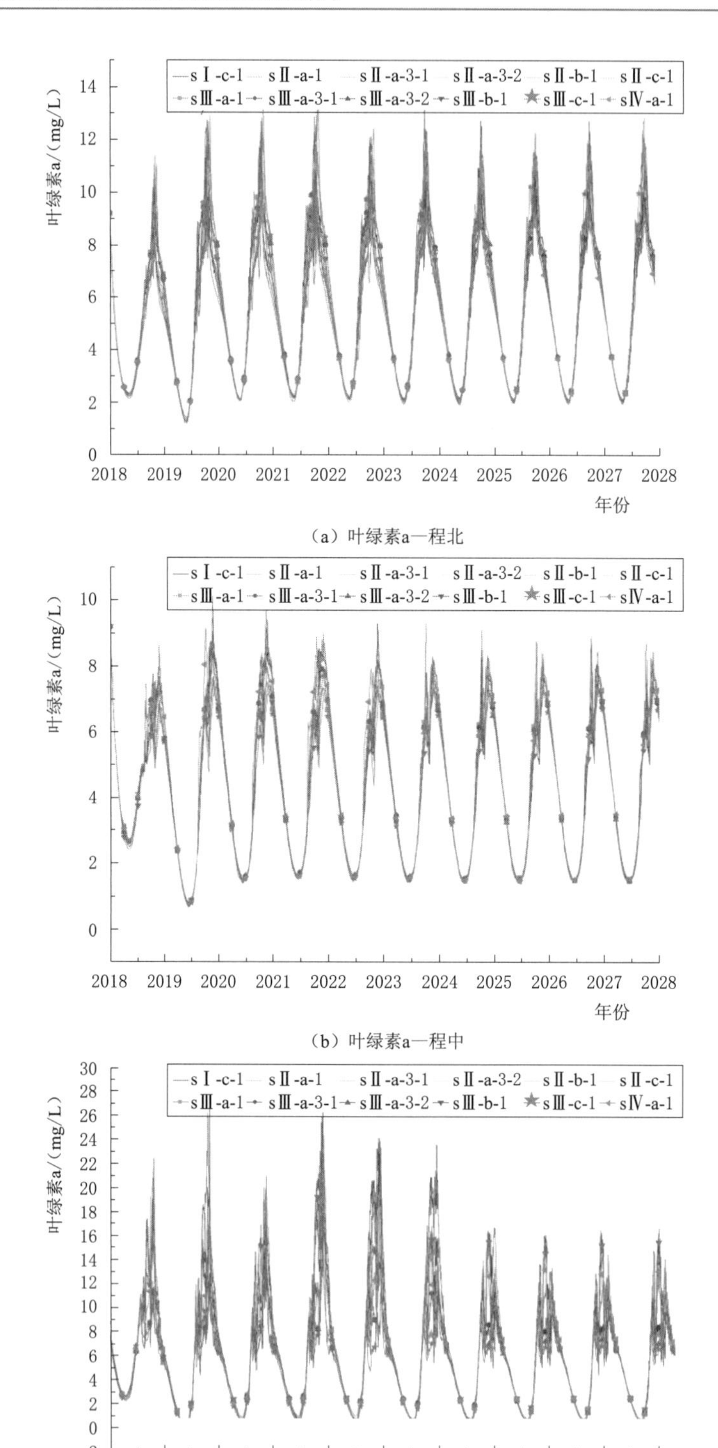

（a）叶绿素a—程北

（b）叶绿素a—程中

（c）叶绿素a—程南

图 8.15 不同补水情景预测结果（叶绿素 a）

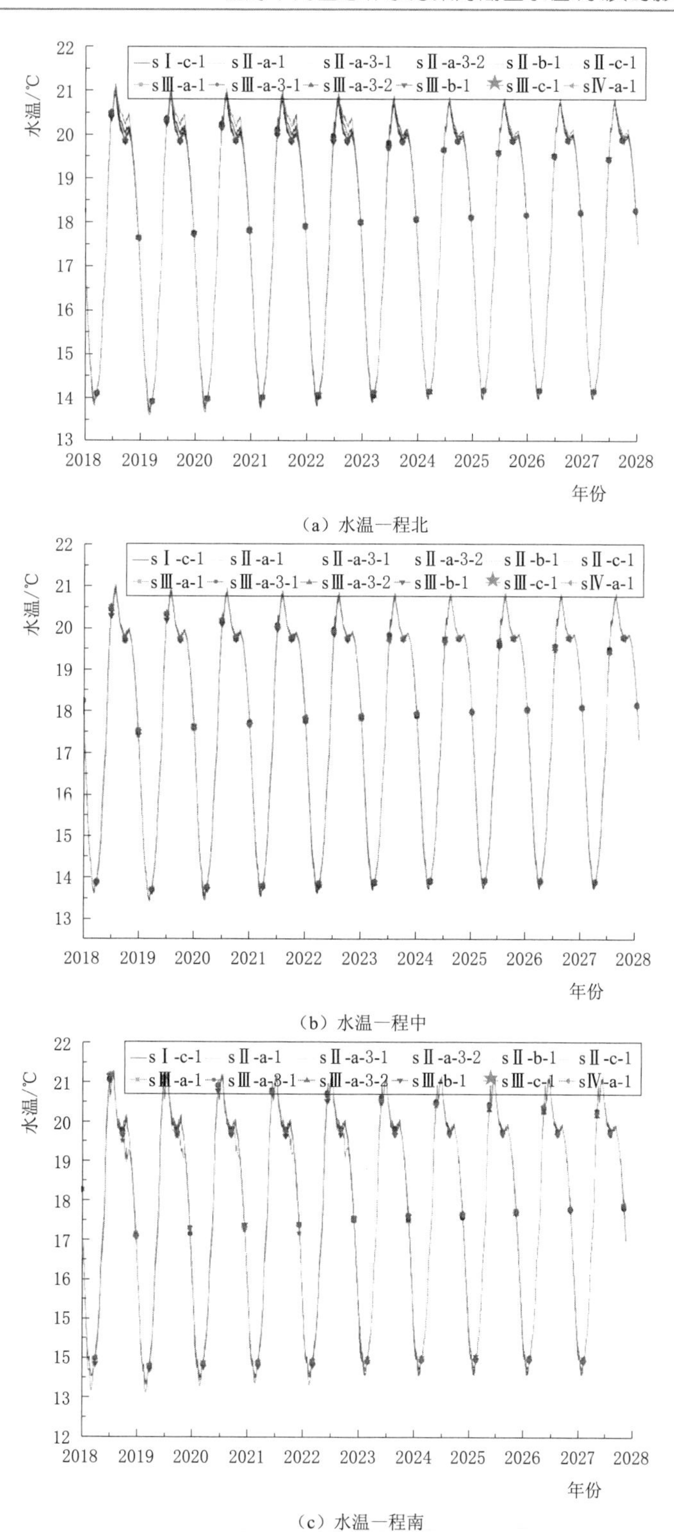

（a）水温—程北

（b）水温—程中

（c）水温—程南

图 8.16　不同补水情景预测结果（水温）

2. 矿化度

设计的 12 种情景的矿化度模拟结果如图 8.17 所示。可以看出：

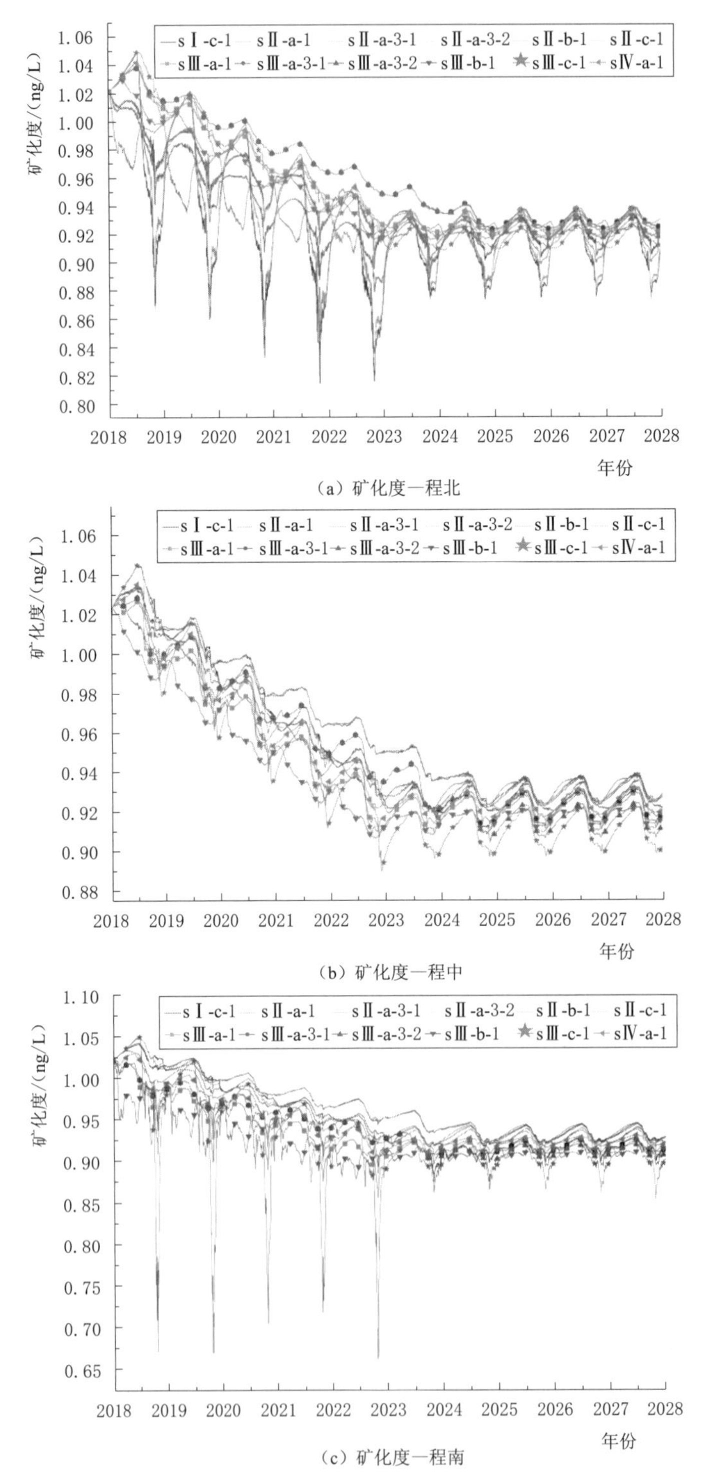

（a）矿化度—程北

（b）矿化度—程中

（c）矿化度—程南

图 8.17 不同补水情景预测结果（矿化度）

（1）与补水之前比较。无论哪种情景，矿化度呈逐年下降趋势，但下降趋势不显著。补水前矿化度年均值为 1.02ng/L，补水第 5 年不同情景矿化度年均值分布为 0.92～0.95ng/L，补水第 10 年不同情景矿化度年均值分布为 0.91～0.93ng/L。

（2）情景之间比较。不同情景之间无明显差异。

8.3.3 补水方案对比分析

表 8.13～表 8.15 汇总了不同补水方案的水位与水质变化过程，可以看出：

（1）对于水位，设计的 12 种情景均可在预设恢复期 5 年恢复至或略超过法定水位 1499.20m；恢复期之后的维持期均可使最低水位不低于 1499.20m 而最高水位不高于 1501.0m 的最高运行水位，水位年内变化平稳、年际间基本持平。

（2）对于各项水质指标，与补水前相比，整体上，无论哪种设计情景，水温、叶绿素 a、pH 值在补水后无显著变化；氨氮、TP 均在补水初期明显下降，而后期无显著变化；TN 呈现逐年下降趋势；COD、氟化物、矿化度在恢复期明显下降，而后期下降缓慢。这与不同补水水源的水质差异有关。

（3）对于各项水质指标，不同情景之间比较，TN 差异较为明显，其中，鲁地拉方案浓度最低（0.627～0.648mg/L），五郎河方案居中（0.681mg/L），金安桥方案浓度最高（0.732～0.739mg/L）。鲁地拉方案中，方案Ⅲ-a-1（鲁地拉—全年补水—5 年到位）浓度最低；金安桥方案中，方案Ⅱ-a-3-1（金安桥—全年补水—6.5 年到位）浓度最高。COD 有微弱差异，其余水质指标无显著差异。

（4）综合水位、水质预测结果，水位方面，不同方案之间无明显差异，水质方面，鲁地拉方案总体略优于金安桥方案、五郎河方案，其中方案Ⅲ-a-1（鲁地拉—全年补水—5 年到位）更具优势。建议结合工程特点、施工难度、经济财务评价等对推荐方案进一步比选。同时，依照当前“节水优先”的治水方针，应考虑多水源优化配置方式解决程海问题，包括采用流域内已有的坝箐河程海生态应急补水工程、羊坪河至仙人河隧道程海生态应急补水工程等应急水源。

表 8.13　不同补水情景水位结果

序号	情景	水源	补水时间	恢复期/年	维持期最低运行水位/m	备注
1	Ⅰ-c-1	五郎河	汛期	5	1499.5	恢复期、维持期均为 7—11 月补水；恢复期 7—10 月流量为 6.07m^3/s，11 月流量为 4.84m^3/s
2	Ⅱ-a-1	金安桥	全年	5	1499.5	恢复期、维持期均为全年补水
3	Ⅱ-a-3-1	金安桥	全年	6.5	1499.4	恢复期、维持期均为全年补水
4	Ⅱ-a-3-2	金安桥	全年	7	1499.7	恢复期、维持期均为全年补水
5	Ⅱ-b-1	金安桥	枯期	5	1499.5	恢复期、维持期均为 1—5 月补水
6	Ⅱ-c-1	金安桥	汛期	5	1499.5	恢复期、维持期均为 7—11 月补水
7	Ⅲ-a-1	鲁地拉	全年	5	1499.5	恢复期、维持期均为全年补水
8	Ⅲ-a-3-1	鲁地拉	全年	6.5	1499.4	恢复期、维持期均为全年补水
9	Ⅲ-a-3-2	鲁地拉	全年	7	1499.7	恢复期、维持期均为全年补水
10	Ⅲ-b-1	鲁地拉	枯期	5	1499.5	恢复期、维持期均为 1—5 月补水
11	Ⅲ-c-1	鲁地拉	汛期	5	1499.5	恢复期、维持期均为 7—11 月补水
12	Ⅳ-a-1					

表 8.14　　不同补水情景结果分析（补水第 5 年）

水质项目	补水前年均	补水第 5 年年均值											
		Ⅰ-c-1	Ⅱ-a-1	Ⅱ-a-3-1	Ⅱ-a-3-2	Ⅱ-b-1	Ⅱ-c-1	Ⅲ-a-1	Ⅲ-a-3-1	Ⅲ-a-3-2	Ⅲ-b-1	Ⅲ-c-1	Ⅳ-a-1
水温/℃	18.5	17.79	17.80	17.80	17.80	17.77	17.84	17.80	17.79	17.79	17.74	17.78	17.80
叶绿素 a/(μg/L)	5.33	6.12	6.13	6.05	5.90	5.55	5.80	5.52	5.58	5.58	5.59	5.29	5.74
COD/(mg/L)	26.3	17.5	17.6	18.1	18.1	17.3	17.6	18.2	18.5	18.5	19.4	19.2	17.8
氨氮/(mg/L)	0.23	0.133	0.131	0.134	0.134	0.130	0.130	0.130	0.132	0.132	0.129	0.131	0.131
总氮/(mg/L)	0.94	0.793	0.831	0.846	0.846	0.828	0.828	0.759	0.782	0.782	0.755	0.760	0.781
总磷/(mg/L)	0.035	0.0257	0.0256	0.0261	0.0259	0.0250	0.0257	0.0249	0.0254	0.0254	0.0248	0.0249	0.0255
氟化物/(mg/L)	2.35	2.10	2.11	2.17	2.17	2.11	2.11	2.10	2.16	2.16	2.09	2.08	2.11
矿化度/(ng/L)	1.02	0.93	0.93	0.95	0.95	0.93	0.93	0.93	0.95	0.95	0.92	0.92	0.93
pH 值	9.30	9.21	9.16	9.17	9.17	9.18	9.17	9.19	9.20	9.20	9.21	9.20	9.21

表 8.15　　不同补水情景结果分析（补水第 10 年）

水质项目	补水前年均	补水第 10 年年均值											
		Ⅰ-c-1	Ⅱ-a-1	Ⅱ-a-3-1	Ⅱ-a-3-2	Ⅱ-b-1	Ⅱ-c-1	Ⅲ-a-1	Ⅲ-a-3-1	Ⅲ-a-3-2	Ⅲ-b-1	Ⅲ-c-1	Ⅳ-a-1
水温/℃	18.5	17.80	17.81	17.80	17.81	17.79	17.82	17.80	17.80	17.80	17.79	17.81	17.79
叶绿素 a/(μg/L)	5.33	5.37	5.32	5.37	5.19	5.39	5.31	5.251	5.27	5.18	5.39	5.20	5.6
COD/(mg/L)	26.3	12.8	12.5	12.7	12.8	12.2	12.9	13.2	13.2	13.3	13.7	14.3	12.7
氨氮/(mg/L)	0.23	0.130	0.131	0.130	0.130	0.130	0.130	0.130	0.130	0.130	0.130	0.130	0.134
总氮/(mg/L)	0.94	0.681	0.737	0.739	0.736	0.738	0.732	0.644	0.648	0.642	0.642	0.636	0.670
总磷/(mg/L)	0.035	0.0245	0.0244	0.0245	0.0242	0.0246	0.0244	0.0244	0.0245	0.0244	0.0246	0.0245	0.0249
氟化物/(mg/L)	2.35	2.03	2.05	2.06	2.04	2.06	2.04	2.05	2.05	2.03	2.05	2.03	2.04
矿化度/(ng/L)	1.02	0.92	0.93	0.93	0.92	0.93	0.92	0.92	0.92	0.92	0.92	0.91	0.93
pH 值	9.30	9.17	9.10	9.11	9.09	9.11	9.10	9.15	9.15	9.14	9.16	9.15	9.17

8.3.4 补水方案优选结果

进一步对方案Ⅲ-a-1（鲁地拉—全年补水—5 年到位）进行模拟分析。除将鲁地拉水源水质（氟化物、溶解氧、氨氮、高锰酸盐指数、TP、pH 值）采用红光站 2018 年逐月数据，其余设置与第 8.2.2.3 节相同。详细数据见表 8.16。

表 8.16　　优选方案补水水质

月　份	溶解氧/(mg/L)	氨　氮/(mg/L)	高锰酸盐指数/(mg/L)	氟化物/(mg/L)	总　磷/(mg/L)	pH　值
1	11.4	0.051	1.4	0.158	0.010	8.55
2	10.5	0.025	1.1	0.159	0.010	8.48
3	10.4	0.196	1.1	0.185	0.010	8.48
4	9.7	0.025	1.0	0.162	0.010	8.48
5	9.5	0.090	0.9	0.149	0.010	8.36

续表

月　份	溶解氧/(mg/L)	氨　氮/(mg/L)	高锰酸盐指数/(mg/L)	氟化物/(mg/L)	总　磷/(mg/L)	pH　值
6	8.0	0.025	2.8	0.157	0.054	8.18
7	7.2	0.028	2.1	0.146	0.051	8.18
8	6.2	0.025	2.2	0.500	0.066	8.20
9	9.6	0.117	1.4	0.126	0.029	8.42
10	9.2	0.032	1.9	0.157	0.040	8.26
11	10.6	0.040	1.3	0.149	0.021	8.50
12	9.2	0.036	2.1	0.102	0.051	8.62

优选方案进一步模拟结果见表 8.17 和图 8.18，可以看出：

表 8.17　　优选方案预测结果分析

水质项目	补水前年均	补水第 5 年年均值				补水第 10 年年均值			
		程北	程中	程南	全湖平均	程北	程中	程南	全湖平均
水温/℃	18.5	17.8	17.8	17.8	17.8	17.8	17.8	17.8	17.8
叶绿素 a/(μg/L)	5.33	6.16	4.26	6.35	5.59	5.71	4.28	5.73	5.24
COD/(mg/L)	26.3	18.7	18.6	18.4	18.5	13.4	13.4	13.4	13.4
氨氮/(mg/L)	0.23	0.12	0.14	0.13	0.13	0.12	0.14	0.13	0.13
总氮/(mg/L)	0.94	0.78	0.77	0.74	0.77	0.66	0.66	0.65	0.66
总磷/(mg/L)	0.035	0.027	0.023	0.025	0.025	0.025	0.023	0.025	0.024
氟化物/(mg/L)	2.35	2.15	2.11	2.06	2.11	2.07	2.06	2.04	2.06
矿化度/(ng/L)	1.02	0.94	0.93	0.91	0.93	0.93	0.92	0.92	0.92
pH 值	9.30	9.18	9.17	9.22	9.19	9.12	9.12	9.20	9.15

(1) 水温。补水第 5 年、第 10 年程北、程中、程南及全湖平均水温均为 17.8℃，与补水前 18.5℃相比，无明显变化。

(2) 叶绿素 a。补水第 5 年，叶绿素 a 浓度分布为 4.26～6.35μg/L，全湖平均浓度为 5.59μg/L；补水第 10 年，分布为 4.28～5.73μg/L，全湖平均浓度为 5.24μg/L。与补水前 5.33μg/L 相比，无明显变化。

(3) COD。补水第 5 年，COD 浓度分布为 18.4～18.7mg/L，全湖平均浓度为 18.5mg/L；补水第 10 年，程北、程中、程南及全湖平均值均为 13.4mg/L。与补水前 26.3mg/L 相比，COD 浓度下降明显，补水第 5 年、第 10 年全湖平均值分别下降 29.7%和 49.1%。

(4) 氨氮。补水第 5 年、第 10 年，氨氮浓度分布为 0.12～0.14mg/L，全湖平均浓度为 0.13mg/L，补水初期氨氮有一明显下降阶段，而后期平稳，无明显变化。与补水前浓度 0.23mg/L 相比，全湖平均值下降 44.4%。

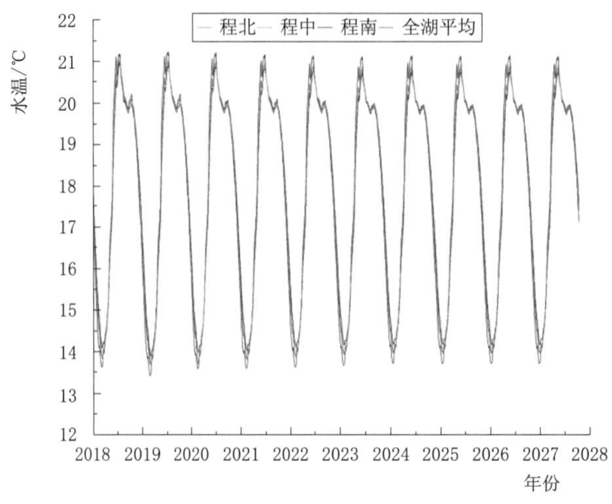

（a）水温

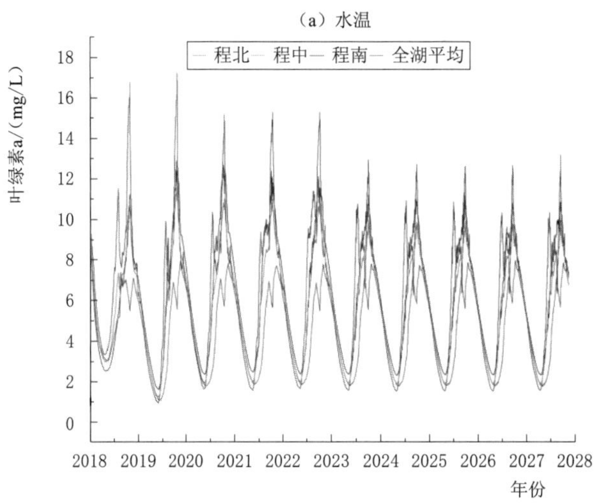

（b）叶绿素a

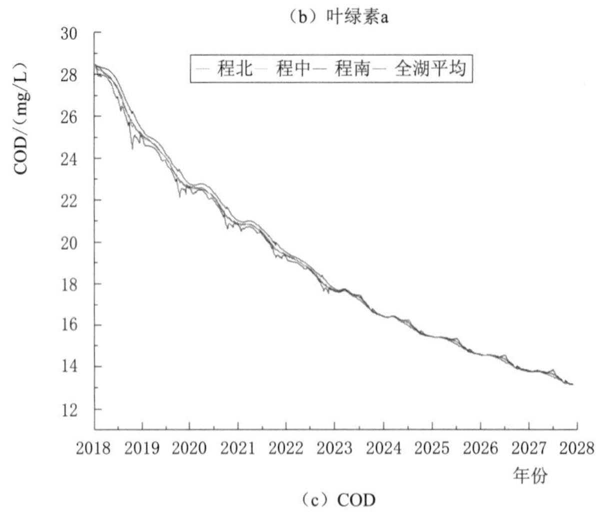

（c）COD

图 8.18（一） 不同区域水质预测结果

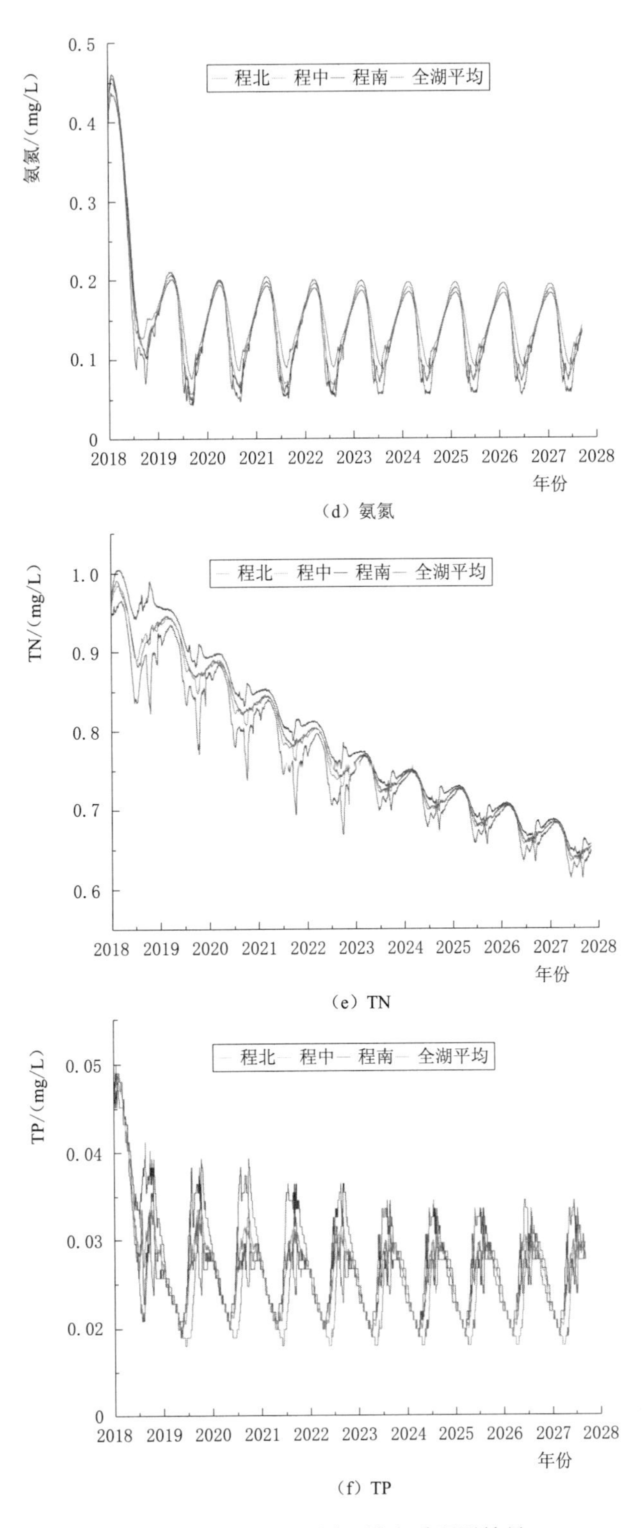

(d) 氨氮

(e) TN

(f) TP

图 8.18(二) 不同区域水质预测结果

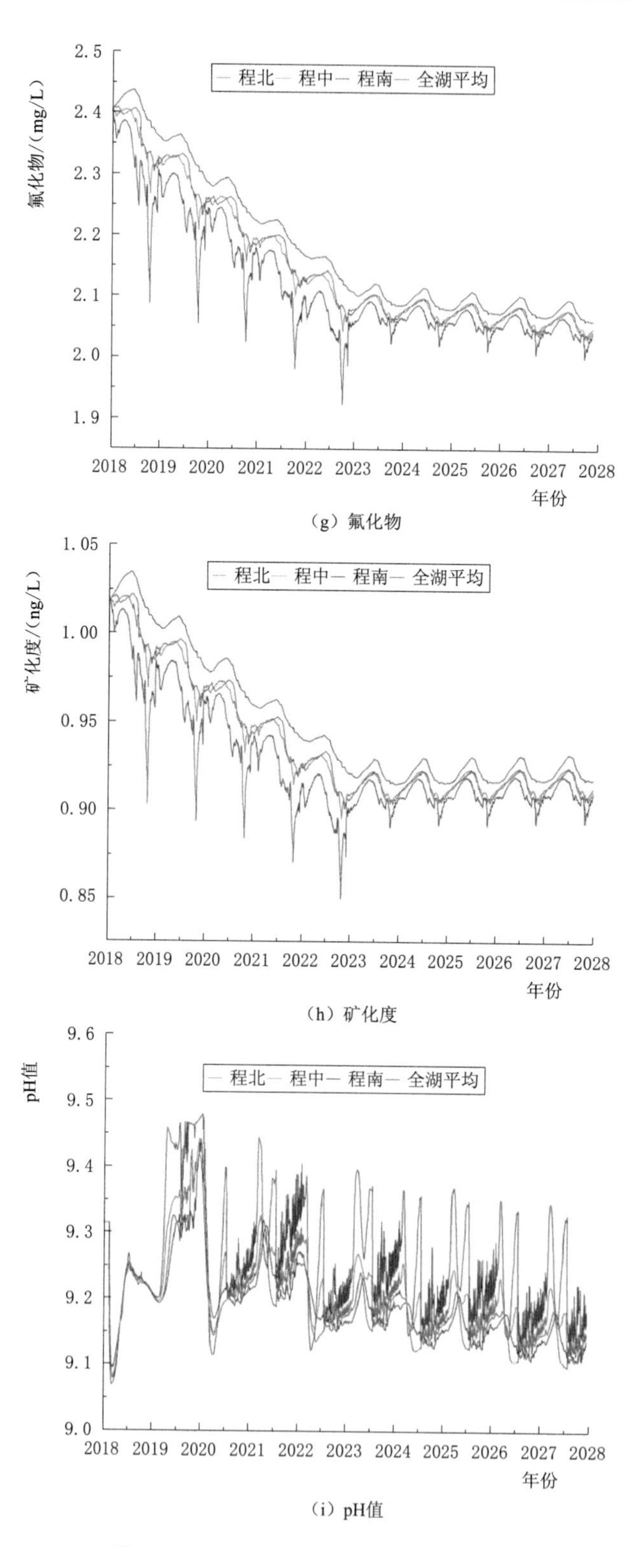

(g) 氟化物

(h) 矿化度

(i) pH值

图 8.18（三） 不同区域水质预测结果

（5）TN。补水第 5 年，TN 浓度分布为 0.74～0.78mg/L，全湖平均浓度为 0.77mg/L；补水第 10 年，分布为 0.65～0.66mg/L，全湖平均浓度为 0.66mg/L。与补水前 0.76mg/L 相比，下降较为明显，补水第 5 年、第 10 年全湖平均值分别下降 18.4%和 30.3%。

（6）TP。补水第 5 年，TP 浓度分布为 0.023～0.027mg/L，全湖平均浓度为 0.025mg/L；补水第 10 年，分布为 0.023～0.025mg/L，全湖平均浓度为 0.024mg/L。与补水前 0.035mg/L 相比，前期下降较为明显，后期无明显变化，补水第 5 年、第 10 年全湖平均值分别下降 28.6%和 30.3%。

（7）氟化物。补水第 5 年，氟化物浓度分布为 2.06～2.15mg/L，全湖平均浓度为 2.11mg/L；补水第 10 年，分布为 2.04～2.07mg/L，全湖平均浓度为 2.06mg/L。与补水前 2.35mg/L 相比，略有降低，补水第 5 年、第 10 年全湖平均值分别下降 10.4%和 12.5%。

（8）矿化度。补水第 5 年，矿化度分布为 0.91～0.94ng/L，全湖平均值为 0.93ng/L；补水第 10 年，分布为 0.92～0.93ng/L，全湖平均浓度为 0.92ng/L。与补水前 1.02ng/L 相比，略有降低，补水第 5 年、第 10 年全湖平均值分别下降 9.4%和 9.7%。

（9）pH 值。补水第 5 年，pH 值分布为 9.17～9.22，全湖平均值为 9.19；补水第 10 年，pH 值分布为 9.12～9.20，全湖平均值为 9.15。与补水前 9.30 相比无明显变化，补水第5 年、第 10 年全湖平均值分别仅下降 1.2%和 1.6%。

8.4 本章小结

本章研究不同补水方案补水量设计原则，设计五郎河、金安桥、鲁地拉、小米田-鲁地拉等 4 大补水方案的补水流量及过程，确定了补水水源水质条件。涉及 4 类水源（五郎河、金安桥、鲁地拉、小米田）、3 种补水周期（全年补水、枯期补水、汛期补水）、3 种水位恢复期（5 年、6.5 年、7 年），共计 12 组补水情景。研究表明：

（1）对于水位，设计的 12 种情景均可在规定年份（5 年、6.5 年、7 年）恢复至法定水位 1499.20m，维持期的湖泊最低水位不低于 1499.20m 且不高于 1501.0m 的最高运行水位，水位年内变化平稳、年际间基本持平。

（2）对于各项水质指标，整体上，无论哪种补水情景，水温、叶绿素 a 在调水后无显著变化；氨氮、TP 在调水初期明显下降，而后期无显著变化；TN 在调水期间呈现持续下降趋势；COD、氟化物和矿化度在恢复期明显下降，而后期下降缓慢。

（3）综合水位、水质预测结果，鲁地拉补水方案总体略优于金安桥补水方案和五郎河补水方案，其中方案Ⅲ-a-1（鲁地拉—全年补水—5 年恢复期）更具优势。

第9章 结论与建议

本书以我国典型高原内陆湖泊程海为例，开展了程海流域水文、水质和水生生物等多要素环境现状的调查、监测和评价，分析评价了程海流域水资源量、水环境质量以及流域污染负荷，预测了水量、水质的演化趋势；研究提出了程海的水位及水质管理目标；建立了程海水动力水质数学模型，通过监测和数值模拟研究了程海的水动力及水质特征；针对程海水资源保护需求，从流域污染减排和生态补水增容两个方面，提出了对策建议。主要结论如下所述。

1. 关于程海水位持续下降的原因及维持程海水位的需水量

（1）程海水位年际变化经历了先降低（1970—1991年）、后升高（1992—2002年）然后再降低（2003—2016年）的过程，2006—2016年的近11年中，程海水位下降了4.9m，尤其从2012年开始，湖泊水位一直处于法定最低控制线以下，截至2016年，已低于法定最低控制线2.3m。

（2）程海水位、降水以及蒸发的周期变化具有高度的一致性，且水位表现为在持续下降的趋势中呈现出周期变化。多年平均入湖水量为7993.95万m^3，湖面降水量占65.31%；多年平均出湖水量为10883.54万m^3，湖面蒸发量占94.19%。湖面蒸发对水位的影响程度最大。由于程海处于金沙江干热河谷区，降水偏少而蒸发旺盛是水位持续下降的主要原因。

（3）根据已建立的程海水量平衡方程，考虑湖区未来经济社会发展带来的需水量的增加以及程海水资源可持续利用的角度，可初步认为：若维持程海现有年平均水位基本不变，程海的亏水量应为2889.59万～4026.97万m^3。

2. 关于程海水环境特征

（1）程海现状各水期水质均较差，为劣Ⅴ类，超标项目是pH值和氟化物，pH值和氟化物指标较高的原因主要是天然背景值较高，同时也受到程海水量长期持续性减少，水体浓缩作用的影响。如果pH值和氟化物不参评，程海满足水功能区（程海永胜渔业、工业用水区）Ⅲ类水质目标要求。从营养状况来看，程海属中营养，但存在一定的富营养化风险。程海沉积物满足土壤环境质量二级标准。

（2）从年内变化看，汛期程海pH值、氟化物、溶解氧、水温、透明度、总氮浓度大于非汛期，非汛期高锰酸盐指数、氨氮、总磷、叶绿素a、总碱度、总硬度、重碳酸根离子浓度大于汛期。1993—2000年仙人河补水期间，程海除总碱度、总硬度出现显著下降趋势外，其他指标变化趋势不明显。

从空间上看，程海水体pH值、氟化物、溶解氧、氨氮、钠离子、透明度有自北向南逐渐减小的趋势；总氮、总磷浓度湖心相对较低；南部碳酸根离子浓度相对较高；水温、高锰酸盐指数、电导率、总碱度、总硬度等空间差异不明显。

沿水深方向看，随着水深的增加溶解氧和 pH 值逐渐减小，而电导率则随着水深的增加逐渐增大。从空间分布看，湖区 pH 值、电导率空间差异不明显，但北部湖区表层水体溶解氧小于南部湖区，底层水体溶解氧空间差异不明显。

（3）程海水位、敏感水质指标之间存在一定的相关关系：①程海水位与 pH 值、氟化物呈中度负相关，与总碱度、总硬度呈显著负相关；②程海 pH 值与水温、溶解氧、氟化物呈轻度正相关，与叶绿素 a、钠离子、重碳酸根离子、总碱度、总硬度呈中度正相关；③程海氟化物与 pH 值呈轻度正相关，与钙离子呈轻度负相关；④非汛期程海叶绿素 a 与溶解氧呈显著正相关，汛期叶绿素 a 与总氮、总磷呈中度正相关；⑤程海总碱度与总硬度呈显著正相关。

3. 关于程海流域入湖污染负荷

（1）以 2014 年作为典型年份进行分析，程海流域非点源污染主要污染物 COD、TN、TP、NH_3-N 入湖量分别为 764.63t/a、359.20t/a、86.25t/a、53.65t/a。COD 污染负荷入湖量主要来自农村生活和人畜粪便，占总入湖量的 86.13%，其次是水土流失，占总入湖量的 13.87%；在 TN 方面，溶解态氮和颗粒态氮对流域氮负荷的贡献比例几乎相当，其中溶解态氮负荷量为 158.47t/a，颗粒态氮负荷量为 200.727t/a，贡献比例分别为 44.12%和 55.88%；在 TP 方面，流域磷主要来自颗粒态磷，溶解态磷所占比例相对较小，其中溶解态磷负荷为 24.70t/a，颗粒态磷负荷为 61.550t/a，其贡献比例分别为 28.64%和 71.36%。NH_3-N 主要来自农田污染，占总入湖量的 72.51%，其次是人畜粪便，占总入湖量的 17.61%，再次是农村生活，占总入湖量的 9.86%。

（2）程海流域氮磷污染入湖负荷的空间变化特征分析结果显示，在土地利用方面，农业耕地对流域非点源氮磷污染入湖负荷贡献最大，这主要是因为不合理的施肥方式以及落后的耕作技术。流域南岸是溶解态氮磷污染入湖负荷的重点治理区域，这与流域的人口、经济分布相匹配。流域东岸是流域颗粒态污染入湖负荷的重点治理区域。具体看，在海拔 1680～2090m、坡度在 15°以上，处于半阴坡和正阳坡的草地、灌木林地以及裸地是颗粒态污染物的重点防控区域。总体来看，土壤侵蚀、土地利用以及畜禽养殖是流域非点源氮磷入湖负荷的主要来源。

4. 关于程海水资源管理目标

提出了程海水资源管理目标。在水位方面，认为程海应维持现有水位管理目标，即程海最高运行水位为 1501m，最低控制水位 1499.2m。在水质方面，认为在不考虑 pH 值和氟化物的情况下，程海可按Ⅲ类水控制；程海的营养状态应控制在中营养范围内；程海的 pH 值应控制在 9.0 左右；程海的氟离子浓度应控制在仙人河补水期间的浓度 2.20mg/L 以内；总体上程海应维持为淡水湖泊，矿化度不超过 1000mg/L。

5. 关于程海气象、水动力特征

（1）程海面以南风为主导风向，但风力风向日内变化较大。风力风向呈现明显的三维性。从监测结果来看，永胜气象站的风速与程海河口街附近的监测结果相对接近，而其风向与程海浦米附近的监测结果相对接近。程海周平均气温比永胜气象站的平均气温低 6～7℃。

（2）程海流主要由风力驱动。程海流，尤其是沿岸流总体呈现为逆时针方向，沿岸流以垂线平均流速衡量的强度为0.2m/s量级，现场监测结果中以海西潘莨村附近最大，可达0.24m/s。程海流场呈现明显的三维结构。监测、调查及模拟均表明，在风力的作用下程海呈现平面和垂向的环流结构。

（3）率定验证表明，本书所建立的数学模型能用于程海水动力、水质的模拟。

6. 关于程海水质安全保障对策

（1）研究获得了程海在Ⅲ类水质控制目标下的水环境容量，COD、氨氮、TN、TP容量分别为541.41t/a、302.44t/a、900.00t/a和127.39t/a；认为从全年平均情况看，氨氮、TN、TP污染负荷无需削减，而COD需削减63.5%。

（2）提出了程海非点源污染分区防控方案。通过情景分析后认为，若削减20%的畜禽养殖量，粪便、污水、垃圾的处理率分别提高到60%、75%和85%，农业用地施肥量削减30%，保护区内土地利用均改为有林地，控制区和修复区内的荒地改为有林地，修复区内退耕还林，草地改为高密度草地，在流域尤其是东岸的重点区域实行水土保持措施，综合采用这些措施后可使流域TN入湖负荷减少47.11%，TP入湖负荷减少50.03%。提出了程海流域及湖泊综合管理措施对策建议。

7. 关于程海生态补水

（1）本书设计了五郎河、金安桥、鲁地拉、小米田-鲁地拉4大补水方案的补水流量及过程，确定了补水水源水质条件。涉及4类水源（五郎河、金安桥、鲁地拉、小米田）、3种补水周期（全年补水、枯期补水、汛期补水）、3种水位恢复期（5年、6.5年、7年），共计12组补水情景。

（2）对于水位，设计的12种情景均可在规定年份（5年、6.5年、7年）恢复至法定水位1499.20m，维持期的湖泊最低水位不低于1499.20m且不高于1501.0m的最高运行水位，水位年内变化平稳、年际间基本持平。

（3）对于各项水质指标，整体上，无论哪种补水情景，水温、叶绿素a在调水后无显著变化；氨氮、TP在调水初期明显下降，而后期无显著变化；TN在调水期间呈现持续下降趋势；COD、氟化物和矿化度在恢复期明显下降，而后期下降缓慢。

（4）综合水位、水质预测结果，鲁地拉调水方案总体略优于金安桥调水方案和五郎河调水方案，其中方案Ⅲ-a-1（鲁地拉—全年补水—5年恢复期）更具优势。

参 考 文 献

[1] OU Y, WANG X. Identification of critical source areas for non - point source pollution in Miyun reservoir watershed near Beijing, China [J]. Water Science & Technology A Journal of the International Association on Water Pollution Research, 2008, 58 (11): 2235 - 2241.

[2] DOWD B M, PRESS D, HUERTOS M L. Agricultural nonpoint source water pollution policy: The case of California's Central Coast [J]. Agriculture Ecosystems & Environment, 2008, 128 (3): 151 - 161.

[3] BROWN T C, FROEMKE P. Nationwide Assessment of Nonpoint Source Threats to Water Quality [J]. BioScience, 2012, 62 (2): 136 - 146.

[4] LÓPEZ - Flores R, QUINTANA X D, SALVADÓ V, et al. Comparison of nutrient and contaminant fluxes in two areas with different hydrological regimes (Empordà Wetlands, NE Spain) [J]. Water Research, 2003, 37 (12): 3034 - 3046.

[5] EDWARDS A C, WITHERS P J A. Transport and delivery of suspended solids, nitrogen and phosphorus from various sources to freshwaters in the UK [J]. Journal of Hydrology, 2008, 350 (3 - 4): 144 - 153.

[6] ZHANG M H, XU J M. Nonpoint source pollution, environmental quality, and ecosystem health in China: introduction to the special section [J]. Journal of Environmental Quality, 2011, 40 (6): 1685 - 94.

[7] MARCOS R C. CORDEIRO, Ramanathan Sri Ranjan, Nazim Cicek. Assessment of potential nutrient build - up around beef cattle production areas using electromagnetic induction [J]. Environmental Technology, 2011, 33 (15): 1825 - 33.

[8] The Conference Board of Canada (2010) Environment: water quality index [EB/OL]. http: // www. conferenceboard. ca/hcp/details/environment/water - quality - index. aspx # Canada. Accessed 15 April 2010.

[9] USEPA, 2013, National summary of water quality assessments of each water body type in US [EB/OL]. http: //ofmpub. epa. gov/waters10/attains _ nation _ cy. control # prob _ surv _ states.

[10] VAGSTAD N, FRENCH H K, ANDERSEN H E, et al. Comparative study of model prediction of diffuse nutrient losses in response to changes in agricultural practices [J]. Journal of Environmental Monitoring, 2009, 11 (3): 594 - 601.

[11] LIU X, LI D L, ZHANG H B, et al. Research on Nonpoint Source Pollution Assessment Method in Data Sparse Regions: A Case Study of Xichong River Basin, China [J]. Advances in Meteorology, 2015 (2).

[12] 金相灿. 湖泊富营养化控制和管理技术 [M]. 北京：化学工业出版社，2001.

[13] YANG Y H, YAN B X, SHEN W B. Assessment of Point and Nonpoint Sources Pollution in Songhua River Basin, Northeast China by Using Revised Water Quality Model [J]. Chinese Geographical Science, 2010, 20 (1): 30 - 36.

[14] WU Y P, CHEN J. Investigating the effects of point source and nonpoint source pollution on the water quality of the East River (Dong jiang) in South China [J]. Ecological Indicators, 2013, 32 (32): 294 - 304.

[15] KNISEL W G. CREAMS: a field scale model for Chemicals Runoff and Erosion from Agricultural

Management Systems [C]. USDA Conservation Research Report, 1980.

[16] YOUNG R A, ONSTAD C A, BOSCH D D, et al. AGNPS a Nonpoint Source Pollution Model for Evaluating Agricultural Watersheds [J]. Journal of Soil & Water Conservation, 1989, 44 (2): 168-173.

[17] BORAH D K, BERA M. Watershed-scale hydrologic and nonpoint-source pollution models: review of applications [J]. Transactions of the Asabe, 2004, 47 (3): 789-803.

[18] SINGH J, KNAPP H V, ARNOLD J G, et al. Hydrological modeling of Iroquois river watershed using HSPF and SWAT [J]. Journal of the American Water Resources Association, 2005, 41 (2): 343-360.

[19] JOHNES P J. Evaluation and management of the impact of land use change on the nitrogen and phosphorus load delivered to surface waters: the export coefficient modelling approach [J]. Journal of Hydrology, 1996, 183 (3-4): 323-349.

[20] MATTIKALLI N M, RICHARDS K S. Estimation of Surface Water Quality Changes in Response to Land Use Change: Application of the Export Coefficient Model Using Remote Sensing and Geographical Information System [J]. Journal of Environmental Management, 1996, 48 (3): 263-282.

[21] IERODIACONOU D, LAURENSON L, LEBLANC M, et al. The consequences of land use change on nutrient exports: a regional scale assessment in south-west Victoria, Australia [J]. Journal of Environmental Management, 2005, 74 (4): 305-16.

[22] NOTO L V, IVANOV V Y, BRAS R L, et al. Effects of initialization on response of a fully-distributed hydrologic model [J]. Journal of Hydrology, 2008, 352 (1-2): 107-125.

[23] JOHNES P J, HEATHWAITE A L. Modeling the Impact of Land Use Change on Water Quality in Agricultural Catchments [J]. Hydrological Processes, 1997, 11 (3): 269-286.

[24] WORRALL F, BURT T P. The impact of land-use change on water quality at the catchment scale: the use of export coefficient and structural models [J]. Journal of Hydrology, 1999, 221 (1): 75-90.

[25] SHEN Z Y, CHEN L, DING X W, et al. Long-term variation (1960-2003) and causal factors of non-point-source nitrogen and phosphorus in the upper reach of the Yangtze River [J]. Journal of Hazardous Materials, 2013, 252-253 (10): 45-56.

[26] DING X W, SHEN Z Y, HONG Q, et al. Development and test of the Export Coefficient Model in the Upper Reach of the Yangtze River [J]. Journal of Hydrology, 2010, 383 (3-4): 233-244.

[27] YONG L, WANG C, TANG H L. Research advances in nutrient runoff on sloping land in watersheds [J]. Aquatic Ecosystem Health & Management, 2006, 9 (1): 27-32.

[28] YANG G X, ELLY P H B, TIM W, et al. A screening-level modeling approach to estimate nitrogen loading and standard exceedance risk, with application to the Tippecanoe River watershed, Indiana [J]. Journal of Environmental Management, 2014, 135 (4): 1-10.

[29] STREHMEL A, SCHMALZ B, FOHRER N. Evaluation of land use, land management and soil conservation strategies to reduce non-point source pollation loads in the three gorges region, China [J]. Environmental Management, 2016, 58 (5): 1-16.

[30] 周玉良，刘丽，金菊良，等．基于 SCS 和 USLE 的程海总磷总氮参照状态推断 [J]. 地理科学，2012，32 (6)：725-730.

[31] 张乃明，余扬，洪波，等．滇池流域农田土壤径流磷污染负荷影响因素 [J]. 环境科学，2003，24 (3)：155-157.

[32] NELLEMANN C, THOMSEN M G. Long - Term Changes in Forest Growth: Potential Effects of Nitrogen Deposition and Acidification [J]. Water Air & Soil Pollution, 2001, 128 (3): 197 - 205.

[33] HAN L X, HUO F, SUN J. Method for calculating non - point source pollution distribution in plain rivers [J]. Water Science and Engineering, 2011, 4 (1): 83 - 91.

[34] 丁晓雯，沈珍瑶，刘瑞民．长江上游面源氮素负荷时空变化特征研究 [J]. 农业环境科学学报，2007，26 (3)：836 - 841.

[35] 刘瑞民，杨志峰，丁晓雯，等．土地利用/覆盖变化对长江上游面源污染影响研究 [J]. 环境科学，2006，27 (12)：2407 - 2414.

[36] 马亚丽，敖天其，张洪波，等．基于输出系数模型濑溪河流域泸县段面源分析 [J]. 四川农业大学学报，2013，31 (1)：53 - 59.

[37] 任玮，代超，郭怀成．基于改进输出系数模型的云南宝象河流域面源污染负荷估算 [J]. 中国环境科学，2015，35 (8)：2400 - 2408.

[38] 魏新平，刘洪雨，李华，等．四川省白鹿河流域面源氮磷负荷来源及控制对策 [J]. 中国农村水利水电，2012，62 (3)：36 - 38，43.

[39] 杨立梦，付永胜，高红涛．四川省茫溪河流域面源污染负荷研究 [J]. 重庆理工大学学报（自然科学)，2014，28 (11)：57 - 63.

[40] 郝旭，张乃明，史静．昆明市云龙水库径流区氮磷面源污染负荷分析 [J]. 水土保持通报，2013，33 (6)：274 - 278，284.

[41] 马广文，王业耀，香宝，等．长江上游流域土地利用对面源污染影响及其差异 [J]. 农业环境科学学报，2012，31 (4)：791 - 797.

[42] 陆海燕，胡正义，张瑞杰，等．滇池北岸典型农区韭菜田大气氮湿沉降与氮挥发研究 [J]. 中国环境科学，2010，30 (10)：1309 - 1315.

[43] 李娜，韩维峥，沈梦楠，等．基于输出系数模型的水库汇水区农业面源污染负荷估算 [J]. 农业工程学报，2016，32 (8)：224 - 230.

[44] SCAVIA D, PARK R A. Documentation of selected constructs and parameter values in the aquatic model CLEANER [J]. Ecological Modelling, 1976, 2 (1): 33 - 58.

[45] PILAR, GARCIA. Nutrient and oxygenation conditions in transitional and coastal waters: Proposing metrics for status assessment [J]. Ecological indicators: Integrating, monitoring, assess - ment and management, 2010, 10 (6).

[46] JIN, KANG Ren, ZHEN Gang, et al. Modeling Winter Circulation in Lake Okeechobee, Florida. [J]. Journal of Waterway Port Coastal & Ocean Engineering, 2002.

[47] WOOL T A, DAVIE S R, RODRIGUEZ H N. Development of three - dimensional hydrodynamic and water quality models to support total maximum daily load decision process for the Neuse River Estuary, North Carolina [J]. Journal of Water Resources Planning & Management, 2003, 129 (4): 295 - 306.

[48] ZOU R, CARTER S, SHOEMAKER L, et al. Integrated Hydrodynamic and Water Quality Modeling System to Support Nutrient Total Maximum Daily Load Development for Wissahickon Creek, Pennsylvania [J]. Journal of Environmental Engineering, 2006, 132 (4): 555 - 566.

[49] ANDREW, J, TANENTZAP, et al. Calibrating the Dynamic Reservoir Simulation Model (DYRESM) and filling required data gaps for one - dimensional thermal profile predictions in a boreal lake [J]. Limnology and Oceanography: Methods, 2007, 5 (12): 484 - 494.

[50] SCHLADOW, GEOFFREY S. Lake Destratification by Bubble - Plume Systems: Design Methodology [J]. Journal of Hydraulic Engineering, 1993, 119 (3): 350 - 368.

[51] CERCO C F, NOEL M R. Twenty - One - Year Simulation of Chesapeake Bay Water Quality Using the CE - QUAL - ICM Eutrophication Model [J]. Jawra Journal of the American Water Resources Association, 2013, 49 (5): 1119 - 1133.

[52] HE G J, FANG H W, BAI S, et al. Application of a three - dimensional eutrophication model for the Beijing Guanting Reservoir, China [J]. Ecological Modelling, 2011, 222 (8): 1491 - 1501.

[53] 邹锐，周璟，等．垂向水动力扰动机的蓝藻控制效应数值实验研究 [J]．环境科学，2012，5：1540 - 1549.

[54] GUO Y, JIA H. An approach to calculating allowable watershed pollutant loads [J]. Frontiers of Environmental Science & Engineering, 2012, 6 (5): 658 - 671.

[55] 贾海峰，郭羽．基于双向算法的湖库允许纳污负荷量计算及案例 [J]．环境科学，2014，2：555 - 561.

[56] 王建平，程声通，贾海峰．密云水库水质变化趋势研究 [J]．东南大学学报（英文版），2005，21 (2)：215 - 219.

[57] 王若男，刘晓波，韩祯，等．鄱阳湖湿地典型植被对关键水文要素的响应规律研究 [J/OL]．中国水利水电科学研究院学报：1 - 8[2021 - 07 - 28].

[58] 韩祯，王世岩，刘晓波，等．基于淹水时长梯度的鄱阳湖优势湿地植被生态阈值 [J]．水利学报，2019，50 (2)：252 - 262.

[59] 王若男，彭文启，刘晓波，等．鄱阳湖南矶湿地典型植被对水深和淹没频率的响应分析 [J]．中国水利水电科学研究院学报，2018，6 (6)：528 - 535.

[60] ANGEL J R, KUNKEL K E. The response of Great Lakes water levels to future climate scenarios with an emphasis on Lake Michigan - Huron [J]. Journal of Great Lakes Research, 2010, 36: 51 - 58.

[61] AUSTIN J, ZHANG L, JONES R N, Durack P, Dawes W, Hairsine P. Climate change impact on water and salt balances: an assessment of the impact of climate change on catchment salt and water balances in the Murray - Darling Basin, Australia [J]. Climatic Change, 2010, 100: 607 - 631.

[62] BAI J, CHEN X, YANG L, et al. Monitoring variations of inland lakes in the arid region of Central Asia [J]. Frontiers of Earth Science, 2012, 6: 147 - 156.

[63] BENDUHN F, RENARD P. A dynamic model of the Aral Sea water and salt balance [J]. Journal of Marine Systems, 2004, 47: 35 - 50.

[64] CAI Z, JIN T, LI C, et al. Is China's fifth - largest inland lake to dry - up? Incorporated hydrological and satellite - based methods for forecasting Hulun lake water levels [J]. Advances in Water Resources, 2016, 94: 185 - 199.

[65] CHEN X, LIU X, PENG W, et al. Non - Point Source Nitrogen and Phosphorus Assessment and Management Plan with an Improved Method in Data - Poor Regions [J]. Water, 2017, 10: 17.

[66] CHEN X, WU J, HU Q. Simulation of Climate Change Impacts on Streamflow in the Bosten Lake Basin Using an Artificial Neural Network Model [J]. Journal of Hydrologic Engineering, 2008, 13: 180 - 183.

[67] CHU D, PU Q, WANG D. Water level variations of Yamzho Yumco Lake in Tibet and the main driving forces [J]. Journal of Mountain Science, 2012, 30: 239 - 247.

[68] CUI B L, LI X Y. The impact of climate changes on water level of Qinghai Lake in China over the past 50 years [J]. Hydrology Research, 2016, 47: nh2015237.

[69] DESTOUNI G, ASOKAN S M, JARSJÖ J. Inland hydro - climatic interaction: Effects of human water use on regional climate [J]. Geophysical Research Letters, 2010, 37: 389 - 390.

[70] DONG Y, ZOU R. Study on the ecosystem of Lake Chenghai [M]. KunMing: Yunnan Science

and Technology Press, 2011.

[71] GAVRIELI I, OREN A. The Dead Sea as a Dying Lake [M]. Berlin Qermany: Springer Netherlands, 2004.

[72] GORDON N, ADAMS JB, BATE G C. Epiphytes of the St. Lucia Estuary and their response to water level and salinity changes during a severe drought [J]. Aquatic Botany, 2008, 88: 66 - 76.

[73] GRIFFIN D W, KELLOGG C A. Dust Storms and Their Impact on Ocean and Human Health: Dust in Earth's Atmosphere [J]. EcoHealth, 2004, 1: 284 - 295.

[74] GROSS M. The world's vanishing lakes [J]. Current Biology, 2017, 27, R43 - R46.

[75] GUSEV E M, NASONOVA ON. A technique for scenario prediction of changes in water balance components in northern river basins in the context of possible climate change [J]. Water Resources, 2013, 40: 426 - 440.

[76] HAMMER U T. Saline Lake Ecosystem of the World [J]. 1986, 59.

[77] HART B T, BAILEY P, EDWARDS R, et al. A review of the salt sensitivity of the Australian freshwater biota [J]. Hydrobiologia, 1991, 210: 105 - 144.

[78] HOOD J L, ROY J W, HAYASHI M. Importance of groundwater in the water balance of an alpine headwater lake [J]. Geophysical Research Letters, 2006, 33: 338 - 345.

[79] HU W. A Preliminary Study of Water Quality and Salinization in Chenghai lake [J]. Journal of Lake Sciences, 1992, 4: 60 - 66.

[80] HUNTINGTON T G. Evidence for intensification of the global water cycle: Review and synthesis [J]. Journal of Hydrology, 2006, 319: 83 - 95.

[81] JARAMILLO F, LICERO L, AHLEN I, et al. Effects of Hydro - climatic Change and Rehabilitation Activities on Salinity and Mangroves in the Ciénaga Grande de Santa Marta, Colombia [J]. Wetlands, 2018: 1 - 13.

[82] KEBEDE S, TRAVI Y, ALEMAYEHU T, et al. Water balance of Lake Tana and its sensitivity to fluctuations in rainfall, Blue Nile basin, Ethiopia [J]. Journal of Hydrology, 2006, 316: 233 - 247.

[83] LEE T M, SACKS L A, SWANCAR A. Exploring the long - term balance between net precipitation and net groundwater exchange in Florida seepage lakes [J]. Journal of Hydrology, 2014, 519: 3054 - 3068.

[84] LEGESSE D, VALLET - Coulomb C, GASSE F. Analysis of the hydrological response of a tropical terminal lake, Lake Abiyata (Main Ethiopian Rift Valley) to changes in climate and human activities [J]. Hydrological Processes, 2004, 18: 487 - 504.

[85] LENSKY N G, DVORKIN Y, LYAKHOVSKY V, et al. Water, salt, and energy balances of the Dead Sea [J]. Water Resources Research, 2005, 41: 3923 - 3929.

[86] LI N, KINZELBACH W, LI W P, et al. Box model and 1D longitudinal model of flow and transport in Bosten Lake, China [J]. Journal of Hydrology, 2015, 524: 62 - 71.

[87] LI T, BAI F, HAN P, et al. Non - Point Source Pollutant Load Variation in Rapid Urbanization Areas by Remote Sensing, Gis and the L - THIA Model: A Case in Bao'an District Shenzhen China [J]. Environmental Management, 2016, 58: 873 - 888.

[88] LI X Y, XU H Y, SUN Y L, et al. Lake - Level Change and Water Balance Analysis at Lake Qinghai West China during Recent Decades [J]. Water Resources Management, 2007, 21: 1505 - 1516.

[89] LIANG W, XI C, LIU J Y, et al. Research on the area change processes in the past 40a of Daihai Lake [J]. Journal of Arid Land Resources & Environment, 2017.

[90] LIM K J, EENGEL B A, TANG Z, et al. Effects of calibration on L-THIA GIS runoff and pollutant estimation [J]. Journal of Environmental Management, 2006, 78: 35-43.

[91] LIU X, DONG F, HE G, et al. Use of PCA-RBF model for prediction of chlorophyll-a in Yuqiao Reservoir in the Haihe River Basin, China [J]. Water Science & Technology Water Supply, 2014, 14: 73.

[92] LI X H. The Divided System and Distributed Condition in Dry and Hot Areas of Yunnan Province [J]. Journal of China Hydrology, 2009.

[93] LI X R. Analysis of the Impact of Inter-basin Water Diversion and Cascade Hydropower Stations Construction of Datong River on Runoff [J]. Ground Water, 2017.

[94] MASON I, GUZKOWSKA M, RAPLEY C, et al. The response of lake levels and areas to climate-change [J]. Climatic Change, 1994: 161-197.

[95] MBANGUKA R, LYON S, HOLMGREN K, et al. Water Balance and Level Change of Lake Babati, Tanzania: Sensitivity to Hydro-climatic Forcings [J]. Water, 2016, 8: 572.

[96] MCCABE G J, WOLOCK D M. Independent effects of temperature and precipitation on modeled runoff in the conterminous United States [J]. Water Resources Research, 2011, 47: W11522.

[97] MESSAGER M L, LEHNER B, GRILL G, et al. Estimating the volume and age of water stored in global lakes using a geo-statistical approach [J]. Nature Communications, 2016, 7: 13603.

[98] MICKLIN P. The Aral Sea Disaster [J]. Annual Review of Earth & Planetary Sciences, 2007, 35: 47-72.

[99] MOHAMMED I N, TARBOTON D G. On the interaction between bathymetry and climate in the system dynamics and preferred levels of the Great Salt Lake [J]. Water Resources Research, 2011, 47: W02525.

[100] MOORE J N. Recent desiccation of Western Great Basin Saline Lakes: Lessons from Lake Abert Oregon U. S. A [J]. Science of the Total Environment, 2016, 554-555: 142-154.

[101] OKI T, KANAE S. Global hydrological cycles and world water resources [J]. Science, 2006, 313: 1068-1072.

[102] PARAJULI S P, ZENDER C S. Projected changes in dust emissions and regional air quality due to the shrinking Salton Sea [J]. Aeolian Research, 2018, 33: 82-92.

[103] PROWSE T D, PETERS D L. Hydro-climatic controls on water balance and water level variability in Great Slave Lake [J]. Hydrological Processes, 2010, 20: 4155-4172.

[104] RESHMIDEVI T V, KUMAR D N, MEHROTRA R, et al. Estimation of the climate change impact on a catchment water balance using an ensemble of GCMs [J]. Journal of Hydrology, 2017.

[105] RIBOULOT V, KER S, SULTAN N, et al. Freshwater lake to salt-water sea causing widespread hydrate dissociation in the Black Sea [J]. Nature Communications, 2018, 9.

[106] RUSULI Y, LI L, AHMAD S, et al. Dynamics model to simulate water and salt balance of Bosten Lake in Xinjiang, China [J]. Environmental Earth Sciences, 2015, 74: 2499-2510.

[107] SALAMAT A U, ABUDUWAILI J, SHAIDYLDAEVA N. Impact of climate change on water level fluctuation of Issyk-Kul Lake [J]. Arabian Journal of Geosciences, 2015, 8: 5361-5371.

[108] SATGÉ F, ESPINOZA R, ZOLÁ R P, et al. Role of Climate Variability and Human Activity on Poopó Lake Droughts between 1990 and 2015 Assessed Using Remote Sensing Data [J]. Remote Sensing, 2017.

[109] SETEGN S G, CHOWDARY V M, MAL B C, et al. Water Balance Study and Irrigation Strategies for Sustainable Management of a Tropical Ethiopian Lake: A Case Study of Lake Alemaya [J]. Water Resources Management, 2011, 25: 2081-2107.

[110] SHOPE C L, ANGEROTH C E. Calculating salt loads to Great Salt Lake and the associated uncertainties for water year 2013; updating a 48 year old standard [J]. Science of the Total Environment, 2015, 536: 391 - 405.

[111] STAEHR P A, BAASTRUP - Spohr L, SAND - Jensen K, et al. Lake metabolism scales with lake morphometry and catchment conditions [J]. Aquatic Sciences, 2012, 74: 155 - 169.

[112] SWENSON S, WAHR J. Monitoring the water balance of Lake Victoria, East Africa, from space [J]. Journal of Hydrology, 2009, 370: 163 - 176.

[113] TAN L, CAI Y, AN Z, et al. Climate patterns in north central China during the last 1800 yr and its possible driving force [J]. Climate of the Past Discussions, 2011, 7: 685 - 692.

[114] VINEBROOKE R D, LEAVITT P R. Mountain Lakes as Indicators of the Cumulative Impacts of Ultraviolet Radiation and other Environmental Stressors [M]. Berlin: Springer Netherlands, 2005.

[115] WANG R. An investigation and research of the algal flora in chenghai lake [D]. Journal of Yunnan University, 1988.

[116] WURTSBAUGH W A, MILLER C, NULL S E, et al. Decline of the world's saline lakes [J]. Nature Geoscience, 2017, 10: ngeo3052.

[117] XU L, LIU Y, SUN Q, et al. Climate change and human occupations in the Lake Daihai basin, north - central China over the last 4500 years: A geo - archeological perspective [J]. Journal of Asian Earth Sciences, 2017, 138: 367 - 377.

[118] YAO H, SCOTT L, GUAY C, et al. Hydrological impacts of climate change predicted for an inland lake catchment in Ontario by using monthly water balance analyses [J]. Hydrological Processes, 2009, 23: 2368 - 2382.

[119] YE Q, ZHU L, ZHENG H, et al. Glacier and lake variations in the Yamzhog Yumco basin, southern Tibetan Plateau, from 1980 to 2000 using remote - sensing and GIS technologies [J]. Journal of Glaciology, 2007, 53: 673 - 676.

[120] YILDINM U, ERDOGAN S, UYSAL M. Changes in the Coastline and Water Level of the Aksehir and Eber Lakes Between 1975 and 2009 [J]. Water Resources Management, 2011, 25: 941 - 962.

[121] YU G, SHEN H. Lake water changes in response to climate change in northern China: Simulations and uncertainty analysis [J]. Quaternary International, 2010, 212: 44 - 56.

[122] ZHENG M, TANG J, LIU J, et al. Chinese saline lakes [J]. Hydrobiologia, 1993, 267: 23 - 36.

[123] ZHOU Y K, JIANG J H. Changes in the Ecological Environment in the Daihai Lake Basin Over the Last 50 Years: Changes in the Ecological Environment in the Daihai Lake Basin Over the Last 50 Years [J]. Arid Zone Research, 2009, 26: 162 - 168.